国家社科基金青年项目　荷兰学派的技术哲学研究（16CZX019）

山东省重点马克思主义学院建设经费资助项目

泰山学者工程经费项目（TS201712038）

Research on the
Philosophy of
Technology of the
Dutch School

刘宝杰　著

# 荷兰学派技术哲学研究

## 设计、伦理与价值

中国社会科学出版社

**图书在版编目 ( CIP ) 数据**

荷兰学派技术哲学研究：设计、伦理与价值 / 刘宝
杰著 . — 北京：中国社会科学出版社，2022.9
ISBN 978 - 7 - 5227 - 0433 - 3

Ⅰ. ①荷…　Ⅱ. ①刘…　Ⅲ. ①技术哲学—研究—欧洲
Ⅳ. ①N02

中国版本图书馆 CIP 数据核字（2022）第 117881 号

| | | |
|---|---|---|
| 出 版 人 | 赵剑英 |
| 责任编辑 | 韩国茹 |
| 责任校对 | 张爱华 |
| 责任印制 | 张雪娇 |

| | | |
|---|---|---|
| 出　　　版 | 中国社会科学出版社 |
| 社　　　址 | 北京鼓楼西大街甲 158 号 |
| 邮　　　编 | 100720 |
| 网　　　址 | http://www.csspw.cn |
| 发 行 部 | 010 - 84083685 |
| 门 市 部 | 010 - 84029450 |
| 经　　　销 | 新华书店及其他书店 |

| | | |
|---|---|---|
| 印　　　刷 | 北京君升印刷有限公司 |
| 装　　　订 | 廊坊市广阳区广增装订厂 |
| 版　　　次 | 2022 年 9 月第 1 版 |
| 印　　　次 | 2022 年 9 月第 1 次印刷 |

| | | |
|---|---|---|
| 开　　　本 | 710×1000　1/16 |
| 印　　　张 | 18.25 |
| 插　　　页 | 2 |
| 字　　　数 | 387 千字 |
| 定　　　价 | 118.00 元 |

凡购买中国社会科学出版社图书，如有质量问题请与本社营销中心联系调换
电话：010 - 84083683

# 目　录

# 第一章 历史语境中荷兰技术哲学传统考据

从荷兰技术哲学的历史语境看，技术哲学荷兰学派的兴起有其必然性。"荷兰时代"的自然哲学家、工程师西蒙·斯蒂文（Simon Stevin）追求科技（工程）理论与实践并行的理念；分析技术哲学的开创者亨德里克·范·里森（Hendrik van Riessen）及其后继者艾格伯特·舒尔曼（Egbert Schuurman）力图从技术内部解析技术，分析技术设计制造过程，探究科技与宗教文化的关系；技术哲学家韦伯·比克（Wiebe E. Bijker）把科学社会建构论"移植"到技术领域，提出了技术社会建构论。这些技术理念、理论和方法是荷兰学派出场的重要前提。

## 第一节 荷兰技术哲学的工程师传统[①]

荷兰技术哲学的首要传统是从工程师的角度反思技术，推行理论与实践并行的研究策略，这种传统始于西蒙·斯蒂文。17 世纪是荷兰崛起的时代，那个时代的荷兰被誉为"海上马车夫"，本书将 17 世纪称为"荷兰时代"。斯蒂文作为"荷兰时代"的科技推动者，涉猎广泛，包括自然哲学、常规科学、建筑工程学等，这也塑造了多重身份的斯蒂文，他是自然哲学家、数学家、物理学家、工程师等。在某种程度上讲，斯蒂文为近代荷兰自然科学、社会科学与工程科学的发展奠定了基础。

### 一 多才多艺的科学家

在《不列颠简明百科全书》《牛津科学家词典》《爱尔兰百科全书传记》

---

① 本部分内容曾以《"荷兰时代"的科技引领者：西蒙·斯蒂文》为名，发表于《中国社会科学报》2017 年 6 月 20 日第 5 版。此处稍有修改。

《哥伦比亚百科全书》等词典中，斯蒂文以科学家、工程师等身份被收录于其中。对于斯蒂文，几乎没人知道他的个人生活。他大约于1548年出生在佛兰德斯（Flanders）的布鲁日（Bruges），于1581年来到莱顿，并于莱顿大学（始建于1575年，荷兰最古老的大学）学习两年。他的著作出版于1581年至1617年。由于他是哥白尼世界观的守卫者，所以在宗教界不受欢迎。他于1620年去世，但他去世的确切时间和安葬地点却无法考证。作为哲学家，他是一个务实的理性主义者，对于每一个神秘的现象，都试图给予科学的解释。因此，他的著作封面上都印有他的名言：奇迹就是没有奇迹。

斯蒂文是一位自然哲学家、科学家和工程师，此外，他还是个非凡的、多才多艺的人，几乎涉猎所有学科。从他的出版著作来看，涉及算术学、会计学、几何学、力学、流体静力学、天文学、测量理论、土木工程、音乐理论和公民权等方面。他的大部分著作都是用荷兰语写成，在他的第一篇关于逻辑的论著中，就有这样的表述"荷兰语是最适合诠释科学的语言"，除此之外，他更希望能借其著作帮助不在学术界、不懂拉丁语的荷兰人认识科学。理论与实践的关系是斯蒂文研究的主题之一，除了出版的理论著作之外，他还拥有大量的发明专利，并积极参与荷兰王子莫里斯开展的风车、港口和防御工事的建设。他还因建造大帆船车而闻名于世，据说大帆船车的行驶速度大于马的奔跑速度。

## 二　斯蒂文的学术贡献

斯蒂文一生著作颇丰，他先后出版了《利率表》《论问题几何》《歌唱的艺术理论》《论十进》《算术的实践》《平衡术》《静力学原理》《公民生活》《防御工事的建造》《位置定位》《天空之城》《数学记录》《宿营地建设》等十余部著作。因此，他在力学、数学、工程学、音乐理论、天文学等方面都有突出作为。

首先，斯蒂文在物理学上主要有三项贡献：其一，他在力学方面给予了伽利略以重要影响，解决了斜面上物体的平衡问题，给伽利略在实验斜面上论证惯性定律以一定的启示。其二，他是落体运动定律的先驱，早在1586年，他就和德·格罗特（de Groot）在代尔夫特做了落体实验，否定了亚里士多德重物体比轻物体落得快的理论，早于伽利略的实验。其三，他还研究了滑轮组的平衡和流体静力学的问题。在《静力学原理》一书中，他使用平行四边形定则，提出了永动机不可能原理。他在阿基米德的浮力原理以外加上一条定理，就是浮力在流体中平衡，其重心和浮体所排除流体的重力中心（即浮心）一定处在同一直线上，从而使自阿基米德以来几乎停滞的静力学向前推进了一步。

其次，他在数学上的贡献也颇为丰厚：其一，他系统介绍了欧几里得几何学和阿基米德问题。其二，早在1585年，他提出十进位的小数计数方法，这种计数方法很快在商业中得到普及，尤其是在货币结算中得到广泛使用。其三，他在《算术的实践》中给出算术和代数的一般论述，引入新的符号表示多项式，并给出二次、三次和四次方程的统一解法。其四，他创立了许多数学名词的荷兰语翻译。这使得荷兰语成为唯一一种其大部分数学名词的源头不是来自拉丁语的西欧语言。

最后，工程学方面的贡献。其一，他致力于港口、防御工事的建设。荷兰是一个低地国家，饱受海水倒灌的侵袭，港口、防御工事的建设尤为重要。作为工程师，他一生致力于这方面的研究。其二，他参与了军事营地的建设。16世纪末至17世纪初，荷兰与西班牙王室进行了长达八十年的战争，军事工程也是荷兰所面临的重要问题，为此，他专门撰写了关于军事工程建设的著作。其三，他的《城市的理想规划》影响了17世纪东南亚的城市规划和马六甲海峡的建设。

另外，斯蒂文在音乐艺术理论和天文学方面也颇有研究。在音乐艺术理论上，他详细分析音乐科学中面临的问题，撰写了歌唱的艺术理论，明确提出十二平均律。在天文学方面，斯蒂文作为哥白尼学说的早期拥护者，捍卫并传播了哥白尼的太阳中心说，建构了荷兰的天文学理论体系。

值得一提的是，斯蒂文与中国也有渊源。早在明末中国第一批外文译著《远西奇器图说》（1627年由德国传教士邓玉函口述，王征译）中就有一部分涉及斯蒂文的力学。该书卷一写道："今时巧人之最能明万器所以然之理者，一名未多，一名西门……"① 此处提及的西门就是西蒙·斯蒂文。时至今日，在数学领域、物理学领域、建筑学领域，国内学者均有提及斯蒂文。

### 三 历史与传承：斯蒂文对荷兰技术哲学研究的影响

斯蒂文算不上世界性的大家，甚至现在欧洲知晓他名字的人也不是很多，

---

① 转引自李晓丹、王其亨、金莹《17—18世纪西方科学技术对中国建筑的影响——从〈古今图书集成〉与〈四库全书〉加以考证》，《故宫博物院院刊》2011年第3期。

但作为荷兰崛起时代的重要推动者和参与者，他给后人留下了重要的财富。这一点从当前荷兰4TU技术－伦理研究中心对他的认同中，就可见一斑。

当前，技术哲学的荷兰学派在国际技术哲学研究中占有重要地位。探究荷兰学派的历史渊源，斯蒂文是不可忽视的重要人物，虽然他的知名度远不能与其他荷兰大家——伊拉斯谟、斯宾诺莎、惠更斯、伦勃朗等相比，但他给予荷兰人的影响丝毫不弱于他们。为了纪念斯蒂文的贡献，在当前荷兰学派的研究成果中，优秀博士论文的出版就冠以斯蒂文系列书籍。斯蒂文作为自然哲学家、自然科学家、工程师，作为理论与实践结合的典范，他的这种精神正是当前技术哲学的荷兰学派所追求的。这种理论与实践的结合方法，被荷兰技术哲学研究者于20世纪末应用于技术哲学研究中，开启了技术哲学研究的新进路——技术哲学的经验转向。

## 第二节　荷兰技术哲学的改革哲学传统①

亨德里克·范·里森，1911—2000，荷兰知名哲学家，荷兰第二代改革哲学（Reformational Philosophy）的代表人物之一，荷兰技术哲学的先驱者。他于20世纪中叶从哲学与技术的视角对技术哲学展开系统思考。里森从技术本体论视角，运用改革哲学的理论框架，厘清技术人工物的概念与本性；从技术认识论角度，分析现代技术知识与传统技术知识、科学知识的异同；从技术过程论视角，分析现代技术的设计和制造过程；从技术价值论视角，阐释技术带来的异化和权力等方面的问题；从宗教文化论视域，阐明技术与基督教的关系。里森是荷兰技术哲学的开创者，是荷兰学派技术哲学的先驱者。

### 一　从工程师到技术哲学家

1911年8月17日，里森生于荷兰布卢门达尔（Bloemendaal）的一个农场主家庭。② 1932年起，里森开始在代尔夫特理工专科学校（代尔夫特理工大学的前身）学习电气工程。其间，里森苦恼于所学专业和基督教的疏离关系。

---

① 本部分内容曾以《简论里森技术哲学思想》为题，发表于《长沙理工大学学报》（社会科学版）2018年第4期。此处稍有改动。

② Ad Vlot and Sander Griffioen, "Hendrik van Riessen in Memoriam", *Philosophia Reformata*, Vol. 65, No. 2, February 2000, p. 121.

1933 年，里森有幸得到德里克·沃伦霍温（Drik Vollenhoven）教授的提点，萌生了对技术与工程学进行形而上学思考的兴趣，尤其是以一个基督徒的视角来对此进行哲学反思。1936 年，在一次小型会议上，里森了解了荷兰第一代改革哲学家赫尔曼·杜伊威尔（Herman Dooyeweerd）和沃伦霍温的哲学思想，激起了他对改革哲学学派的兴趣，开始关注改革哲学。1940 年，里森参加了由加尔文哲学协会（Association for Calvinist Philosophy）主办的学术会议，并在会上就"关于技术的哲学反思"这一问题，发表了自己的看法。里森所提出的观点在会上引起了不小的反响，会后杜伊威尔鼓励他写一篇关于技术哲学的博士论文。[1] 由此，里森开始着手系统思考技术哲学，并撰写相关成果。

1936 年，里森在代尔夫特理工专科学校顺利完成学业，并获得工程学学位。随后，他开始了长达七年之久的载波电话工作，这七年的从业经历为他将技术实践经验引入理论研究（哲学思考）创造了条件，也促使里森意识到如何从技术内部学科的视角来分析技术和工程学的作用机理，这为他后来成为著名的技术哲学家奠定了基础。[2] "二战"期间，德军占领荷兰后，里森被迫于 1943 年辞职，随后他参加过短期抵抗纳粹的运动。1944 年 2 月，里森不幸被捕但又奇迹般地重获自由，随后去荷兰的避难场所里躲避战乱。[3] 在战中和战后，里森主要从事博士论文《哲学与技术》的写作，并在 1949 年于阿姆斯特丹自由大学顺利通过论文答辩，获得哲学博士学位。1951 年起，里森任代尔夫特理工大学教授，实现了从工程师到技术哲学家的角色转换。

从里森的成长历程和工作经历来看，工程师出身和专业实践的经历，使得里森与同时代的其他技术哲学家相比，能以更现实的方式来思考技术。里森的著述几乎都是以荷兰语写成，因此没有受到应有的关注。里森公开出版的论著主要有：《哲学与技术》（*Filosofie en Riessen*，1949），《未来的社会》（*Maatschappij der Toekomst*，1952），《科学与圣经的关系：基督教的

---

① Marc J. de Vries, "Introducing van Riessen's Work in the Philosophy of Technology", *Philosophia Reformata*, Vol. 75, No. 1, January 2010, p. 2.

② Marc J. de Vries, "Introducing van Riessen's Work in the Philosophy of Technology", *Philosophia Reformata*, Vol. 75, No. 1, January 2010, p. 2.

③ Ad Vlot and Sander Griffioen, "Hendrik van Riessen in Memoriam", *Philosophia Reformata*, Vol. 65, No. 2, February 2000, p. 121.

视角》（*The Relation of the Bible and Science：Christian Perspectives*，1960），
《解放与权力》（*Mondigheid en de Machten*，1967）。

从里森的代表作《哲学与技术》一书的内容来看，它主要由三部分构成。[①]
第一部分，他主要梳理了 20 世纪中叶以前其他哲学家对技术的思考，探讨的
主要内容包括以奥古斯特·孔德（Auguste Comte）、赫尔伯特·斯宾塞（Herbert Spencer）为代表的实证主义（Positivisme），以恩斯特·马赫（Ernst Mach）、威廉·狄尔泰（Wilhelm Dilthey）为代表的新实证主义（Néo-positivisme），以李凯尔特（Rickert Heinrich）为代表的新理想主义（Néo-idéalisme），以威廉·詹姆斯（William James）为代表的实用主义（Pragmatiste），以弗里德里希·尼采（Friedrich Nietzsche）、乔治·索雷尔（Georges Sorel）为代表的非理性主义（Irrationalisme），以及以卡尔·雅斯贝尔斯（Karl Theodor Jaspers）为代表的存在主义（Existentialisme）。第二部分，里森
探讨了 19 世纪以来的十二位哲学家对于技术哲学（Philosophie de la technique）的阐释，在此基础上，里森进一步阐明了他对技术和工程学的本质的
认识，这也是里森技术思想体系中最具独创性之处。另外，里森还在此分析
了基督教与技术的关系。第三部分，里森开创性地提出并探讨了关于"现代
技术世界的哲学走向"。[②]

美国著名技术哲学家卡尔·米切姆（Carl Mitcham）在《通过技术来思
考》（*Thinking Through Technology*）中，指出了当今技术哲学的四个研究领
域："将技术作为人工物"（Technology as Artifacts）来研究、"将技术作为知
识"（Technology as Knowledge）来研究、"将技术作为活动"（Technology as Activities）来研究以及"将技术作为意志"（Technology as Volition）来研究。[③]
这四个技术哲学的研究领域，除"将技术作为意志"来研究外，其他三个研
究领域，在里森之前，尚未有学者进行深入的、系统的研究。[④] 因此，荷兰技

---

[①] André Hayen. H. van Riessen, "Filosofie En Techniek", *Revue Philosophique de Louvain*, Vol. 54, No. 43, 1956, p. 534.

[②] André Hayen. H. van Riessen, "Filosofie En Techniek", *Revue Philosophique de Louvain*, Vol. 54, No. 43, April 1956, p. 535.

[③] Carl Mitcham, *Thinking Through Technology：The Path Between Engineering and Philosophy*, Chicago：The University of Chicago Press, 1994.

[④] Marc J. de Vries, "Introducing van Riessen's Work in the Philosophy of Technology", *Philosophia Reformata*, Vol. 75, No. 1, January 2010, p. 3.

术哲学家马克·弗里斯（Marc J. de Vries）认为里森是技术哲学前三个领域的第一位系统研究者。笔者将在下文对里森所做的系统研究展开具体论述。

## 二　技术人工物论

人工物（Artifacts）是技术哲学研究中使用频率较高的词汇，但在里森之前，尚未有学者对其进行明确的概念界定，也没有进一步区分人工物，比如，技术人工物和社会人工物之间的区别和联系。里森首先从本体论视角，运用改革哲学创始人杜伊威尔所构建的改革哲学的理论框架，对人工物进行了概念界定，阐明了技术人工物的本性。

表 1.1　　　　　　　　杜伊威尔对事物实体层面和法则层面的划分

| 实体层面（Entity-Side） | 法则层面（Law-Side） |
| --- | --- |
| 存在或发生的现实 | 有关于现实 |
| 事物、事件、过程 | 法则承诺：使事情能够存在或发生 |
| 依法执行 | 法则本身：上帝为宇宙的法则 |
| 存在、行为、知识 | 含义、规范性 |
| 现实性 | 可能性 |
| 直接观察 | 只有通过理论思想才能看到 |
| 个别性－事物 | 普遍性－事物的种类 |
| 派生、应急 | 给定、使出现 |

杜伊威尔等学者提出的改革哲学理论框架，将人工物区分出：法则层面和实体层面（如表 1.1 所示）。在法则层面上，杜伊威尔提出了"形态"（Modalities）的概念，并进一步区分出十五种形态[1]，"每一种事物都具备所有的形态和属性，但是在同一事物所处的不同背景下，以及在不同的事物中，每一个形态所发挥的功能和意义的程度有所不同"[2]。杜伊威尔将那个发挥最大功能

---

[1]　十五种形态指的是：算数（Numerical）形态、空间（Spatial）形态、运动（Kinematic）形态、物理（Physical）形态、生物（Biotic）形态、心理（Psychic）形态、逻辑（Logical）形态、历史（Historical）形态、语言（Lingual）形态、社会（Social）形态、经济（Economic）形态、审美（Aesthetic）形态、法律（Juridical）形态、伦理（Moral）形态和信仰（Confessional）形态。

[2]　Marc J. de Vries, "Introducing van Riessen's Work in the Philosophy of Technology", *Philosophia Reformata*, Vol. 75, No. 1, January 2010, p. 4.

和意义的形态称为"资格性形态"（Qualifying Modality），其发挥的功能就是"资格性功能"（Qualifying Function）。[1] 对此，杜伊威尔以椅子为例[2]做了说明，椅子既是一个物体，又是一种商品，还是一件艺术品，因此它同时具备物理形态、经济形态、审美形态等多种形态。而且椅子处于不同的背景下时，它的"资格性功能"是不同的。当椅子位于客厅时，它的"资格性功能"就是满足人们社交活动的需要；而当椅子位于法庭时，它的"资格性功能"则变成了向人们表明法官所在的位置。

里森运用杜伊威尔的形态理论，对人工物的概念作了进一步的厘定，区分出技术人工物和社会人工物。在他的分析中，技术人工物就是那些通过它们的"技术"功能来决定其本质属性的人工物，技术人工物被用于新的场域进而产生新的人工物。[3] 社会人工物是那些通过"资格性功能"来决定其本质属性的人工物，社会人工物被用于社会生活，满足于人们的交往。基于此，里森将大锤、车床等界定为技术人工物，将椅子视为社会人工物。也就是说，里森运用了"历史的观点"来给技术人工物下定义，这种"历史的观点"后来发展成为"发展的观点"。技术人工物在不同时期、不同场域呈现出的功能是不同的。

单就技术人工物而言，里森对其作了进一步的区分。相对于大锤这种普通的技术人工物来说，还有一种特定类型的技术人工物，它们可以实现能量（物质）的转换，例如技术操作员和车床。[4] 以车床为例，里森在杜伊威尔的基础上对车床进行了更仔细的观察研究，他发现车床中的某些部件与其他部件的性质不同。比如说，车床上的螺丝和螺栓可以在其他设备上使用，但一些特定的部件则不能，比如说大锤。螺丝和螺栓与车床的关系是"部分－整体"的关系，而大锤却是封装在车床上的。也就是说，封装在整体上的部件，一旦脱离了更大的整体，就会失去其存在的意义；而与整体保持"部分－整体"关系

① Marc J. de Vries, "Introducing van Riessen's Work in the Philosophy of Technology", *Philosophia Reformata*, Vol. 75, No. 1, January 2010, p. 4.

② Marc J. de Vries, "Introducing van Riessen's Work in the Philosophy of Technology", *Philosophia Reformata*, Vol. 75, No. 1, January 2010, p. 4.

③ Marc J. de Vries, "Introducing van Riessen's Work in the Philosophy of Technology", *Philosophia Reformata*, Vol. 75, No. 1, January 2010, p. 4.

④ Marc J. de Vries, "Introducing van Riessen's Work in the Philosophy of Technology", *Philosophia Reformata*, Vol. 75, No. 1, January 2010, p. 5.

的部件，脱离更大的整体后，仍然可以具有存在意义。为了分析这一发现，里森借用杜伊威尔关于"封装和部分－整体关系"（Encapsulation and Part-Whole Relationships）的概念。与此同时，里森还认识到，在标准化和大规模的生产背景下，实现从封装到"部分－整体"关系的转变，是制造业的一个重大发展。里森将这一重大发展称为"平衡功能划分"（Neutralizing Function Division），即采用平衡轴或其他类似结构为中心，通过组合、分割等方式使技术人工物发挥出不同功能。里森认为与传统的基于工艺的技术相比，"平衡功能划分"是现代技术的主要特征之一，也是现代技术与传统技术的主要区别之一。① 而现代技术与传统技术的另一个重要区别存在于里森的技术知识论分析之中。

### 三　技术知识论

里森对技术知识的阐释是从分析科学知识和技术知识的异同切入的。在里森看来，科学知识和技术知识存在较大差异："科学知识是分析的、抽象的、普遍的，而技术知识则是综合的、具体的、特定的。"② 单就技术本身而言，传统技术和现代技术也存在较大不同："与传统技术相比，现代技术有一种倾向：发展更具科学性质的知识，即让技术知识更具分析性、抽象性和普遍性。"③ 也就是说现代技术体系有依附于现代科学理论的趋势，它们之间有交叉融合的地方，有更多的共通之处。技术人员（工程师）也越来越倾向于接近科学家，而非传统技术领域中的工匠。

伴随现代技术知识的科学倾向，技术（工程）科学存在的位置也发生了相应的变化。在传统技术时代，技术知识更大意义上存在于技术实践中，负载于技术人工物之上。而在现代技术情境下，技术知识已处在"技术实践（处理具体以及特定对象）和自然科学（通过对现象的抽象和分析而得出）的中间位置，技术（工程）科学也处在技术实践和自然科学的交叉地带"④。

---

① Marc J. de Vries, "Introducing van Riessen's Work in the Philosophy of Technology", *Philosophia Reformata*, Vol. 75, No. 1, January 2010, p. 5.

② Marc J. de Vries, "Introducing van Riessen's Work in the Philosophy of Technology", *Philosophia Reformata*, Vol. 75, No. 1, January 2010, p. 5.

③ Marc J. de Vries, "Introducing van Riessen's Work in the Philosophy of Technology", *Philosophia Reformata*, Vol. 75, No. 1, January 2010, p. 5.

④ Marc J. de Vries, "Introducing van Riessen's Work in the Philosophy of Technology", *Philosophia Reformata*, Vol. 75, No. 1, January 2010, p. 5.

（如图1.1技术知识位置的变化所示）。里森此时已经从技术知识的角度看到了传统技术和现代技术的分野，以及现代技术和现代科学的融合趋势。

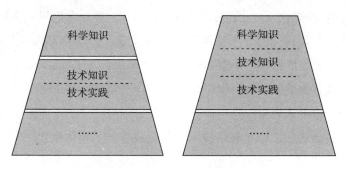

图1.1　技术知识位置的变化

里森在看到现代科学技术融合趋势的同时，也意识到科学知识和技术（工程）知识间仍旧存在巨大差异。在自然科学（尤其是基础学科）中，"科学理论越抽象越好，但对于工程学来讲，情况却并非如此"①。以飞机研发为例，飞机工程师不但对任何飞行的理论不感兴趣，而且他们对完全针对特定飞机的具体知识也同样不感兴趣。也就是说，现代技术（工程）知识与科学知识相比，还具有显著的具体性、特定性和情境性。针对特定技术（工程）设计的独特性，里森试图通过分析技术设计、制造过程来探究这个问题。

## 四　技术过程论

技术由传统向现代转换是技术进步的标志，这种转换映射在技术设计与制造过程之中，这是里森所研究的第三个主题——技术过程。在工程学中，设计的方法是先将一个问题分解成若干子问题来分析，然后再将每个子问题当作一个更抽象的问题。这样一来，"知识的发展不仅适用于特定的设计问题，而且可以更广泛地应用于一系列类似的设计问题，也就是说，更具有普遍性"②。这类似于软件工程设计中的模块化方法，将设计问题分解为若干子模块，不同子模块封装后可以解决不同的设计问题，进而实现设计者的功能

① Marc J. de Vries, "Introducing van Riessen's Work in the Philosophy of Technology", *Philosophia Reformata*, Vol. 75, No. 1, January 2010, p. 5.

② Marc J. de Vries, "Introducing van Riessen's Work in the Philosophy of Technology", *Philosophia Reformata*, Vol. 75, No. 1, January 2010, p. 5.

需求。里森从技术设计（制造）过程入手，将设计（制造）问题模块化，使得具体问题的解决途径普遍化，"这一转变可以从更广泛的技术分工的角度来分析，在传统的技术条件下，设计者往往也是制造者，并且在早期，制造者往往也是产品的消费者"①。也就是说，在传统技术语境中，技术人工物的设计者、制造者和使用者是同一主体。

随着传统技术向现代技术的转换，技术分工使得设计者、生产者和消费者之间实现了角色分离。如今，这种分离给设计者在设计过程中如何满足消费者的需求，提出了一系列难题。引发这一系列问题的原因在于，"当设计变成专为大规模生产定制时，就拉远了设计者和消费者之间的距离，从而使得设计者很难准确地满足每一位消费者的消费需求"②。里森已经意识到技术演进、分工带来的角色分离所引发的一系列问题，当他提出技术过程论时，尚未有学者从工业发展中发现这一问题。依照里森的技术过程论逻辑，接下来自然会将关注点聚焦于现代技术带来的社会异化问题。

### 五　技术价值论

里森对技术知识本质和过程化的分析，使他在意识到自然科学和技术之间差异的同时，还看到了现代技术带来的异化问题。承接对技术知识和技术过程的分析之后，里森进一步分析："与工匠们为特定客户制造每件产品以及生产者生产供自己消费产品的时代（自给自足的时代）相比，技术已经发生了巨大的变化。技术产品也表现出了科学的特点（普遍性），设计过程和制作过程被分离了，并且由不同的人去做。"③ 也就是说，技术产品的批量生产使产品丧失了时间和地点的独特性。"统一的排屋取代了独特的庄园，现成的西装代替了特制的西装。现代技术中的劳动分工导致了个体工程师自由的丧失和个人责任的丧失。现代技术中的劳动分工所产生的这一系列对文化和社会

---

① Marc J. de Vries, "Introducing van Riessen's Work in the Philosophy of Technology", *Philosophia Reformata*, Vol. 75, No. 1, January 2010, pp. 5 – 6.

② Marc J. de Vries, "Introducing van Riessen's Work in the Philosophy of Technology", *Philosophia Reformata*, Vol. 75, No. 1, January 2010, p. 6.

③ Marc J. de Vries, "Introducing van Riessen's Work in the Philosophy of Technology", *Philosophia Reformata*, Vol. 75, No. 1, January 2010, p. 6.

的消极影响，也可以称之为一种异化。"① 这种技术异化是里森所看到的技术发展带来的负面影响，也是许多社会问题产生的原因。

里森提到的"统一的排屋""现成的西装"与马尔库塞的"单向度的社会"相类似，他们都试图阐释技术发展过程中带来的异化现象，具有内在的相通性。里森的"个体工程师自由与责任的丧失"与马尔库塞的"单向度的人"有异曲同工之妙。"现代技术的显著特征是准备工作与执行工作之间的分歧越来越大，形成这一显著特征的原因是设计与执行分离的程度日益加深。"② 米切姆对里森所提出的这一理论与马克思（Karl Marx）的异化理论相比较后，得出了以下结论："里森提出了一个比马克思更广泛的、更引人注目的关于异化的解释。"③ 里森提出的技术异化的范围延伸到"工作的意义、工作的目的、工作的性质，以及工作伙伴的关系"④。

在《未来的社会》一书中，里森以"自由与安全间的冲突"⑤ 为主题，立足科学与技术的功能，解析现代社会的结构，试图将"屈从于理性主义和技术统治"中的人们唤醒。在里森看来，"科学与技术是规范性的……与自然不同，它们不是简单地给予"⑥。所以，里森在《解放与权力》一书中引入了一个新的要素——权力，它是人类在影响社会的人工物系统中放置力量的一种方式。这种力量可以用来获得对他人的控制权，从而使技术成为一种新的社会权力。⑦ 里森的上述分析类似于埃吕尔（Jacques Ellul）对技术作为一种社会自主性力量的批判。但二者有所不同的是，埃吕尔认为技术产生负面影响是理所当然的，而里森对埃吕尔的这一说法表示强烈的不满，在他看来，技术之所以产生负

① Marc J. de Vries, "Introducing van Riessen's Work in the Philosophy of Technology", *Philosophia Reformata*, Vol. 75, No. 1, January 2010, p. 6.

② Hendrik van Riessen, "De Structuur Der Techniek", *Philosophia Reformata*, Vol. 26, No. 1, January 1961, p. 124.

③ Sander Griffioen, "Response to Carl Mitcham", *Philosophia Reformata*, Vol. 75, No. 1, January 2010, p. 36.

④ Hendrik van Riessen, "De Structuur Der Techniek", *Philosophia Reformata*, Vol. 26, No. 1, January 1961, p. 124.

⑤ Hendrik van Riessen, *The Society of the Future*, trans., David Hugh Freeman, Philadelphia: The Presbyterianand Reformed Publishing Co., 1957, p. 14.

⑥ Hendrik van Riessen, *The Society of the Future*, trans., David Hugh Freeman, Philadelphia: The Presbyterianand Reformed Publishing Co., 1957, p. 117.

⑦ Marc J. de Vries, "Introducing van Riessen's Work in the Philosophy of Technology", *Philosophia Reformata*, Vol. 75, No. 1, January 2010, p. 6.

面影响，其中少不了人类的责任。① 在里森的著作中，这种新的社会权力并不只是一种潜在的危险，而是现实存在的。随后爆发的社会运动和全球性问题印证了里森的观点。例如，20 世纪 60 年代末兴起的"对技术的社会批判""学生运动""环境污染以及资源枯竭"等问题，② 这些事件都没有超出里森的分析。

与马克思的技术人体器官延长论相比，里森反向思考，他在《天职和技术的问题》（"Roeping en Probleem der Techniek"，1952）一文中提出了"从技术来洞察人"的观点。里森指出："确切地来讲，技术本身是中立的，单从技术本身不足以说明其是好是坏。因此，如果想要分析一项技术的应用是好是坏，就必须分析人们在使用该技术的过程中，是否运用了正确的使用方法，以及在使用该技术时，是否拥有良好的意图。"③ "若我们遵照上帝的旨意来运用一项技术，那么我们所运用的就是一项好的技术，运用该技术将有助于我们完成上帝的创作，实现其世俗之城的繁荣。人的罪恶和骄傲自负会玷污某些美好的东西，如果我们在使用一项技术时心存邪念，那么该技术将会沦为一项坏的技术，并成为危害人类的祸根。"④ 里森将是否遵照上帝的旨意作为判断技术好与坏的依据，类似于我们将是否符合道义作为判断技术好与坏的依据。在里森看来，遵照上帝的旨意来开展的技术就是符合道义的技术，就是好技术，否则，就是坏技术。质言之，里森的技术伦理思想承认人在技术实践中的主体地位，看到了技术带来的异化问题，又将人在技术实践中的主体地位和技术好与坏的判断依据，复归到上帝的旨意。

## 六　技术宗教文化论

里森的技术文化论主要体现在，他对技术与宗教关系的认知上。里森是一名虔诚的基督教徒，他在学习哲学和思考技术哲学的过程中，受到基督教

---

① Marc J. de Vries，"Introducing van Riessen's Work in the Philosophy of Technology"，*Philosophia Reformata*，Vol. 75，No. 1，January 2010，p. 6.

② Marc J. de Vries，"Introducing van Riessen's Work in the Philosophy of Technology"，*Philosophia Reformata*，Vol. 75，No. 1，January 2010，pp. 6 – 7.

③ J. H. Walgrave，"Roeping en Probleem der Techniek"，*Tijdschrift Voor Filosofie*，Vol. 15，No. 2，February 1953，p. 339.

④ J. II. Walgrave，"Roeping en Probleem der Techniek"，*Tijdschrift Voor Filosofie*，Vol. 15，No. 2，February 1953，p. 339.

的深刻影响。因此，他的技术哲学思想带有浓厚的基督教色彩。① 早在代尔夫特求学时，里森就试图从一个基督徒的视角来探究科技与圣经的关系。从前一部分的论述看，里森的技术伦理思想带有浓厚的宗教神学色彩。在他看来，技术产生负面影响是人类的责任。里森的这一观点与杜伊威尔的观点是直接相关的，即人类在上帝的创造中有着独特的地位，他们是唯一能够回应上帝并能对他们所做的事负责的存在，而设备和机器则没有这种地位。② 里森着重指出，技术的力量被如此广泛地接受，有取代我们所信任和崇拜的上帝的位置的危险。

荷兰学者布罗尼斯洛·斯泽西齐因斯基（Bronislaw Szerszynski）在《技术与一神论》一文中，指出里森的内部结构分析是在新教改革基础上形成的。③ 里森认为："现代科技通过系统而广泛的应用为人类社会带来了巨大的进步，然而由于它是在无神论框架内发展起来的，因此，它也限制了人的自由，使得人们有意义的工作、人与人的关系以及人与自然的关系呈现为异化。"④ 面对现代技术带来的异化问题，里森将解决的途径是复归至宗教，他坚持认为："如果要克服技术给人类、社会和环境带来的消极后果，那么技术就需要被基督教化。"⑤ 也就是说，里森阐释的技术思想逻辑是"上帝－人－技术"，他始终坚持"我们应当在上帝赋予的权力下进行技术创造，在上帝的恩赐指引下从事提高人们生活水平和实现人类解放的技术"⑥。

从里森回忆录中可以看到，他有时虽然任性但其行动方式又受到基督教的约束。⑦ 里森的技术思想和技术伦理思想，都与宗教密切相关。他将是否按

① André Hayen. H. van Riessen, "Filosofie En Techniek", *Revue Philosophique de Louvain*, Vol. 54, No. 43, April 1956, p. 534.

② Marc J. de Vries, "Introducing van Riessen's Work in the Philosophy of Technology", *Philosophia Reformata*, Vol. 75, No. 1, January 2010, p. 7.

③ Bronislaw Szerszynski, "Technology and Monotheism: A Dialogue With Neo-Calvinist Philosophy", *Philosophia Reformata*, Vol. 75, No. 1, November 2010, p. 43.

④ Bronislaw Szerszynski, "Technology and Monotheism: A Dialogue With Neo-Calvinist Philosophy", *Philosophia Reformata*, Vol. 75, No. 1, November 2010, pp. 46–47.

⑤ Bronislaw Szerszynski, "Technology and Monotheism: A Dialogue With Neo-Calvinist Philosophy", *Philosophia Reformata*, Vol. 75, No. 1, November 2010, p. 47.

⑥ Hendrik van Riessen, "De Structuur Der Techniek", *Philosophia Reformata*, Vol. 26, No. 1, January 1961, p. 130.

⑦ Ad Vlot and Sander Griffioen, "Hendrik van Riessen in Memoriam", *Philosophia Reformata*, Vol. 65, No. 2, February 2000, p. 125.

照上帝的旨意来推行技术，作为划分技术好与坏的依据，还将是否被上帝赋予权力，作为划分技术主体的依据。里森的技术思想中所透露出来的宗教色彩，与他深受沃伦霍温和杜伊威尔两位教授的言传身教，以及他从入门时就以一个基督徒的视角来分析技术和哲学分不开。因此，在一定意义上说，里森对技术的哲学思考，直接导源于他的基督教情怀，他对技术的未来设想和建议最终也是复归于基督教。

## 七　学术评价

在国际上，米切姆十分欣赏里森，他在研读里森的部分论著后，给予里森以较高的评价，"在荷兰，工程师里森以《哲学与技术》一书开始了他在哲学领域的第二职业生涯，即开始研究哲学与技术，这是一项截止到20世纪中叶为止，从历史与哲学的角度对该领域所做的最全面的考察工作"[1]。里森的思想具有独创性，他对于一些技术问题的深入思考和系统分析值得我们进一步研究。里森的思想还极具预见性，他所阐释的技术哲学思想，在很多方面都具有开创性。相对于他所生活的时代来说，里森所讲的都是对未来技术问题及其社会影响的猜测及预见，也就是我们当下所面临的和正在研究的技术哲学问题。而且他所提及和阐释的关于技术的问题，很多在当下已经发生。沃尔格夫（J. H. Walgrave）是这样对里森思想的预见性进行评价的：如果从精神层面来分析里森，那么他似乎令人感到有点不可思议。[2] 然而，如前所述，里森的论著大都以荷兰语写成，曾在很长一段时间内不为人熟知。

在荷兰，里森的技术哲学思想得到了传承和发展，他倡导的哲学家与工程师对话的传统也得以延续。比如，多年以来，已故哲学家汉斯·哈库斯玛（Hans Haaksma）在荷兰皇家工程师学会（Koninklijk Instituut van Ingenieurs, KIvI）的哲学部担任职务，促使荷兰皇家工程师学会和改革技术哲学（Reformational Philosophy of Technology）之间保持着紧密联系。再比如，由荷兰学者发起的"哲学、工程与技术国际论坛（fPET）"，已成为哲学家与工程师之间

---

[1]　Carl Mitcham, *Thinking Through Technology: The Path Between Engineering and Philosophy*, Chicago: The University of Chicago Press, 1994, p. 34.

[2]　J. H. Walgrave, "Roeping en Probleem der Technick", *Tijdschrift Voor Filosofie*, Vol. 15, No. 2, February 1953, p. 339.

对话的重要平台。荷兰皇家工程师学会的哲学部曾两次将年度会议与纪念里森结合在一起，这充分说明里森的技术思想对当前荷兰皇家工程师学会和改革技术哲学仍具有影响力。另外，哲学家维劳特（Ad Vlot）、保罗·克里提乌（Paul Cliteur）在他们合写的书中提及并讨论了里森的作品。① 里森的技术思想至今能得到认同的原因在于，里森能够将技术人工物的本体论思考、技术知识的认识论阐释、技术过程的实践论分析、技术异化的价值论解释以及技术文化的宗教溯源等这一系列问题整合起来进行系统研究，这种整合分析能力对于当下的荷兰学派来讲仍具有重要意义。

从国内相关研究来看，国内学者对里森的关注停留于米切姆对里森的评价。笔者认为，里森对技术人工物本质的阐释是克洛斯（Peter Kroes）和梅耶斯（Anthonie Meijers）技术人工物两重性理论的先导；他的工程师身份以及他诉求的从技术内部来思考技术，为技术哲学的经验转向奠定了基础；他的技术过程论分析，对荷兰技术哲学的"设计转向"拉开序幕；他的技术价值论阐释，对荷兰当代技术哲学的"伦理转向"具有重要的借鉴意义；他的工程师和哲学家双重身份，外化为当前荷兰技术哲学诉求的"设计－伦理并行研究"。因此，在一定意义上讲，里森是荷兰学派技术哲学的先驱者。

## 第三节　荷兰技术哲学的宗教文化传统

荷兰技术哲学的另一个重要传统是从宗教文化角度对技术进行重新思考，他们认为技术是对上帝的虔诚侍奉，这一领域的代表人物是艾格伯特·舒尔曼。1937 年 7 月，舒尔曼出生于荷兰德伦特省的新伯伊嫩（Nieuw-Buinen, Drenthe），荷兰当代知名技术哲学家，一生致力于在改革哲学语境下讨论技术。舒尔曼基于技术主义的发展历程，探讨其作为现代技术及技术文化的底层逻辑和内在精神；他站在本质论立场上将技术哲学厘定为超越论和实证论两个流派，并对它们分别进行了系统的分析和批判；他从宗教文化视角分析技术发展，指出现代技术的出路在于回归"上帝"；他从改革哲学视角探讨技术伦理学，主张实行负责任的技术设计，提出技术设计的八个规范原则。虽

---

① Marc J. de Vries, "Introducing van Riessen's Work in the Philosophy of Technology", *Philosophia Reformata*, Vol. 75, No. 1, January 2010, p. 8.

然舒尔曼的宗教视角及回归"上帝"的思路需要批判，但其技术哲学思想对我国当下技术哲学的发展有一定的借鉴意义。

科学技术，特别是近代以来科学技术的发展，使人类的生活发生了天翻地覆的变化，平均寿命的延长、生活环境的改善、劳动压力的减缓、交通通信的便利等技术带来的福祉使人们有机会充分享受生活。但是科学技术在其发展过程中，也给我们带来了一些负面的影响。例如，自然资源开发利用不当造成的环境污染，计算机广泛使用造成的人的孤立，生物工程、基因工程不断突破人类伦理道德的底线等，这些问题的凸显使得推动人类向前发展的科学异化为阻碍人、奴役人的工具。面对新兴技术给人类带来的生存境遇难题，各国技术哲学工作者纷纷从自己的研究领域提出解决方案。荷兰技术哲学家艾格伯特·舒尔曼就是其中之一，他的技术哲学思想为解决现代技术问题提供了一些新的思路。

从学缘关系上看，舒尔曼是亨德里克·范·里森的学生，他在里森研究的基础上进一步发展了改革哲学视域下的技术哲学。总体来看，舒尔曼是在基督教哲学背景下讨论技术，即"根据基督教的假设分析技术在西方文明中的地位，他给未来科学和技术的文化历史研究提供了希望"[①]。舒尔曼著述颇丰，其著作主要有《技术社会的反思》（*Reflections on the Technological Society*，1977），《技术与未来：一种哲学挑战和负责任的技术》（*Technology and the Future：A Philosophical Challenge and Responsible Technology*，1980），《巴别塔的基督徒》（*Christians in Babel*，1987），《技术信仰与希望》（*Faith and Hope in Technology*，2000），《技术世界图景与责任伦理》（*The Technological World Picture and an Ethics of Responsibility*，2005）等。

## 一　现代技术的本质

舒尔曼从技术环境、使用材料、能源动力、技巧赋予、工具形态、技术的实施步骤、制作中的合作和工作程序情况、主体在构造过程中的作用以及技术发展的本性等要素入手，深入比较分析了现代技术和古典技术的差异。舒尔曼认为古典技术"不能超越人的双手和感官的范围"，也就是说

---

① C. E. M. Struyker Boudier, "Review: Geloven in Wetenschap en Techniek. Hoop voor de Joekomst by Egbert Schuurman", *Tijdschrift Voor Filosofie*, Vol. 61, No. 3, 1999, p. 634.

古典技术是人们在经验范围内对手边自然材料的技巧性加工的活动，从这种意义上说古典技术最突出的特点是经验性和自然性。而现代技术是以科学为基础，分门别类地将广泛的自然材料"纯化"后进行设计、机器制造等环节的制造活动，从此种意义上说现代技术最鲜明的特质是高度分化和自主能动性。

表 1.2　　　　　　　　古典技术和现代技术的比较分析①

| 比较要素 | 古典技术 | 现代技术 |
|---|---|---|
| 环境 | 被自然环境包围 | 自然环境技术化 |
| 材料 | 只能掌握手边的自然材料 | 脱离自然赋形的物质 |
| 能源 | 动物或人类肌体 | 自然力、化石燃料及原子裂变 |
| 技巧 | 手工技巧 | 集成融合 |
| 工具 | 自然中发现的非技巧性的对象 | 机器的技术活动装置 |
| 实施步骤 | 人类的介入 | 自动化程序式控制 |
| 合作 | 单主体制作——制造者消费者一体 | 多主体合作制造——制造者和消费者分离 |
| 工作程序 | 依赖实际生活的需要<br>混沌生产<br>意向性构形与技术性赋形紧密相连 | 依靠科学方法进行技术构形<br>有序生产<br>意向性构形（设计）独立 |
| 人们的作用 | 人力手工生产 | 依照理论设计制造、去除人的因素 |
| 技术发展的本性 | 未分化的<br>静止的 | 高度分化的<br>能动的 |

## 二　现代技术和技术文化的底层逻辑：技术主义

舒尔曼将技术定义为"人类通过工具改造自然以达到其目的的活动"②。技术不只是物化意义上的人工物，它还涵盖所有改变自然的人类活动，技术实质上是一个接近文化的概念。舒尔曼认为解决技术时代问题的首要任务是

---

① 表格内容基于舒尔曼的《科技文明与人类未来——在哲学深层的挑战》（李小兵等译，东方出版社 1995 年版）总结整理。

② Egbert Schuurman, *Technology and the Future: A Philosophical Challenge and Resposibk Technology*, Toronto: Wedge Publishing Foundation, 1980, pp. 5–6.

深入探讨其形成的深层次动因。有鉴于此，舒尔曼从宗教文化与哲学背景出发，"批判性地分析了科技史和科学背景及其在世界上的主导地位"①，提出现代技术和技术文化的底层逻辑是技术主义。他认为："技术主义是一种精神气质，是我们在认识和对待科学技术时所表现出来的基本态度。这种精神承诺通过技术和科技控制来解决所有全球性问题并确保进步。"② 技术主义包含了人类控制整个现实的自主的伪装，也深深地影响着西方的精神气候。

为了探源这种精神及其影响，舒尔曼认为必须回到几个世纪前作出这种精神决定的时代。首先要回到文艺复兴时期的精神运动中去，因为技术主义者对现实的控制在文艺复兴时期出现了萌芽。一方面它包含着一种宗教信仰，另一方面它又被赋予了新的以人类为中心的内容。这就意味着，创造不再被认为是上帝的杰作，而是人类的杰作；现实不再是上帝赋予人类的，而是人类自身通过哲学、科学、技术等活动赋予其意义的现实；信仰不再是通过基督教来信仰上帝，而是依靠自己。因此未来不是上帝赐予我们的，而是人类自己策划的道路。这种精神渗透在科学家和哲学家的思想中，使得文艺复兴的理想和科学技术的发展日益融合。如，列奥纳多·达芬奇（Leonardo da Vinci）提出力学的世界是几何学的天堂。勒内·笛卡尔（René Descartes）受其启发，提出大自然是一台可以被认识且可以被控制的机器，因为人是自然的主人和拥有者，这构成了笛卡尔自然哲学的技术主义支点。同时，作为数学家的笛卡尔只关注事物的数量特征，而不在乎质量如何，不再承认动植物的完整性和内在价值，而是把它们简单地看作可操作的东西，这是一种极端功利主义的价值观，奠定了现代自然科学和技术思维的基础，导致了现代自然科学技术的兴起和经验世界的贫乏。现代自然科学的发展又极大地强化和拓宽了技术主义的范围，以至于自古典自然科学兴起以来，就可以说是科学主义的技术主义。尽管后来对笛卡尔哲学进行了批判和修改，但技术主义逐渐主导了西方的哲学和科学思想。在路德维希·安德列斯·费尔巴哈（Ludwig Andreas Feuerbach）那里，技术主义思想发展到顶峰，并转化为实践，技术主义这个词得以具体化，技术主义哲学成为组织实践活动的包罗万象的原

---

① C. E. M. Struyker Boudier, "Review: Perspectives on *Technology and Culture* by Egbert Schuurman", *Tijdschrift Voor Filosofie*, Vol. 58, No. 3, September 1996, p. 609.

② Egbert Schuurman, "Philosophical and Ethical Problems of Technicism and Genetic Engineering", *Techné: Research in Philosophy and Technology*, Vol. 3, No. 1, Fall 1997, p. 28.

则。随之而来的是对所有现实的技术性重组和控制，包括自然、社会、经济，甚至人性本身。"技术思维模式把一切都简化为有用的事物。它的内在价值和意义被掏空，变成了人类可以从现实中获得的利益。"① 几乎所有的东西都依赖于科技，当这种依赖与经济联系在一起时，文化就趋向于单向化。当文化完全被技术思维方式或技术心理所包含时，技术文化就形成了。就像舒尔曼指出的那样："与一个世纪前相比，我们发现自己处于一种全新的局面中。现代技术是动态的，并且已经有了巨大的发展。它在文化上留下了印记，并已成为世界性的系统。在现代技术中，一切都与其他事物相联系，结果形成一个技术环境。如果拿走技术，我们的文化就会崩溃，它已经成为我们整个生活的必要前提。"② 同时随着技术思维的范围不断扩大，现实的范围逐渐缩小，人类技术性地看待事物的方式转化为一幅我们的文化被奴役的技术世界图景。这种流行的技术世界图景及其控制模式支配着今天的经济，也定义了当代伦理，使人类很难不遵从技术系统方法来处理伦理问题。其"遵循的价值准则是有效性、标准化、效率、成功、安全、可靠性和利润最大化，而很少或根本不考虑对人类、社会、环境和自然的代价"③，使可持续发展面临巨大的压力。

### 三 技术哲学流派的分野：超越论和实证论

纵观一百多年来技术哲学的发展，米切姆认为主要存在两种技术哲学传统，即工程传统的技术哲学和人文传统的技术哲学。这实质上是从本质论立场作出的划分。舒尔曼同样从本质论的立场出发，认为技术哲学的发展可以划分为两个流派，即超越论和实证论，并进一步对这两个流派的思想进行评析。

超越论以弗里德里希·格奥尔吉·荣格（Friedrich georgi Jung）、马丁·海德格尔（Martin Heidegger）、雅克·埃吕尔（Jacques Ellul）、赫尔曼·迈耶尔（Herman Meyer）等为代表，他们的哲学思想在很大程度上集中在人类主

---

① Egbert Schuurman, "Struggle in the Ethics of Technology", *Koers*：*Bulletin for Christian Scholarship*, Vol. 71, No. 1, July 2006, pp. 162 – 163.

② Egbert Schuurman, "Responsible Ethics for Global Technology", *Axiomathes*, Vol. 20, No. 1, January 2010, p. 109.

③ Egbert Schuurman, *The Technological World Picture and an Ethics of Responsibility*, Sioux Center, Iowa：Dordt College Press, 2005, p. 22.

体的内在尺度部分，看重人的主体经验的超验性和直接性，把科学性的技术看成是威胁人类主体及其自由的力量，对现代技术采取一种敌对态度，具体而言，荣格立足技术发展造成的浪费和污染，将技术的本质特征概括为掠夺性开发，把技术视为自主运行的力量，将人的自由与技术对立起来，认为自由是与技术无关的绝对化的自由。荣格的这些认知直接导致他忽视了技术在减轻人类工作负担、促进社会物质繁荣中所起的重要作用。海德格尔专门考察了技术与科学的关系，注意到技术的自律，探寻了技术的基础和可能性，但要人们注意技术时代无所不在的意义危机。他在原则上将科学等同于技术，也没有对技术和其他文化领域进行明确的划分，甚至认为技术力量的兴起是因为人总在基督教和人道主义中处于中心位置，而看不到基督教总是以"服务"上帝为主导。埃吕尔把握住了现代技术的特征，认为我们的社会已经变成技术社会，个人在现代技术中的地位即是一种机器的地位；同时，技术是自主的，人类被其完全排挤出自己的位置，甚至未来的技术将在完全没有人的参与下发展。但是事实上，人应该领导技术过程，纠正任何错误的发展方向，为技术指出有意义的前景。迈耶尔是用未来技术发展的眼光来探讨规范和标准的第一个超越论者，他追求技术的规范化发展，但实质就是把技术限定于狭义的工程技术；他把自主理性看作现代技术的绝对起源，却不知道这种自主是相对的，因而没能找到修正其观点的东西。

实证论者在人之外的实在中寻找自己的出发点，把现代技术看作对人的力量的肯定和文化的发展，认为技术是解决未来许多问题和进行道路选择的答案，人正是通过和借助技术决定着自身的未来。实证论代表人物是诺伯特·维纳（Norbert Wiener）、卡尔·斯泰因布赫（Karl Steinbuch）、格奥尔吉·克劳斯（Georgi Krauss）等。其中，维纳是现代控制论的创始人，对控制论发展有着突出贡献，但在他的思想中不存在人的意义、人的劳动的意义、人劳动的结果的意义、技术的意义等问题，他认为人类会因机器的应用而失去负担和责任。舒尔曼反对维纳对人的看法，认为："任何时候都不能把人看作是彻底自由的和负责的。"① 斯泰因布赫在双重意义上谈论人类自由，认为自由首先是摆脱反自由、反技术的偏见，其次自由必须符合自然规律。在他看来，使用

---

① ［荷兰］又格伯特·舒尔曼：《科技文明与人类未来：在哲学深层的挑战》，李小兵等译，东方出版社 1995 年版，第 185 页。

科学和技术为人类谋利益的所有道路都向人类敞开着，技术的进展对人类而言意味着进步、健康和和平，因而要对科学和技术持乐观态度。然而，斯泰因布赫却未看到科学和技术在未来的进一步发展将使人类处于更大的束缚之中。克劳斯对维纳的实证主义的行为主义和斯泰因布赫的物理主义的唯物主义进行分析，认为二者都没有对控制论视角下的机器做出正确的评价并将其妥善地应用于社会，因而助长了不自由。他提出只有对物质、意识和社会的关系给予应有的关注，即用辩证唯物主义来理解人类和机器的关系，控制论才能从一切压迫中解放出来。但他没有看到技术带来的危险，并在"自由"的伪装下把人类变成"有计划的动物"。

质言之，舒尔曼系统地分析和批判了超越论者和实证论者的思想，认为虽然二者都承认技术无处不在，生活中到处都是技术的痕迹，但对待技术的态度不同，所追求的方向也不同。超越论者倾向于人的自由，他们担忧技术的发展最终会使其成为世界的主导，人类会受到技术的操纵，而丧失人性和自由，因而对自由的绝对化追求使他们不可能充分发展技术，而是通过怀念过去和回归自然来躲避技术，这是一种技术悲观主义的思想。实证论者倾向于技术力量，他们很少关注过去反而更加注重未来，他们认为技术的发展会使人类控制现实和控制未来的力量增强，能够推动文化和社会的进步，从而把技术力量绝对化，却没有注意到日益发展的技术万能论以及随之而来的自由的消逝、自然和社会的扭曲，这是一种技术乐观主义的思想。在舒尔曼看来，"乐观和悲观的观点都缺乏对技术的充分认识，一种观点高估了技术的文化影响力，另一种观点则不理解它所提供的可能性"[①]，自由和力量在他们看来有一条永恒的无法逾越的鸿沟，因而都没能正确处理人类与技术之间的关系，不能为二者指出一个和谐、美好的未来。

四 现代技术的出路：回归上帝

通过对超越论和实证论两个流派的分析，舒尔曼发现二者之间不仅相互矛盾，也存在一定的联系。例如二者都是以"自主的假设"为基础，都建立了自己的规则体系，也都不承认任何超越主观的规则体系和规范性原则，其结果就

---

① Egbert Schuurman, "Beyond the Empirical Turn: Responsible Technology", February 13, 2004, http://www.home.planet.nl/~srw/sch.

是二者在技术和人类未来问题上发生了冲突。针对这一问题，舒尔曼提供了一个关于技术的自由视角，他认为一个和谐的未来应该是这样一幅图景，即科学和技术拥有合法地位的同时，人类自由既不遭到排斥又不被绝对化。而要达到这样一个目标，使人类在技术发展中继续自己的自由之路，一个重要条件就是要在信仰中服从于揭示创造物的规范性的意义原动力。

　　基于这种认识，舒尔曼借助基督教哲学，从哲学上分析技术的发展，认为一切都是被创造出来的，一切的存在都依赖于作为起源的造物主上帝，并在起源中找到它的终点，即"哲学只有在依靠宗教时才能用来为技术发展指出一种有意义的前景"[1]。在基督教的思想中，上帝创造世间万物并使其服从自己的规则体系，现实世界应该由上帝引导、操纵，导向尽善尽美，即"全部创造物的目的，从根本上说是在耶稣基督之中并通过耶稣基督来展现上帝的荣耀，为上帝服务"[2]。人也只有通过信仰上帝并在这一信仰的指示下从事实践活动，才能够摆脱（技术）原罪。自基督教取得统治地位之日起，对上帝的崇拜就存在于西方人的头脑中，成为他们的精神支柱。作为一个虔诚的基督徒，舒尔曼更是上帝的忠实信仰者。他认为基督教信仰是一种自由、解放的信仰，使人们从自我满足却不敬上帝的幻象中解放出来。而技术和人类自由之所以难以协调，就是因为人类堕入原罪，自认为是世界的主人，是自己的创造者和救赎者，扭曲了上帝与其创造物之间的最初关系，使全部创造物都受到影响，脱离了既定目的。只有在上帝与人的中介耶稣基督那里，所有创造物（包括人类）才又重新和上帝联系起来。舒尔曼反对技术的自主性、人的自主性，认为所有创造物都不是自主的，都不能以一种自我满足的方式存在，即便是身处创造物顶端的人类，即使全部作为意义的存在都与人类有关，人类也不是自主的，也要回到耶稣基督那里，上帝是一切意义之源。人类在历史中所做的方向性选择都是在信仰中做出的选择，"信仰永远是意义揭示的边界功能和地平线"[3]。在信仰中，人类把自己献给耶稣基督，即一切意

　　① 〔荷兰〕艾格伯特·舒尔曼：《科技文明与人类未来：在哲学深层的挑战》，李小兵等译，东方出版社1995年版，第324页。
　　② 〔荷兰〕艾格伯特·舒尔曼：《科技文明与人类未来：在哲学深层的挑战》，李小兵等译，东方出版社1995年版，第326页。
　　③ 〔荷兰〕艾格伯特·舒尔曼：《科技文明与人类未来：在哲学深层的挑战》，李小兵等译，东方出版社1995年版，第369页。

义的根本，使自己服从于作为规范性的意义原动力，并受到其引导。如果人类不信仰上帝，不服从意义原动力，而是企图自主地建立法则，成为自己的法则制定者，就是在与意义原动力相抗衡，也就是伪造了意义原动力，造成意义的错置，引起自由与技术之间的矛盾。"只有人类拒绝自治的观念，承认他们是以上帝的形象被创造出来的，他们必须完成他们的文化任务时，一个自由的视角才会被打开"①，技术发展才能创造有意义的未来。

### 五　超越经验转向：负责任的技术设计

技术哲学的经验转向"不是把关于技术的哲学问题从关注的中心移向边缘，从而使其失去'哲学的'特性，也不是消除技术哲学中的规范和伦理价值，而是意味着技术哲学家要反思技术，就必须去打开这个黑匣子，使他们的分析基于对工程实践的内在的洞察和从经验上对技术的充分的描述"②。这一思潮始于荷兰学派，1998 年在荷兰代尔夫特理工大学举办的春季研讨班上，克洛斯和梅耶斯提出了一个"技术哲学研究中的经验转向"③ 的研究纲领，引起了学界的广泛讨论。事实上，早在 1947 年，技术哲学家、电子工程师亨德里克·范·里森已经开始在改革哲学的框架内发展技术哲学，他同时从其他哲学家对技术结构的关注中获益，在对技术进行分析时，范·里森引用了大量来自实际技术的例子。从某种意义上说，里森可以被看作经验转向的第一位哲学家。

作为研究基督教信仰与科学技术关系的思想家，舒尔曼一直对技术伦理问题很感兴趣。与大多数学者不同，舒尔曼没有采取分析和评价案例的方法研究技术，他主要从改革哲学的视角探讨技术伦理，这是一种根植于基督教哲学立场的规范伦理学。舒尔曼反对技术的滥用，呼吁保持一定的道德操守，认为人类必须要超越经验转向，实行负责任的技术，他坚信责任伦理是技术伦理最恰当的路径。科学技术研发设计中的每一个人，不仅

---

① Egbert Schuurman, "Technicism and the Dynamics of Creation", *Philosophia Reformata*, Vol. 58, No. 2, December 1993, p. 190.

② 陈凡、朱春艳、李权时：《试论欧美技术哲学的特点及经验转向》，《自然辩证法通讯》2004年第 5 期。

③ Peter Kroes and Anthonie Meijers, "Introduction：A Discipline in Search of Its Identity", in Peter Kroes and Anthonie Meijers, eds., *The Empirical Turn in the Philosophy of Technology*, Amsterdam：JAI, 2000, p. xviii.

要有责任意识，而且要为自己的行为负责。换句话说，科技研发者应说明，自己是基于何种文化图景，基于什么样的价值观、原则和规范等在科技研发中做出贡献的。为了说明这一点，舒尔曼将地球比作需要人类照料的花园。他认为一种负责任的科技发展方式，应是自然、技术和文化三者间的协调发展，共构和谐相处的美好家园。在这里所有人和其他生物构成一个整体，每一个事物都参与其中，同时保持其自身的价值或性质。他强调这是上帝的恩赐，人类必须对这项工作充满敬畏和感激，并努力改变自己的态度和行为。因而在进行技术设计时，要更准确地看待设计过程和设计责任，强调整体设计的重要性，并以规范性原则为基础，同时提出规范性原则应该是负责任的设计的核心。

　　舒尔曼从设计伦理学维度出发，提出技术设计应遵循八个规范性原则：第一，生态适应性原则。即技术的研发、利用不能超过环境的承载限度。这个原则是每一项技术发展的基础，以破坏生态环境换来的发展难以长久地维持，必将害人害己。第二，文化适宜性的原则，亦称文化历史规范原则。即所有参与设计的人都必须确保他们设计的产品符合区域文化上的要求。这一原则不仅要求技术产品适应特定文化背景下工作的任何事物，而且要求重要的文化表现形式不应该被侵入性的技术对象所破坏。事实上，凡是文化上合适的工具或产品都能够减轻人的负担并保留了特定文化中有益健康的东西。通过这样的方式，它在连续性和不连续性之间达到了适当的平衡。第三，开放沟通的原则，亦称语言社会规范原则。即"必须以明确的方式向公众提供每项技术革新的信息。只有在这种情况下，那些积极参与技术或产品的消费者才能履行其具体的评价和决策责任"①。没有开放的交流，参与技术研发的人就不可能履行其共同和个人的责任。第四，效率和可持续性的原则，亦即经济规范原则。效率原则不能狭隘地等同于自然科学的效率，要把经济规范纳入一个完整的规范框架，把它应用于生产。也就是说，经济规范原则既要应用于原材料、能源、自然、环境等客观因素，又涉及技术研发人员和使用者等主体因素。第五，和谐的原则。技术应满足大多数人的需求，以相对平衡的方式发展，在现实社会生活中要更多引进、使用非革命性新技术，以防

---

①　Egbert Schuurman and John Vriend, *Faith and Hope in Technology*, Toronto: Clements Publishing, 2003, p. 196.

止技术引发社会的巨大变革，造成社会动荡。同时在自然、人、文化和技术之间也要考虑这一和谐规范。第六，正义的原则。正如范·梅尔森（A. G. M van Melsen）所说的"科学必须是公正的"①，舒尔曼反对技术发展可能带来的任何不公正。设计者应自我反思：他们的技术研发设计是否对生态环境、对原材料来源、对消费者、对社会、对文化、对发展中国家等都是公正的。这种正义准则是技术的内在组成部分，当它被忽视时，政府必须采取具体措施恢复正义。第七，关爱的伦理原则。我们应关心、关爱同技术有关的一切事物。包括通过技术联结的亲朋好友，受技术影响的生物资源的多样性等。当这一准则没有得到遵守时，人们的生活通常处于一种异化状态。如，生活异化、工作异化、生态失衡等。第八，信任的原则。设计者和使用者必须充分的信任彼此，设计者应接受并按照规范原则的框架进行操作，确保技术是安全的，与此同时使用者应相信这些工具是有效和安全的。"这些规范性原则必须同时遵守，而不是相互孤立。"② 只有遵循所有规范性原则，技术设计才能真正负起责任。

## 六　舒尔曼技术伦理思想评析

简言之，舒尔曼致力于在基督教哲学的背景下探究现代技术困境的文化诱因，从改革哲学的角度商讨技术伦理学，主张实行负责任的技术，并提出技术设计的系列规范原则。作为荷兰知名技术哲学家，他的技术哲学思想对技术哲学荷兰学派的构建具有重要的引导意义，是塑造现代技术变革观的宝贵财富。作为工程师和荷兰参议院议员，舒尔曼是技术发展的积极实践者，他的技术思想也在一定意义上作为技术政策得到施行。

舒尔曼对科技发展有着深刻的研究，对 20 世纪主要技术哲学家的哲学思想的分析和批判较为中肯。与此同时，他在技术伦理问题上的一些独特见解也得到了国际社会的广泛认同。他的技术文化思想、技术伦理见解和技术政策分析，对我国处理科技发展和社会发展的关系问题有一定的启示。要培养优秀的科技人才，首先要加强科技工作者的伦理道德建设，因为"在科技领域取得成就，不仅需要丰富的科技知识、创新的思维能力，还要具有高尚的

---

① A. G. M. van Melsen, *Wetenschap En Verantwoordelijkheid*, Het Spectrum, 1969, p. 174.

② Egbert Schuurman, "Beyond the Empirical Turn: Responsible Technology", February 13, 2004, http://www. home. planet. nl/~srw/sch.

思想品格、顽强的拼搏精神"①。科技工作者在科技研发工作中，要有对国家、社会和人民负责任的精神品格，要把造福人类作为科技工作的根本出发点和现实落脚点。

虽然舒尔曼试图为技术发展中的技术困境寻找一条可能的出路，但由于舒尔曼是一个虔诚的基督教信徒，他认为"技术主义和技术化可以通过对起源的重新定位，通过再次明确提出关于所有事物的意义的问题来克服，即根据神的启示"②，否定了社会历史主体在技术发展中的主观能动性，不具备现实的可操作性，无法真正解决现代科技带来的社会问题。另外，舒尔曼所说的全部创造物包括人类都不是自主的，必须服从上帝的指引，这一说法明显存在问题。从协调人类自由与技术发展的关系上看，毫无疑问它是在充分发挥人的主观能动性的基础上来实现的。当下中国，我们需要坚定不移地发展科学技术，努力实现国家富强、人民幸福。面对技术带来的种种威胁，我们既要努力实现技术的自我转型与创新发展，又要着力通过相关制度设计规范和解决技术困境，树立正确的科学技术发展观，探寻技术的人性化发展道路，让科技造福于人类，实现人的自由全面发展。

## 第四节　荷兰技术哲学的社会建构论传统

注重技术的社会建构是荷兰技术哲学的又一重要传统，在这一领域有卓越贡献的是韦伯·比克③。从 20 世纪 80 年代初，比克开始系统探究技术、社会和科学的关系，他把科学社会建构论纲领"移植"到技术领域，与特雷弗·平齐（Trevor Pinch）共同提出了技术社会建构论，并以具体技术演进为例揭示技术社会建构论的研究步骤。比克认为当今社会是技术的社会，人类生活在技术文化世界中，全球化和脆弱性是技术文化的两大特征，而克服技术文化的脆弱性需倡导技术文化民主化。比克的技术社会学思想为研究技术

---

① 习近平：《科技工作者要为加快建设创新型国家多作贡献》，《人民日报》2011 年 5 月 28 日第 2 版。

② Egbert Schuurman and Herbert Donald Morton, "Agricultural Crisis in Context: A Reformational Philosophical Perspective", *Pro Rege*, Vol. 18, No. 1, September 1989, p. 13.

③ 韦伯·比克（1951— ），著名技术社会学家，新技术社会学的代表人物之一，马斯特里赫特大学荣誉退休教授，曾任科学社会研究学会（4S）会长，荷兰科学、技术和现代文化研究院（WTMC）董事和主席，技术史学会（SHOT）执行理事会成员，科学促进全球发展指导小组主席。

提供了新思路，但他过分强调了社会决定技术，而忽视了技术和社会之间的双向互动。

比克早年在代尔夫特理工大学接受了工程师（物理专业）的教育，而后在阿姆斯特丹大学和格罗宁根大学学习科学哲学，随后在特文特大学获得了历史与技术社会学博士学位。在代尔夫特理工大学学习期间，比克曾担任兼职教师，并由此走上从教之路。毕业后，比克成为鹿特丹一所中学的物理教师，在此期间与他人合著关于物理、化学和生物的系列教科书，六年后由于学生人数减少而失业。

而后几年，比克因一份兼职工作而改变了自己的人生轨迹。这份兼职是特文特大学的一个技术史项目，该项目旨在通过对 60—80 项发明进行编码研究，并对相关数据进行定量分析来发展对技术变革的理论理解。有幸参与这一项目构成了比克后来所说的"学术绕道"。因为当时荷兰的科学与社会运动十分活跃，围绕军备竞赛和核能问题展开了激烈讨论，促进了大学和中学科学课程的改革，但并没有在社会上产生实质性的影响。这一问题促使比克绕道进入学术界，他试图通过"研究科学、技术和社会之间的关系，来帮助人们更好地理解这一问题"[①]。比克和埃伦·范·奥斯特（Ellen van Oost）一起对自行车、胶木、荧光灯、晶体管、编织机和铝等重要技术人工物进行历史案例研究，并于 1982 年在欧洲科学技术研究协会（EASST）成立大会上发表了第一篇关于技术社会建构的论文，从此走上技术社会学研究的道路。

比克的研究重点始终是技术、社会和科学之间的关系，具体研究领域涉及：纳米技术、生物技术、信息与通信技术、性别与技术、公共卫生、发展中国家的政策、科学技术、可持续农业、公众参与实验、建筑和规划等诸方面。其中，比克关于自行车历史的研究更是成为一个经典，一代又一代的 STS 研究者从中学会了如何进行案例研究。2006 年，比克因其在科学和技术研究领域的杰出贡献而获得了约翰·德斯蒙德·伯纳尔奖（John Desmond Bernal Prize）；2009 年被授予奥兰治–拿骚骑士勋章（Orde van Oranje Nassau）；2012 年 10 月，获得了技术史学会（SHOT）颁发的达芬奇勋章，以此来表彰其对技术史做出的杰出贡献。

---

① Wiebe E. Bijker, "Good Fortune, Mirrors, and Kisses", *Technology and Culture*, Vol. 54, No. 3, July 2013, p. 602.

比克的著作有《技术系统的社会建构：技术社会学和技术史的新方向》（*The Social Construction of Technological Systems：New Directions in the Sociology and History of Technology*，1987）、《型塑技术/建构社会：社会技术变革研究》（*Shaping Technology/Building Society：Studies in Sociotechnical Change*，1992）、《自行车、电木和灯泡：走向社会技术变革理论》（*Of Bicycles，Bakelites，and Bulbs：Toward a Theory of Sociotechnical Change*，1997）、《科学权威的悖论：科学咨询在民主国家中的作用》（*The Paradox of Scientific Authority：The Role of Scientific Advice in Democracies*，2009）。

## 一　技术的社会建构论

"社会建构"一词最早由彼得·伯格（Peter L. Berger）和托马斯·卢克曼（Thomas Luckmann）在1966年发表的《现实的社会建构》（The Social Construction of Reality）一文中使用。在现象学传统的基础上，特别是在阿尔弗雷德·舒茨（Alfred Schutz）的著作中，他认为现实是社会建构的，这些社会建构的过程应该是知识社会学的目标。伯格和卢克曼侧重于普通知识的社会建构，而这些知识正是我们用来处理社会问题的。他们"关注社会制度的现实，关注的是整个社会，而不是科学技术等亚文化"①。20世纪70年代首先在英国发展起来的科学知识社会学（SSK）"主张对科学知识本身进行社会学分析，认为包括自然科学知识和社会科学知识在内的所有各种人类知识，都是处于一定的社会建构过程中的信念；所有这些信念都是相对的、由社会决定的，都是处于一定的社会情形之中的人们进行协商的结果"②，这一研究方法被称为"社会建构论"（Social Constructivism），大卫·布鲁尔（David Bloor）的"强纲领"、哈瑞·柯林斯（Harry Collins）的"相对主义经验纲领"等都是比较有代表性的方法。

比克和平齐发现科学研究中科学与技术分离的现象十分普遍，大部分科学知识社会学家都支持对科学的社会分析，却很少有人进行技术的社会学研究。作为有着科学知识社会学基础的技术社会学家，比克和平齐主张把科学

---

① Wiebe E. Bijker, "How Is Technology Made?—That Is the Question！", *Cambridge Journal of Economics*, Vol. 34, No. 1, January 2010, p. 65.

② 周丽昀：《当代西方科学观比较研究：实在、建构和实践》，上海社会科学院出版社2007年版，第74页。

知识社会学研究拓展到技术领域，批判了技术决定论，认为技术贯穿于人的活动，离不开特定技术的实践者和相关利益群体的一系列决定；技术创新并不是一个从理论到应用的线性过程，而是在诸方面都受到社会选择的影响。他们倡导用社会建构主义的方法来研究技术，提出了技术的社会建构论（The Social Construction of Technology，简称 SCOT）。他们认为："科学研究和技术研究应该而且确实可以相互受益。"[1]

比克和平齐仿照柯林斯的相对主义经验纲领，分析技术人工物，提出技术的社会建构可以分为三个连续的研究步骤。第一步的关键概念是"相关社会群体"（Relevant Social Groups）和"解释的弹性"（Interpretative Flexibility）。技术人工物是通过相关社会群体成员的眼睛来描述的，这些群体内部和群体之间的互动可以赋予同一件人工物不同的含义。由于这些不同群体的参与，对问题的定义不同，可能的解决方案也不同，从而对问题是否已得到解决或技术的正常工作产生了不同的解释，也就是"解释的弹性"。以自行车为例，19 世纪 70 年代的高轮普通自行车，相关社会群体主要包括自行车的生产者、自行车的使用者和自行车使用者的反对者。对于有手段、有胆量的青年来说，高轮普通自行车是运动、炫技和打动女士们的工具，是构成男子气概的出行工具；而对于妇女、老人这一社会群体来说，高轮普通自行车存在摔倒、受伤的风险，是不安全的出行工具。这种解释的弹性是论证任何技术社会学可行性的关键一步。它表明，无论是人工物的特性，还是其技术上的"成功"或"失败"，都不是人工物的内在属性，而是受制于社会变量。在第二步中，研究者主要关注解释的弹性是如何减弱的，因为一些人工物获得了对其他人工物的支配权，导致意义趋同，最终一个人工物从这个社会建构的过程中出现。仍然以自行车为例，在对自行车进行改造的过程中，出现了一种气胎技术，能够减少颠簸，增加安全性，逐渐得到了市场的肯定，使得后来的自行车都加入了这种气胎。在这一步骤中的关键概念是"终结"（Closure）和"稳定"（Stabilization），这两个概念都用来描述社会建构过程的结果。"'稳定'强调过程性：一个社会建构的过程可能需要几年的时间，在这

---

① Trevor J. Pinch and Wiebe E. Bijker, "The Social Construction of Facts and Artefacts: Or How the Sociology of Science and the Sociology of Technology Might Benefit Each Other", *Social Studies of Science*, Vol. 14, No. 3, August 1984, p. 400.

个过程中，稳定的程度会慢慢增加，直到关闭的时刻；'终结'这一概念源于科学知识社会学（Sociology of Scientific Knowledge），强调了争论的结束，在其实现过程中，几个人工物彼此共存。"① 第三步要在更广泛的理论框架中对第二步中描述的稳定过程进行解释和分析：为什么一个社会建构过程是这样而不是那样的？这一步骤的核心概念是"技术框架"（Technological Frame）。一个技术框架构成了相关社会群体成员之间的互动，并塑造了他们的思维和行为。它类似于托马斯·库恩（Thomas Kuhn）的范式概念，但它"在两个重要方面有别于范式概念。其一，它适用于各种社会群体，而不仅仅是工程师群体。其二，技术框架是一个互动的概念"②。当围绕一件人工物的互动开始时，技术框架就建立了起来。通常，一个人将存在于多个社会群体中，因此也将存在于多个技术框架中。例如，荷兰住房问题妇女咨询委员会的成员将男性建筑者、建筑师和市政公务员纳入技术框架，这使他们能够在塑造公共住房设计时与这些男性互动。但与此同时，这些妇女中的许多人也被纳入女权主义技术框架，这使她们能够制定出根本的替代方案，取代以男性为主导的标准荷兰家庭住宅。

## 二　技术文化的全球化与脆弱性

比克认为当今社会是彻底的技术性社会，人类生活在技术文化里，技术不仅方便了我们的日常生活，而且还支持和加强了社会结构，它是改变人类活动及其意义的强大力量。与此同时，"人类面临两大严峻挑战——全球化和脆弱性，这也是技术文化的两个基本特征"③。

### 1. 技术文化的全球化

众所周知，全球化是指经济、社会、技术、文化、政治和生态等所有领域，不断增强全球的连通性、一体化和相互依存性。在大多数情况下，它指出了诸如加强经济相互依存、加强文化互动、信息和运输技术的迅速发展、

---

① Wiebe E. Bijker, "How Is Technology Made? —That Is the Question!", *Cambridge Journal of Economics*, Vol. 34, No. 1, January 2010, p. 69.

② Wiebe E. Bijker, "The Social Construction of Bakelite: Toward a Theory of Invention", in Wiebe E. Bijker and Thomas P. Hughes and Trevor Pinch, eds. , *The Social Construction of Technological Systems*, Cambridge: MIT Press, 1987, p. 185.

③ Wiebe E. Bijker, "Globalization and Vulnerability: Challenges and Opportunities for SHOT around Its Fiftieth Anniversary", *Technology and Culture*, Vol. 50, No. 2, July 2009, p. 602.

新的治理和地缘政治挑战等进程，所有这些进程都将导致人与生物圈更紧密地联系在一个全球系统中。比克强调，无论我们关注全球化的哪个方面，都是彻底的技术全球化。因为没有资金、运输技术和股票市场的相互联系，经济全球化就无从谈起；没有电视、广播和随身听，就没有文化全球化；没有互联网，就没有信息全球化；没有标准化和协调技术，就没有政治全球化。而没有技术，无论是进行国内合作还是国际合作，都难以实现发展全球化。

2. 技术文化的脆弱性

在强调技术在全球化中具有重要意义的同时，比克认为我们生活在脆弱的世界里，这里所说的"脆弱性"指的是人类、技术系统和社会网络的各种死亡、破坏和解体。对脆弱性的关注可以为解决社会问题提供新的途径，因此也会对政治议程产生影响。关于脆弱性，比克强调了三点：第一，现代社会的脆弱性最好是作为技术文化的脆弱性来研究。因为几乎所有的脆弱性都是由技术造成的，例如挑战者号航天飞机爆炸、切尔诺贝利核事故、印度博帕尔化学灾难、埃克森瓦尔迪兹漏油事件。这些同技术相关的灾难提醒我们，"大型技术系统容易受到人为失误和技术故障的影响，在如此庞大的技术体系和更普遍的技术文化中，事故是正常的"[1]，即技术文化不可避免地易受伤害，脆弱性是技术文化的固有特征。第二，脆弱性不仅仅是消极的，在某些情况下也可以是积极的，要认识到脆弱性带来的新机会。例如，生活在海平面以下的荷兰人在同水患做斗争的历史中，产生了一种更具凝聚力的政治风格，使得政策制定者和科学家、工程师之间联系紧密，遇到问题能够采取务实的态度，寻找灵活的解决方案。荷兰的历史证明了"脆弱性可以被认为是一个社会生存的必要条件：只有当一种文化能够学习、创新和灵活应对外部威胁时，它才能长期持续下去"[2]。第三，脆弱性问题通常需要跨学科研究。因为脆弱的技术系统问题，工程师难以解决；脆弱的社会网络问题，社会科学家也难以解决。只有进行跨学科研究，才能为脆弱性问题找到更好的解决方案。

## 三　技术文化民主化

科学技术的民主化问题一直是比克思想的核心，也是他学术道路上的一

---

① Wiebe E. Bijker, "Globalization and Vulnerability: Challenges and Opportunities for SHOT around Its Fiftieth Anniversary", *Technology and Culture*, Vol. 50, No. 2, July 2009, p. 608.

② Anique Hommels, Jessica Mesman and Wiebe E. Bijker, *Vulnerability in Technological Cultures: New Directions in Research and Governance*, Cambridge, MA: MIT Press, 2014, p. 8.

个重要议题，尤其是当比克意识到技术伴随着脆弱性的时候，民主化就变得更为重要。在 20 世纪 90 年代，比克就提出了一个想法，即"我们必须使科学技术民主化，让利益相关者和公众参与和科技有关的决策，我们必须增加公众对科学治理的参与"①，因为公民既有民主权利，又有责任参与有关当代技术文化的重要的社会政治决策过程。但是人们担心科学技术的民主化会导致愚蠢的决定，因为公民没有足够的知识来对复杂问题做出正确判断。

比克提出实现技术文化民主化的三个主要途径：良好的教育、公众辩论以及政策的科学咨询委员会。良好的教育能够提高公民对专业知识的理解，有助于更好地参与各类政策的讨论。一些新兴的复杂问题，需要某种形式的公开辩论，关于政治化的辩论更是能够促进民主的特定规范选择。例如，荷兰曾进行的民主实验——纳米技术的社会对话。首先要给公众提供大量的信息，帮助公众了解纳米技术是什么，然后辩论和思考纳米技术的风险和好处，最后收集和整理对话的成果，形成纳米技术的社会议程。政府的科学咨询委员会则需要关注社会的特定领域并就一些问题的解决提供决策建议，例如荷兰卫生委员会要向荷兰政府报告有关健康的知识状况，涵盖健康、食品和环境政策等各领域。②

随着技术文化民主化进程的发展，比克进一步指出："在科技领域，必须保留一个空间，以'抵御'公民和利益相关者的影响。"③ 以公众呼吁的透明度为例，透明度可以分为程序性和实质性两种，内容问题上提供充分的实质性透明度，但在咨询委员会内部的辩论中只提供部分的程序性透明度。这种内容上的实质性透明度意味着，其报告应向公众开放并易于为公众所遵循，然而专家辩论交流的过程要对公众保密，因为向公众展示暂时的分歧会妨碍共识的沟通。比克认为，限制程序透明度使得咨询机构能够提供实质性透明度，因而并不违背其民意职能，而是一个必要条件，即"拥有机密内部流程

---

① Wiebe E. Bijker, Paolo Volonté and Cristina Grasseni, "Technoscientific Dialogues: Expertise, Democracy and Technological Cultures", *Tecnoscienza: Italian Journal of Science and Technology Studies*, Vol. 1, No. 2, January 2010, p. 134.

② Roland Bal, Wiebe E. Bijker and Ruud Hendriks, "Democratisation of Scientific Advice", *BMJ*, Vol. 329, No. 7478, December 2004, p. 1339.

③ Wiebe E. Bijker, Paolo Volonté and Cristina Grasseni, "Technoscientific Dialogues: Expertise, Democracy and Technological Cultures", *Tecnoscienza: Italian Journal of Science and Technology Studies*, Vol. 1, No. 2, January 2010, p. 134.

的机构对于民意在技术文化层面的正常运作是必要的"①。

另外，比克认为新世纪需要新一代、新风格的公共知识分子。这种新知识分子需要避免两个极端，即现代知识分子和后现代知识分子。现代知识分子是为大众利益服务、拥抱人类共同的价值观并基于这些共同价值做出裁决的通才和世界主义者。后现代知识分子是为部分利益服务、采取相对主义立场的专家。在一定意义上讲，STS 研究者可以并应当成为新的公共知识分子。为此，比克提出了三个建议：第一，新公共知识分子遵循实用主义哲学。通过对生态问题、南北分歧、恐怖主义等具体案例或问题的学习，可以帮助实用主义者避免愤世嫉俗和乌托邦式的道德观。第二，新公共知识分子利用 STS 为科学技术在社会中所发挥的作用提供理论依据和基于经验的见解。第三，新公共知识分子接受一种语境普遍主义。这种语境普遍主义不是现代普遍主义和后现代语境主义之间的综合或妥协，相反，知识分子需要不断地从具体案例中抽象出思想并将其置于语境中。比克坚信发挥 STS 研究者作为公共知识分子的作用，认为他们能够积极地推动技术文化的民意化。

## 四　学术影响

比克是新技术社会学的代表人物之一，他和平齐把社会建构论从科学领域引入技术领域，从科学知识社会学中借来了"相关社会群体"、"解释的弹性"、"结束机制"（Closure Mechanism）等概念，提出了技术的社会建构论，强调技术发展不是由技术本身的内在逻辑性、规律性所决定，而是由不同的社会群体赋予其意义。在科学社会学家和技术史学家的共同努力下，1987 年比克出版的《技术系统的社会建构》被认为是新技术社会学的开端。新技术社会学以荷兰的特惠底技术学院为基础，不断发展壮大，成为一个强大的技术社会学的新思想学派。技术的社会建构论经过三十多年的发展，也已经成为 STS 的核心纲领之一。美国技术哲学家兰登·温纳（Langdon Winner）对其进行了整体评鉴，一方面肯定了其所使用的案例分析的方法，认为"它为技术创新的案例研究提供了清晰的、循序渐进的指导"②；另一方面也批评了技

①　Wiebe E. Bijker, Roland Bal and Ruud Hendriks, *The Paradox of Scientific Authority: The Role of Scientific Advice in Democracies*, Cambridge, MA: MIT Press, 2009, p. 166.

②　Langdon Winner, "Upon Opening the Black Box and Finding It Empty: Social Constructivism and the Philosophy of Technology", *Science, Technology and Human Values*, Vol. 18, No. 3, Summer 1993, p. 366.

术社会建构论者对技术选择社会后果的忽视，指出他们沉迷于对技术人工物及其创造过程的社会建构，而很少关注技术的发展对社会发展和人类自身生活带来的影响；同时指出技术的社会建构论缺少能够帮助人们判断技术存在的可能性的特定道德或政治原则，因为解释的弹性使人们对同一事物有不同的看法。

除此之外，在三十多年的研究生涯中，比克始终关注时代热点问题，投身最活跃的实践领域，致力于对社会负责任的创新和促进全球发展的科技。利用其在物理、哲学、历史和技术社会学方面的多重学科背景，在自然科学和人文社会科学之间架起桥梁，拓宽了研究议程和技术研究的理论和经验范围，研究问题也扩大到技术、科学和社会的规范性和政治性问题，给之后的研究者提供了解决问题的新思路。

比克的技术社会学思想在国际上具有重要影响力，但在国内没有得到足够的重视，技术决定论的影响在国内学界仍然根深蒂固。当然，我们不是反对技术的社会作用，在社会主义初级阶段的中国，科学技术是第一生产力。但是我们也要充分考虑非技术因素，例如经济、政治、文化等社会因素对技术的影响，克服技术决定论和社会建构论的弊端，实现技术和社会的双向互动、共同发力，尽早实现中华民族的伟大复兴。

# 第二章　荷兰学派的代尔夫特模式

## ——技术设计哲学及设计伦理

技术（工程）设计哲学是荷兰学派代尔夫特模式的研究特色，设计被视为操控技术问题的关键。受里森和舒尔曼技术过程论及技术价值论的影响，荷兰学派提出并践行了技术哲学经验转向，其中彼得·克洛斯（Peter Kroes）、安东尼·梅耶斯（Anthonie Meijers）和汉斯·阿特胡思（Hans Achterhuis）是代表性人物，他们从技术人工物的两重性入手，将技术哲学的关注点置于具体技术人工物的设计领域。技术哲学经验转向过程须遵循描述性价值论转向的原则和要求。为解决描述性价值论转向的局限性，伊博·波尔（Ibo Poel）、萨宾·罗瑟（Sabine Roeser）分别从工程师、决策者和公众等主体入手，提出了"为价值设计""宽反思平衡""情感商议法"等设计方法。代尔夫特模式的落脚点在于构建技术人工物哲学体系，从克洛斯、彼得·沃玛斯（Pieter E. Vermaas）和霍克斯（Wybo Houkes）等学者的著作中可见一斑。

## 第一节　从经验转向到价值论转向的系统阐发者：彼得·克洛斯和安东尼·梅耶斯①

《技术哲学的价值论转向》② 是克洛斯和梅耶斯最具代表性的成果，在此意义上说，这部分内容概述了他们的学术历程。

2015 年前后，克洛斯和梅耶斯分析了技术哲学"经验转向"后的"价值

---

① 本节大部分内容系译稿及笔者的评鉴，笔者在 2017 年 5 月通过邮件采访克洛斯的学术历程时，他答复最能代表他学术思想的就是本节内容。本节内容原稿见马丁·弗兰森（Maarten Franssen）、克洛斯和梅耶斯等人主编的《经验转向之后的技术哲学》。

② Kroes P., Meijers A., "Toward an Axiological Turn in the Philosophy of Technology", M. Franssen et al. (eds.), *Philosophy of Technology After the Empirical Turn*, Switzerland: Springer, 2016, pp. 11 – 30.

论转向"。他们区分了研究对象层面上的价值（技术工程实践中的价值，即描述性价值论转向）和元层面上的价值（技术哲学中的价值，即规范性价值论转向）。所谓描述性价值论转向，它基于经验转向来研究价值在技术和工程实践中的作用，它专注于对技术和工程实践中的各种价值和规范进行经验性哲学分析，从实质上来看它是对经验转向的修正。相比之下，规范性价值论转向则是对经验转向的超越，它不仅描述、分析，而且还评价了技术和工程实践中的规范和价值，换言之，它涉及对哲学分析本身（元层面上）采取规范性立场。此外，克洛斯和梅耶斯还探讨了规范性价值论转向的两种立场，即反映性立场和实质性立场，以及规范性价值论转向面临的若干问题和挑战。最后，克洛斯和梅耶斯探讨了当前技术哲学家的最新进展，规范性价值论与描述性价值论转向的关系，以及在何种情况下可以开启规范性价值论转向。

## 一　技术哲学经验转向带来的突破与挑战

克洛斯和梅耶斯在《技术哲学的经验转向》中，对主流技术哲学进行以下三方面的重新定位：（1）从聚焦于技术使用及其所带来的社会效应，转向聚焦于技术研发，特别是工程设计；（2）从使用规范性方法，转向使用描述性方法；（3）从关注道德问题，转向关注非道德问题。[①] 克洛斯和梅耶斯的上述主张又被称为"经验转向"（empirical turn）。技术哲学中的经验转向，主要体现在以下两个方面：第一，从认识技术的层面而言，不再将技术看作不可认知的黑箱，而是转向试图打开黑箱，从内部了解技术本身；第二，从分析技术的层面而言，打破了长期以来，以分析技术的负面影响作为多种最具影响力的技术分析的基础，实现了从"对技术的单边否定"到"全面地分析技术"的跨越。换言之，即实现了从经典技术哲学到现代技术哲学的转向。克洛斯和梅耶斯指出，"如果能更充分地了解因经验转向而产生的技术，那么，这将有助于更好地进行规范性分析和评价"，这种"转向更好的规范性分析和评价"，对技术哲学来说意味着什么？克洛斯和梅耶斯把技术哲学的价值论转向（axiological turn in the philosophy of technology）区分为：描述性价值论转向（descriptive axiological turn）和规范性价值论转向（normative axiological

① Kroes, P., Meijers, A. "Introduction: A Discipline in Search of Its Identity", in P. Kroes & A. Meijers (eds.), *The Empirical Turn in the Philosophy of Technology*, Amsterdam: Elsevier Science Ltd., 2000, pp. xvii-xxxv.

turn)。其中，描述性价值论转向与经验转向相一致，而规范性价值论转向则试图以一种特定的方式，重新引入技术哲学中的规范性要素，从而背离了经验转向。克洛斯和梅耶斯指出："对价值论转向所作的相关分析，不能被解读成技术哲学中的经验转向已经完成，也不能被理解为开启规范性分析转向的时机已经成熟。"① 克洛斯和梅耶斯并非将价值论转向作为对整个技术旧式规范评价的复归，与之相反，他们认为描述性价值论转向是对经验转向的直接实现，他们主张对技术设计、研发及使用过程中起作用的价值进行描述性分析。克洛斯和梅耶斯指出："应当认识到，理解各类价值在技术塑造中的作用，是批判性地评价其作用的第一步，并且在技术研发的过程中，为确保各类价值能够规范地发挥作用，可能需要对其作出干预。质言之，要想走完规范性价值论转向的最后一步，既要洞察各类价值在技术中所发挥的实际作用，也要拥有一种对技术哲学家作为技术实践者而进行的自我批判与反思。"②

梅耶斯主编的《科学哲学手册》第9卷《技术与工程科学哲学》无疑是关于经验转向研究最重要的成果之一。此外，"技术人工物的两重性理论"这一议题，在技术哲学界得到了极大关注，堪称经验转向之范例。克洛斯指出，关于技术的设计和研发这方面的研究，不仅是卓有成效的哲学研究的一个重要领域，而且还有助于让我们更好地站在哲学的视域下解读技术本身，这可能会对揭示传统技术哲学中长期存在的问题，例如技术人工物的道德地位问题有所帮助。

相对于既定研究目标来说，现有研究成果不过是起步阶段，存在诸多有待完成的工作。克洛斯他们相信，技术哲学研究最终会实现经验转向，因为技术哲学家需要更好地了解技术本身，了解它是如何框定现代人类的生存条件的。

在研究过程中，克洛斯他们认为存在两个值得进一步思考的问题：其一，关于技术哲学与主流哲学间的关系；其二，关于技术哲学界和工程学界之间的关系。

就技术哲学与主流哲学间的关系而言。尽管技术哲学在过去二十年间迅

---

① Kroes P., Meijers A., "Toward an Axiological Turn in the Philosophy of Technology", M. Franssen et al. (eds.), *Philosophy of Technology After the Empirical Turn*, Switzerland: Springer, 2016, pp. 11 – 30.

② Kroes P., Meijers A., "Toward an Axiological Turn in the Philosophy of Technology", M. Franssen et al. (eds.), *Philosophy of Technology After the Empirical Turn*, Switzerland: Springer, 2016, pp. 11 – 30.

速发展，其学科基础日趋完善，但技术哲学却仍处于哲学领域的边缘位置。加强技术哲学与主流哲学间的联系，不仅可以便于技术哲学吸取主流哲学在发展过程中的经验教训，还可以提醒哲学研究者重视和关注现代技术提出的基本问题，这对于促进技术哲学的发展大有裨益。现代人类的生存条件或多或少地被技术所限定，然而，令人费解的是技术作为哲学反思的一个主题却在主流哲学中缺失。在一个专门研究科学史和科学哲学的项目中，克洛斯他们特意安排"主流"哲学家来对课题的研究结果发表评论，借此让"主流"哲学家参与到课题研究中来。

与此同时，技术哲学家们也必须认识到，如果将技术哲学置于哲学领域的中心位置，也可能会存在一定的缺陷，尤其是对于那些认为技术哲学能够引导现代技术造福于社会的人来说。伯格曼（Borgmann）在《哲学重要吗？》（Does Philosophy Matter？）一文中对标题里的问题做出了否定性的回答。伯格曼指出："在大多数情况下，根据衡量事物在社会或文化中占据突出性地位的标准来说，学术（主流）哲学达不到衡量标准。"① 伯格曼的论点之一：哲学家通过为其他哲学家著书立说的方式，将自己锁在象牙塔内，然而却没有任何组织将他们的研究成果带到象牙塔外。当然，伯格曼对于哲学对现代生活的影响所做出的评价和分析，可能会在部分领域存有争议（比如，在伦理学界），但那些关于主流哲学分支学科的论著，的确像只是写给同行哲学家来阅读的。从这个意义上来说，哲学理论与物理学理论、数学中的大部分理论以及史学理论并没有什么不同。但实现技术哲学的主流化，可能会使技术哲学将注意力从关注现代技术紧迫的道德问题上转移出来，并因此在当代生活中受到同样无关紧要的指控。毕竟经验转向首先是了解技术本身的需要，技术是现代化条件下的一个决定性特征，讨论（理解）技术的语境，可能会与主流哲学中讨论其他议题的语境有所不同。由此可见，理解技术可能有助于理解当代人类的本质是什么，而且进行经验转向并没有增加不相关性的风险。克洛斯他们在进行经验转向时，所依据的基本原理是：从一般意义上来讲，对现代技术本身有更好的理解，是更好地处理现代技术道德问题的条件之一。因此，如果能认真地分析上述关于经验转向的基本原理，便可以设定一个分

---

① Borgmann, A., "Does Philosophy Matter?", *Technology in Society*, Vol. 7, No. 3, March 1995, pp. 295 – 309.

析技术哲学内涵的任务。

就技术哲学界与工程学界之间的关系而言。经验转向旨在重构一种建立在对可靠经验的充分描述基础之上的技术哲学。因此，从上述那个专门研究科学史和科学哲学的项目起，克洛斯他们就让工程师和主流哲学家共同参与哲学工作，并进行持续（关键性的）对话。但他们的努力和偶然的成功，终究还是难以将哲学与工程学以一种结构性的和富有成效的方式融合到一起。哲学与工程学无法实现完美的交融是技术哲学面临的一个巨大的挑战，无论技术哲学能否被抬高到主流哲学的地位，克服技术哲学无关紧要的观念都是至关重要的。如果说存在一个迫切需要与工程师对话合作的领域，那它一定是技术伦理。不久前，米切姆（2014）给所有人，尤其是给工程师们敲响了警钟。雅斯贝尔斯在《历史的起源与目标》一书中，提出了轴心时代理论，即知识分子不再只顾单纯地接受他们所处时代的文化，他们开始批判地评价时代文化。米切姆则坚信，我们正在步入第二个轴心时代，这意味着当今时代，我们不能只是简单地接受物质世界和技术世界，必须要对它们进行批判性评价。米切姆指出："工程师们所必须面对的挑战是'怎样把当前世界转向一个由人工物和张弛有度的工程性力量所组成的世界'。"① 然而，在米切姆看来，工程师们目前尚未找到行之有效的方法来实现这一挑战，他建议工程师们将目光转向人文社会科学中来寻求启示。克洛斯他们在文中所探讨的价值论转向，可能被视为从技术哲学的角度来回应米切姆的警示。毕竟经验转向的实现（及其发挥精神作用）需要技术工程师和哲学家之间的密切合作。

## 二　经验转向的价值和规范

克洛斯和梅耶斯认为，技术哲学的经验转向意味着，需要对各种规范在其研究方法和研究课题中的作用进行重新定位，但这却并不意味着符合经验转向的技术哲学其本身是价值中立的。当然，技术哲学仍然要以哲学分析的价值和规范为指导，特别是以经验为基础。倘若详细论述这些规范和价值是什么，则超出了此处的分析范围，而且以下论据足以充分论证此处的写作目的。经验转向需要以经验为基础的技术哲学，经验充分性的认知价值便由此

---

① Mitcham, C. "The True Grand Challenge for Engineering: Self-Knowledge", *Issues in Science and Technology*, Vol. 31, No. 1, January 2014, pp. 19 – 22.

产生了：哲学分析离不开经验充分性价值，但是，这种价值如何触及哲学论断？哲学通常不被认为是实证（经验）科学（empirical science）；到目前为止，经验转向的认知价值所提出的要求符合经验充分性的规范，但这些要求却并非哲学要求而是经验性要求。这不禁引发我们去思考，经验充分性价值在技术哲学中将发挥何种作用？谈及奎因（Quine）对传统经验论二分为"分析命题—综合命题"所做出的批判时，克洛斯和梅耶斯指出，因为在实证（经验）科学和哲学之间并不存在显著的区别，因此可能是经验充分性造成了分析命题—综合命题被截然二分。经验充分性对于经验的要求和对于哲学的要求，是犹如网状般交织在一起的，因此，无法将其完全彻底地撕裂为对经验的要求和对哲学的要求。于是乎，尽管经验充分性价值的确对哲学起到了限制性的要求，但却不是以一种直接的作用方式，而是以一种间接的"整体"方式。

奎因对分析命题—综合命题截然二分的批判，可能会引起学术界关注"经验充分性价值在哲学分析中的作用"，但探讨远不能止于此，因为其他价值和规范在哲学分析中的作用有待进一步研究。进一步来说，我们可以探讨，在奎因对分析命题—综合命题截然二分的批判中，除了经验充分性价值以外，还有哪些价值和规范在起作用，无论它们是通过何种方式来起作用的。在奎因看来，价值和规范似乎是一种认知本质，因为他提出了一个关于所谓的知识或信仰的总体要求。因此，真理价值、简明性价值、一致性价值和解释力价值等可能是相关的。克洛斯他们认为对于哲学来说，一个特别重要的价值是概念上的一致性：根据哲学观点和哲学要求的内在一致性和外在一致性来对其进行评价，也就是说，哲学思想的一致性价值的重要性，是通过真理的一致性理论得以体现的，它试图阐释真理的基本价值是一致性价值。

一致性的概念为克洛斯他们提供了一种有趣的方法，这种方法在不必将哲学纳入实证（经验）科学领域的情况下，就可以实现将经验充分性价值与哲学工作联系在一起。哲学观点和主张必须与公认的经验主张保持一致，这一要求对哲学的约束取决于如何解读一致性的内涵。然而令人惊讶的是，对于一致性概念的阐释，极少在哲学分析中作为明确的议题被提出。

总之，那些在工程实践的哲学分析中起到作用的价值和规范，它们符合经验转向的要求，具有认识论的性质。下文将对上述价值和规范展开具体论析。

### 三 描述性价值论转向：工程实践中的价值与规范

将研究嵌入产品的生产过程和服务流程中来，是研究工程实践的常见方法。生产产品的利益相关者，决定了产品的价值。工程师可以凭借设计产品的技术创新和专利，或潜在的用户价值来强调技术价值，而生产经理则可能通过企业利润和销售经理的角度来看待市场价值，最终用户可以在产品和服务满足他们的需求并达成他们的目标方面，来欣赏产品和服务的价值，这些融入各类用户价值观的需求和目标可能会变得多元化。政府机构可以研究，如何通过研发、制造和推广技术产品和服务，来提升产品和服务的公共（社会）价值，如提高生产技术产品的工人或使用技术产品的用户的健康和安全系数，以及更好地保护公民的隐私权等。尽管这些多元化的价值由于受产品创作过程中不同阶段和不同利益相关者等多种因素的影响，已经变得复杂多变和令人难以把握，但参与此创作过程的工程师却必须在工作中考虑到这些多元化的价值。当今时代，除了技术价值和经济价值以外，与健康、安全和可持续性等重要问题相关的价值，在工程设计（或实践）中，同样发挥着关键性的作用。

因此，工程实践是一项具有充分的价值负载的、规范性的实践。鉴于此，克洛斯他们主张在技术哲学中进行描述性价值论转向，即站在工程实践作为一种有价值取向的、规范性的实践的角度，对其进行经验的和哲学的研究。根据阿拉斯戴尔·麦金太尔（Alasdair MacIntyre）的定义，价值（"目的"和"善"）与规范（"卓越的标准"）在任何实践中都发挥着至关重要的作用。

麦金太尔的"实践"是：人类通过任何一种连贯的、复杂的、有着社会稳定性的协作活动方式，来实现那些卓越的标准（对于卓越的标准而言，既要适合某些特定的活动方式，又要对这些特定的活动方式起到部分决定性的作用），并在力图达到"卓越的标准"的过程中，实现内在的善。于是，人类"实现卓越的力量"和"内在的目的和善"，都在实践中得到了系统的扩展和延伸。

工程实践与其他实践相比，变得如此引人关注的主要原因在于，许多不同类型的价值在工程实践中，都发挥着重要作用，由此便引发了一系列问题：（1）在工程实践中，包含哪些不同类型的价值？（2）这些不同类型的价值之间存在层次结构吗？（3）工程师们是如何构思或者定义这些价值的？（4）工程师们如何应对这些不同类型的价值？（5）工程师们是如何处理不同类型的价值之间的冲突的（或如何对不同类型的价值做出权衡取舍）？要想回答上述问题，不仅需要具备相关经验，而且还需要进行一定的哲学研究。在这里，我们需要这样一种价值概念或价值理论，它能够帮助我们更好地理解，上文中出现的那种（将工程实践的特性描述为有价值负载的实践的）定义的内涵。此外，从哲学视域看，格外引人注目的是，工程师在参与工程实践的同时还需要处理与传统哲学领域相关的价值和规范的问题：认知、实践、道德以及审美价值和规范。从价值角度看，工程实践及其"卓越的标准"并不适合任何一个定义明确的哲学领域。因此，为了更好地理解"目的和善"以及"卓越的标准"，克洛斯他们仍然面临许多有待完成的经验和哲学的工作。关于技术人工物的道德地位的讨论表明，沿着这条主线进行的描述性价值论转向，无疑将触及基本哲学问题。有这样一种关于工程实践中产生的"善"的解释方法，即将设计和生产的技术人工物作为判断"善"的依据。通过这种方法来解释"善"，是否体现了道德价值，这一直是技术哲学的一个热点话题。

克洛斯他们关于技术哲学的描述性价值论转向的主张与先前关于经验转向的主张是一致的，因为它需要的是一种描述性的方法，而非规范性的方法。然而，到目前为止，描述性价值论转向是不符合哲学分析要求的，因为它更多的是把包括道德价值在内的其他价值作为哲学分析的主要对象，而非将技术价值作为哲学分析的主要对象。在克洛斯他们看来，这种做法既非对原来立场的修正，亦非接下来要走的路。经验转向理论目前仍然是旨在"打开技术的黑箱"，并对技术人工物的技术（工程）方面进行哲学上的关注。但从一开始，经验转向的想法也是"哲学反思应该建立在'旨在反映现代技术的丰富性和复杂性的'经验充分性的描述之上"。为了公正地看待丰富性和复杂性，克洛斯他们应重点关注技术的价值和规范方面（如效率、有效性、可靠性等）。但只做这些显然不够，还需要关注包括道德价值在内的所有在工程实践中发挥作用的各类价值。

**四　纯粹的描述性价值论转向是否可行？**

作为经验转向的后续，描述性价值论转向可能需要充分理解在工程实践中所涉及的各类价值，我们也要扪心自问，对于技术哲学来说，它在何种程度上是一个可行的选择。是否可以站在纯粹描述性立场上来看待工程实践？

要想回答这个问题，必须先要弄明白，维系描述性要求和规范性要求间显著区别的，究竟是一个原则性问题还是一个事实性问题？尽管在克洛斯他们之前那篇关于经验转向的论文中，描述性（综合）和概念性（分析）之间的区别（在经验转向中）起着至关重要的作用，但是现在描述性和规范性之间是否存有区别，在学术界是颇有争议的，换句话说，这种观点目前面临着被推翻的危险。与此同时，这种区别在那场关于"具象型（thick）伦理概念与抽象型（thin）伦理概念"的辩论中同样遭到了挑战。

伯纳德·威廉姆斯（Bernard Williams，1985）在对"事实 – 价值"二分法的元伦理学的批判中，引入了"具象型伦理概念"。威廉姆斯指出，元伦理学家主要是在语言层面上，抠字眼般地去区分"事实"与"价值"，而不是去找寻它们之间实质性的区别。所以，一旦他们这种不切实际的想法付诸实践，"事实"与"价值"之间的区分将会变得形式主义泛滥。威廉姆斯认识到了元伦理学家所主张的"事实 – 价值"二分法的缺陷，为了克服这一缺陷，厘清伦理概念的词义及用法，威廉姆斯在经过充分的研究之后，提出了"具象型伦理概念"。威廉姆斯将伦理概念划分为，"具象型伦理概念"与其他伦理概念，后人依据威廉姆斯的这一划分，将其他伦理概念命名为与"具象型伦理概念"相对的"抽象型伦理概念"。

威廉姆斯指出，事实上存在诸如背叛、残暴、勇敢等许多概念，它们既不只是具备描述性职能，也不只是具备规定性（或评价性）职能，它们的实用性取决于事实成分和价值成分的结合。威廉姆斯将上述诸如背叛、残暴、勇敢等伦理概念称为"具象型伦理概念"。克洛斯和梅耶斯据此指出，在使用"具象型伦理概念"时，有一点必须要明白——"具象型伦理概念"并不能够恰如其分地塞到事实（描述性）职能或评价（规定性）职能所构建的鸽子洞中。（"鸽子洞原理"，即如果有 N 只鸽子要分配到 M 个鸽子洞中，当 M < N 时，则至少有一个鸽子洞内有两只或两只以上的鸽子。）换言之，诸如上面所提到的勇敢等许多"具象型伦理概念"，它们既具有事实成分又具有价值成分，因此，无论是事实成分还是价值成分，都无法完全概括它们。举个常见的例子来说，有人可能会在某些情况下，被人正确地或者错误地判定为勇敢。人们在评价某人勇敢时，除了要做出事实分析以外，还要做出价值判断。当有人对某人是否表现得勇敢存有争议时，他们可能会试图通过进行更加严密的事实分析来解决他们的分歧，但他们也可能会通过依据更为严格的衡量勇

敢的规范性标准，来重新判断某人的行为，来解决他们之间的分歧。上面的例子告诉我们，对于如同"勇敢"这样的"具象型伦理概念"来说，对于它们的判断一旦出现分歧，事实描述也好，规范性标准也罢，都不是解决其分歧的唯一路径。

威廉姆斯详细比较了"具象型伦理概念"与"抽象型伦理概念"的不同。"具象型伦理概念"是一些同时描述着某种自然主义事态，并且或肯定或否定地评价它的概念，是较多描述性、较少抽象性的概念，它自身有独立存在的意义，它的代表性词眼在上文中已经列举，此处不再赘述。而"抽象型伦理概念"，则是指较多抽象性、较少描述性的概念，这些概念非常一般化，没有确切的定义，它自身也不具备独立存在的意义，在不同情况下可以有多种理解，对它们的使用也很难达成共识，它的代表性字眼有"好""坏""善""恶"等。此外，从概念的使用来看，"抽象型伦理概念"并不具有引导行动的作用，也不是认知世界的向导，但是，"具象型伦理概念"可以既是认知世界的向导又是指导行动的向导。换言之，当接受了"勇敢"这个概念时，我们也就被告知了怎样做是勇敢的。就它们的相互关系而言，每一个"具象型伦理概念"都必然包含着与"抽象型伦理概念"相关的指导性行为。也就是说，当我们接受"勇敢"这个概念时，也就被告知了"勇敢"是一种美德，即"勇敢"指向了"好"或者"善"等"抽象型伦理概念"。

"具象型伦理概念"所面临的问题是如何解释事实和价值在决定其内涵方面所发挥的作用。有一种特定的说法是，假定"具象型伦理概念"在使用过程中，其作用的发挥只由描述性因素来完成；而组成它的评价性因素则不起作用。也就是说，对于任何一个"具象型伦理概念"来说，你在这个世界上可以创造出另外一个与它具有相同特征的概念来，因为它只是简单地作为一个描述性的概念，没有任何规定性或评价性的力量藏于其中。威廉姆斯对上述观点提出了质疑。如果按照这种说法来定义"具象型伦理概念"，那么，"具象型伦理概念"就沦为了只是一种描述性的概念，只不过，在这种描述性概念之上又添加了评价性因素罢了。根据这种所谓的强有力的分离主义的思路，有可能厘清"具象型伦理概念"中所涉及的事实问题和价值问题。但笔者认为，无论是"具象型伦理概念"还是"抽象型伦理概念"，它们都具有抽象性和具象性两种特性，都是由描述性因素和评价性因素组成，只不过每一种因素在它们当中所占的比例不同，其所表现出来的特性各异罢了。因此，强分离主义思路认为评价性因素不属于"具象型伦理概念"内在的组成部分，属于典型的形而上学的错误。

威廉姆斯怀疑，克洛斯他们总是有可能提出一个描述性概念，并可以借此来捕捉到"具象型伦理概念"的描述性内容。在上面那个关于"勇敢之争"的例子中，假定我们或多或少地默认了有可能实现将"勇敢之争"所涉及的相关事实分开。如果这种分离主义的假设成立的话，那么，从大体上来看，则至少存有两条解释分歧的路径：人们既可以选择走分析所涉及的相关事实的道路来解释分歧；人们也可以选择走依据所涉及的道德规范来解释分歧；当然，人们还可以两种道路都尝试。然而，在非分离主义者看来，每一种分歧的性质都是不同的，每一种分歧都是由事实成分和价值成分所构成的统一体，因此，绝不能把它们简单地划分为事实性部分和评价性部分。

西蒙·柯钦（Simon Kirchin）指出，如何阐释"具象型伦理概念"，以及分析"具象型伦理概念"是不是一种区别于事实性概念和评价性概念的独一无二的概念，这是目前学术界正在探讨的问题。但在克洛斯和梅耶斯看来，就他们的写作目的而言，没有必要卷入这场探讨之中。因为对于他们来说还有更重要的事情要去做，那就是探析威廉姆斯所提出的，事实上具象型伦理概念是日常语言（ordinary language）表面结构的组成部分，因为威廉姆斯的这一观点暗示了纯粹的描述性价值论转向的可能性。为了分析纯粹的描述性价值论转向的可能性，克洛斯和梅耶斯首先分析了"具象型伦理概念"在工程实践中的应用。

工程实践属于公认的价值负载的实践，因此在关于工程实践的陈述中经常出现"具象型伦理概念"。一些阐释工程实践的关键性概念，如安全、危险、高效、浪费、可靠、方便用户、环境友好、可持续、灵活等，似乎都是"具象型伦理概念"。克洛斯和梅耶斯在此假设这些概念已经被呈现在清晰、客观而且可以衡量的规格要求的列表之中。那么，这些概念就会被初步用于事实陈述。接下来，我们以"X可以安全地用于做Y"这句话来作为"具象型伦理概念"应用于事实陈述的例子。事实上，"X可以安全地用于做Y"这句话，是在宣称——只有当X满足了特定的（可衡量的）标准（即安全）时，才能被用于做Y。然而，我们也必须洞察到，在上述那个"具象型伦理概念"用于事实陈述的例子中，依然有评价性因素的影子在里面。也就是说，"X可以安全地用于做Y"，这句话还（含蓄地）建议人们，当你想做Y时，可以通过使用 X 来实现这一点。此外，对上述事例本身的接受也意味着一种价值判断，即安全概念（在道义上）是可以被人们所接受的。基于上述分析，不难得出以下结论：尽管在特定的情境下，"具象型工程概念"的确可以指导人们认识世界，但"具象型工程概念"也包含了价值判断的内容在里面，即便是它们已经按照客观可衡量的标准应用于实践。威廉姆斯关于"具象型伦理概念"和"抽象型伦理概念"的区分，以及在工程实践中普遍存在"具象型概念"的事实，将会为推出描述性价值和规范性价值的区别带来怎样的启示呢？首先，就拿在工程实践中普遍存在"具象型概念"这一事实来说，实际上这一事实只能说明使用"具象型概念"是工程实践的一部分，但却并不意味着这一事实直接关系到描述性价值论转向和规范性价值论转向之间的区别。换言之，对于每个价值论转向的研究对象来说，上述事实的确是一个非常重要的事实，但它却并没有打破描述性价值论转向和规范性价值论转向之间的区别，这两个价值论转向之间的区别依然存在。"描述性价值论转向在工程实践中使用具象型概念，对于进一步的实证（经验）研究的作用"，以及"从规范性价值论的角度，通过使用具象型工程概念对包含在（或隐含在）价值判断中的正当性理由进行分析"，这两个议题都是引人关注且非常重要的。①

如此看来，即便是威廉姆斯提出的关于"具象型概念"的观点，的确影响了克洛斯他们对于描述性价值论转向和规范性价值论转向之间的区别的分析，但有一点需要明确，那就是威廉姆斯提出的关于"具象型概念"的观点只有在"元层次"（meta-level）的情况下才适用，这里的元层次指的是研究方法达到元层次的水平，而不是研究对象达到元层次级别。质言之，威廉姆斯提出的关于"具象型概念"的观点，只能在技术哲学的分析方法达到元层次水平的特定情境下才适用。通过假定事实 – 价值的区别，或者更确切地说是面向事实的认知和规范分析（概念）框架之间的区别，来定义描述性价值论转向和规范性价值论转向的方法。在描述性价值论转向的分析框架中，只有认知价值在其中发挥作用，而在规范性价值论转向的分析框架中，除认知价值以外，其他（道德、实践、审美）价值也起着重要的作用。上述两种框架所涉及的基本价值概念，如真理、道德之善、工具主义之善以及美，这些概念似乎都属于"抽象型概念"。为了使这些"抽象型概念"可以应用于分

① Williams, B., *Ethics and the Limits of Philosophy*, London: Fontana, 1985.

析具体情况，必须用更加具体的概念来对它们加以解释，但反过来这些抽象型概念却又必须要付诸实践。比如说，"真理"可以用更加具体的概念来加以解释，如经验充分性、解释力、简明性、一致性等。再如，"道德之善"可以用善行、不伤害、快乐、痛苦、效用等更加具体的概念来加以解释。现在所要分析的关键问题是，在描述性价值论转向中，一些更为具体的概念的应用是否在原则上或实际上不涉及非认知的价值判断。如果一些更为具体的概念的应用，在原则上或实际上不涉及非认知的价值判断，而且这些概念中，有一部分属于"具象型概念"，那么，这将会使得纯粹的描述性价值论转向变成不可能。克洛斯他们不会按照威廉姆斯所说的"在那里找到它"（即找到纯粹的描述性价值论转向是否可行的证据）去做，换言之，克洛斯他们不会去继续更为深入地研究纯粹的描述性价值论转向是否可行的问题，但却仍然必须要时刻保持谨慎，不要把"事实－价值"二分法带到他们的分析框架中去。

当然，技术哲学家们一直在讨论的问题是："是否科学""或者可能在原则上""价值中立"等议题。例如，道格拉斯（Douglas，2000）认为，在科学的许多领域设定统计意义标准的时候，所涉及的归纳性风险可能会产生非认知性的后果，因此科学的这部分内容并不是"价值中立"的。道格拉斯在论文中所提出的论据也适用于在工程实践中设定（统计）意义的标准。道格拉斯指出，在某些情况下，科学可能会很有用，但其错误的潜在后果可能也将是难以预见的。对于科学领域所存在的灰色地带，必须要就事论事，做到具体问题具体分析，但无论如何，灰色地带的存在并不能否定基本论点：当非认知性错误的后果可以被预见时，那么非认知性价值就变成了科学推理的一个必要的组成部分。[①]

如果在这里用技术哲学来代替科学，如果技术哲学宣称，它"以某种方式"在塑造技术中发挥着作用——即便是上文中提到的"以某种方式"涉及与科学领域中所存在的灰色地带相比，是更加深层次的灰色地带——我们依然找不到，否定技术哲学在技术塑造中发挥作用的理由。上述结论自然而然就将我们带进了关于规范性价值论转向的分析之中。

---

① Douglas, H., "Inductive Risk And Values In Science", *Philosophy of Science*, Vol. 67, No. 1, January 2000, pp. 559 – 579.

## 五　规范性价值论转向：技术哲学中的价值与规范

规范性价值论转向意味着背离经验转向。现在，我们尚未试图稳健地停留在价值中立的调查领域（当然，对于认知价值而言除外）。规范性价值论转向关系到工程实践中的哲学分析，哲学家们站在以下两个立场上，对工程实践进行哲学分析。

反映性立场（the reflective position）。这一立场认为，技术哲学家的任务是分析在技术和工程实践中所存在的规范性问题，并通过"准备和促成有关于技术的辩论和决议"的方式，积极参与社会讨论。实质性立场（the substantive position）。这一立场认为，技术哲学家不仅需要分析在技术和工程实践中的规范性问题，而且在紧要关头，要站在规范性的立场上来解决问题。

在这里，克洛斯他们无意讨论上述两种不同的立场，是否总能在描述性价值论转向中得以明确的区分，以及如果这两种不同的立场可以做到总能在描述性价值论转向中得到明确的区分时，在技术哲学中，应该选择前者，还是选择后者。尽管无意对反映性立场和实质性立场展开过多的论述，但克洛斯他们就如何阐述规范性价值论转向，发表了一些见解。

在这里，有几件事情，需要特别提及。第一件事情是，实质性立场显然要比反映性立场作出了更为规范性的承诺。然而，反映性立场其本身并没有脱离规范性承诺，因为技术哲学家不可能完全秉持价值中立的态度去分析和参与社会讨论：问题是以一种固定的方式被框定的，在设计框架的过程中，我们需要对各方面因素做出选择，虽然各种因素都会被考虑在内，但价值性（争论性）因素将会被着重考虑。但这些规范性承诺在背景中发挥着作用，而且这个背景是关于在紧急关头下，应如何分析、辩论和决定规范性问题。

第二件事情是，进行规范性价值论转向，并非必须进行道德转向。规范性价值转向可能会涉及各类价值和规范：认知、道德、实践、审美等。正如克洛斯他们在经验转向那篇论文中所指出的那样，[①] 在科学哲学的非道德本质中，存有一个长期的规范性传统。在这一传统中，科学哲学中的各个学派都批判了，（建立在他们所接受的认知价值和方法论规范基础之上的）认知价值

---

① Kroes, P., Meijers, A., "Introduction: A Discipline in Search of Its Identity", in P. Kroes & A. Meijers (eds.), *The Empirical Turn in the Philosophy of Technology*, Amsterdam: Elsevier Science Ltd., 2000, pp. xvii-xxxv.

和方法论规范在实际科学中的应用。人们很容易就可以想象出发生在技术哲学中的与之相类似的事情。技术哲学家们可能会根据他们的认知价值和方法论规范来对一个特定的工程实践进行批判，并以此印证一种工程理论得到了充分的支持。在这种情况下，两套不同的认知价值和规范（反映性立场下的认知价值和规范以及实质性立场下的认知价值和规范）之间势必会发生冲突。同样，技术哲学家可能会从一整套实用性的、工具性的、关于行为的价值和规范出发，对将某一理论作为可靠的行动指南的做法进行批判。当然，技术哲学家站在道德立场上，可能会批评工程师所遵循的道德原则和所做出的决策。从道德立场出发，不仅是关于道德本质的原则和决定，就连与道德相关的主张和决定都有可能会受到批判。在一个特定的行动范围内，通过相信一种理论可以得到充分的支持的方式，来接受这一理论作为行动的可靠的依据，这一做法可能会对于道德产生很大的影响。也就是说，如果我们站在道德规范性的立场上，想要做到这一点，那么可能同样需要站在认知规范性立场上以及实践规范性立场上，这也正是，致使坚持规范性立场成为一件复杂的事情的重要原因。如前所述，工程实践中的"卓越的标准"不能被分解为，与在标准哲学领域下，被简明定义的价值和规范相对应的，独立的价值和规范的集合体。

第三件事情是，如果技术哲学被认为是基于实质性道德立场的规范性实践，那么有关于它的（与道德相关的）基本目的和价值的一系列问题就出现了。这一系列基本价值是什么？对于医疗实践来说，这一系列基本价值就是关于如何治疗疾病和改善病人健康。对于工程实践来说，这些基本价值则包含在行为守则中，体现在工程师在履行其专业职责时应将公众的安全、健康和福利放在首位等常见的用语之中。工程技术评审委员会（ABET）将工程定义为造福人类的行业，类比于工程技术评审委员会对于工程的定位，我们也可以将技术哲学设想为一门造福于人类的学科。尽管，这么做可能对于我们没有太大的帮助，因为它并没有告诉我们，任何关于基本价值如何在塑造技术哲学中发挥作用的信息。规范技术哲学的核心活动是对技术的批判性反思，并在紧急关头，站在反思或实质性规范的立场来处理所涉及的相关问题，于是认知、实践、道德等就随之产生了。建立在批判性反思基础上的价值和规范，其本身必须要在元层次上受到批判性的质疑。但是这些价值和规范，未必需要非得是一套（与道德相关的）一定要在技术哲学中被采纳的实质性价值和规范，它们可能也是程序性的价值和规范，用来展现技术哲学家的程序性作用。

最后一件事情是，我们将在此对前面所做的分析进行补充说明。技术哲学在规范性价值论转向的过程中，将不可避免地遇到被称为"是－应当"的问题，即休谟的断头台学说，即从"是"能否推出"应该"，也即"事实"命题能否推导出"价值"命题，这个问题在西方近代哲学史上占据重要位置，许多著名哲学家纷纷介入，但终未有效破解。

不言而喻，当面临的问题越紧迫，我们就越需要更加规范的哲学承诺。单就这一点来说，它对于反映性立场的影响要远大于对实质性立场的影响。到目前为止，我们已经假设实现描述性价值论转向是实现规范性价值论转向所必须要迈出的第一步。上述假设的弦外之音是，要站在规范性立场上去充分了解工程实践，事实上，前面所说的站在规范性立场上去看待工程实践，指的就是在规范性立场的基础之上，深入工程实践的内部，充分了解工程实践中的实际价值和规范，这绝不是仅仅站在规范性立场上从外部水过地皮湿般地看待工程实践就可以达到要求的。毋庸置疑，包括工程实践在内的许多实践，都是以事实为基础来坚持规范性立场，或者按照规范性的要求来做出决策。然而，如何从事实中争辩、独立于事实之外的那部分内容是否具有价值关涉性以及应当怎么做等，这都属于哲学问题。但按照休谟的说法，上述问题在逻辑上是站不住脚的，因为它们在结论中出现了"应当"的见解，却未在前提中包含"是"的论据。休谟的意思显然并不是说事实可能与得出的规范性结论无关，而是说事实应当与规范性前提相结合。换言之，休谟向我们传达的是：如果仅凭事实，就无法得出任何规范性的结论。

那么，为何休谟的断头台学说作为一个规范性价值论转向的问题，出现在技术哲学中？假设技术哲学成功地阐明了其规范性价值论转向所涉及的基本价值和规范。再假设关于描述性价值论转向的相关性和必要性并不成问题，套用当下的一句网络流行语来说就是，关于描述性价值论转向的相关性和必要性那都不是事儿，而且它可以为规范性论据提供相关事实。那么，接下来问题就转移到了技术哲学的基本价值和规范上。这些价值和规范将成为价值论转向中衡量工程实践的"卓越的标准"。我们究竟该如何来证明规范技术哲学中的价值和规范的独特地位呢？如果规范技术哲学和工程学都是以造福于人类作为其最终目的（之一），那么，是什么原因促使规范技术哲学中的价值和规范变得如此独特，有别于工程学的价值和规范呢？会不会是在实践中存有层级的划分，并由此导致了"卓越的标准"也存在层级的划分？

当我们仔细研究如何证明规范技术哲学中的价值和规范问题时，休谟问题再次浮出水面。我们可以按照康德先验图式的思路，将证明规范技术哲学中的价值和规范问题的方法，划分为以下两种：一种是先验的方法，另一种是引用事实情况的方法。但上述两种方法在使用中，都面临着各自的问题。第一种方法所面临的问题是，先不说一般的价值和规范能否可以证明自己具备先验性，就连先验性价值和规范是否能作为判断工程实践的"卓越的标准"都是值得怀疑的。人们希望，这种先验的、永恒的价值和规范在本质上可以是非常普遍的，即它们可以成为抽象型伦理概念/抽象型规范原则。由于工程实践中的"卓越的标准"在历史中是不断发展（和变化）的，因此，要想使这些一般的价值和规范可以更好地面向工程实践，可以成为更加具体的标准，就必须要求这些一般的价值和规范具备规定性和可操作性。要想实现上面所列举的这些要求，引用事实情况就成为必经之路。但在这里引用事实情况，绝不仅仅是只将它们作为论据的前提，其中，这里所说的论据指的是，按照逻辑，从一般的价值和规范中，推导出来具体的价值和规范的论据。实际上，引用事实情况更重要的原因在于，它们关乎到了在特定事实情况下被提议的规定性和可操作性，在道德上是否可以被接受的问题。如果上述问题属实，那么，引用那些事实情况似乎就可以证明，那些致使休谟问题再次浮出水面的价值，其规定性和可操作性可以从道德上被接受。第二种方法所面临的问题是，据事实情况证明，规范技术哲学中的价值和规范将（撇开道德现实主义的可能性）直接面对"是－应当"这一休谟问题。

现在学术界已经提出了各种用来解决上述两种方法各自所面临的问题的建议。其中，最负盛名的要属罗尔斯（John Rawls）提出来的"反思平衡法"。所谓"反思平衡法"，即在（被先验性所接受的）一般道德原则与事实相结合的基础上，来进行道德判断。相比罗尔斯在《正义论》中所提来的"反思平衡法"，杜威试图通过在"是"中来找寻"应当"的想法，鲜为人所知。杜威指出："我要说的是，第一，'应当'总是来源于'是'，而且总是要复归到'是'；第二，'应当'本身就是一种'是'，当然，这种'是'特指行动中的'是'。"① 在杜威看来，将"是"与"应当"分裂开来，无异于

---

① Dewey, J., "Moral Theory and Practice", *International Journal of Ethics*, No. 1, January 1891, pp. 186 – 203.

不顾一切地将它们塞进一个坚硬的外壳之中，这么做致使我们再难从本质上来解读"是"与"应当"，而且已经引发了灾难性的后果。在这里，我们再次面临的问题是，怎样以一种一致性的方式来实现道德（规范性）判断与事实相联系。但很可惜，目前尚缺乏一种可以充分解决此问题的一致性的方式。

综上所述，以上分析表明了，尽管技术哲学中的描述性价值论转向，只是在经验转向的基础之上，对此进行了一定的修正，但技术哲学中的规范性价值论转向，却是对经验转向进行了更为激烈的批判，它甚至放弃了建立在经验转向基础之上的"价值中立"学说。

### 六　商榷：最终要实现怎样的目标？

为了将工程实践认知成一种有价值取向的实践，在对工程实践中各种丰富多彩的具体实践活动进行经验转向时，必须要遵循描述性价值论转向的原则和要求。当然，克洛斯他们也明确指出，很难进行纯粹的描述性价值论转向。此外，克洛斯他们还分析了，进行规范性价值论转向对于技术哲学的意义。然而，到目前为止，对于是否需要进行规范性价值论转向，他们始终不置可否。即便是事实上已经证明，纯粹的描述性价值论转向是很难实现的，但仍然可以将它作为一种"价值中立"的理想，在技术哲学中去争取，而不是取而代之去接受规范性的价值论转向。在最后一节中，克洛斯他们将讨论技术哲学是否应该将规范性价值论转向作为其目标。按照麦金太尔的说法就是，这是一个关于将技术哲学中起决定性作用的特征作为实践的问题：它的"内在的善"和它的"卓越的标准和规范"是什么？

假设技术哲学的"内在的善"，在某种程度上，有助于我们在社会中更好地发展或实施技术，那么，在此前提下，再将纯粹的描述性价值论转向作为目标，就会出现问题。在这种情况下，技术哲学很容易受到同样的指责，温纳（Winner）在《打开黑箱，却发现它是空的：社会建构主义与技术哲学》一文中，对社会建构主义的技术理论进行了批判。事实上，一旦描述性价值论转向离开了技术哲学，可能再没有"任何类似于评价立场或者是特定道德或政治原则，能帮助人们判断技术存在的可能性"。尽管，描述性价值论转向帮助克洛斯他们更好地理解塑造现代技术的价值和规范，但将描述性价值论转向用来处理关于现代技术的规范性（道德或其他方面的）问题时，结果又是徒劳无功。为了不让温纳提出的指控发生，规范性价值论转向应运而生。

规范性价值论转向的出现，带来了两个问题。第一，规范性价值论转向是可取的吗？其次，技术哲学能否完成规范性价值论转向？首先，来探析规范性价值论转向是否可取的问题。最近，许多技术哲学家都断言，技术哲学的任务是促进技术更好地发展和实施。基于此，许多技术哲学家们都含蓄地或直率地为规范性价值论转向而争辩。接下来，我们简要举两个例子来加以说明。维贝克（Peter-Paul Verbeek）认为，技术哲学应该朝着他所说的"伴随技术"的方向去发展。在维贝克看来，技术哲学家们在 21 世纪的第一个十年见证了一场关于技术伦理的犹如雨后春笋般的研究盛况，维贝克称之为技术哲学的"伦理转向"。然而，在维贝克看来，大部分关于伦理转向的研究并没有考虑经验转向的研究成果。据此，维贝克提出，到了进行第三次转向的时候了，第三次转向要实现把经验转向和伦理转向结合起来，以建构与技术同行的伦理。伦理转向的主要目标是（实现伦理）"伴随技术的发展、使用和社会嵌入"。这是技术哲学的一种激进的表现形式，在这种意义上，技术哲学家必须让自己沉浸在工程实践中。

> 伴随着技术的发展，实现设计者的（在技术中的）充分参与成为必然要求，寻找道德反思的应用点，并预测技术设计的社会影响。这种道德规范是切实在技术发展中发挥作用的，而非只是置身于技术领域之外。技术哲学家不应该作为一个分析技术道德层面的旁观者，而是应该改变自己的角色去在技术伦理中发挥作用。①

在克洛斯他们的术语中，维贝克主张进行实质性的规范性价值论转向；即技术哲学家要成为技术发展的直接参与者。然而，维贝克的说法与一般意义上的说法在范围上存在一定的差异性。维贝克阐释的规范性价值转向只涉及伦理层面的规范和价值，但在克洛斯他们看来，规范性价值论转向还必须涉及其他层面的规范和价值，特别是方法论层面及认识论层面的规范和价值。这一范围上的差异性对于分析价值论转向的本质及其影响，具有重要意义。这是一个关于伦理学家和哲学家参与技术开发的区别。

菲利普·布瑞（Philip Brey）已经解决了，经验转向以后，技术哲学该何

---

① Verbeek, P. P., "Accompanying Technology: Philosophy of Technology After the Empirical Turn", *Techné: Research in Philosophy and Technology*, Vol. 14, No. 1, January 2010, p. 50.

去何从的问题。① 布瑞也对克洛斯他们的术语提出异议，布瑞认为，这些术语不仅应包含描述性价值论转向，还应包含规范性价值论转向。一方面，布瑞赞成温和的规范性转向，布瑞的这一观点类似于克洛斯他们所说的规范性价值论转向的反映性版本。在布瑞看来，技术哲学的三大主要问题之一是："如何才能理解和评价技术对社会和人类状况的影响？"② 另一方面，布瑞也保留了技术哲学家或多或少直接参与技术发展的可能性，布瑞的这一观点则类似于规范性价值论转向的实质性版本。因此，在布瑞看来，技术哲学也必须解决以下问题："我们应该如何在技术方面采取行动？"③ 这同时也是布瑞所说的技术伦理领域。技术伦理领域需要优良的理论，这种优良的理论是一种关于技术人工物的道德主体理论，也是一种关于通过技术来提升人类能动性的伦理理论。最重要的是，伦理技术评估的理论和方法必须得到发展，以便让"伦理学家在评估和发展新兴技术方面发挥建设性的作用"④。最后，我们需要在这个领域"实现以更好的方法来进行伦理分析，实现以更好的方法来引导围绕引进新技术而展开的社会辩论和政治辩论"。基于此，可以看出，一方面，伦理学家将会直接参与和影响新技术的发展；另一方面，伦理学家也将会直接参与和影响围绕新技术而展开的公共辩论。那么，这就与克洛斯他们所说的规范性价值论转向的实质性版本，非常一致了。

　　除了维贝克和布瑞所主张的伦理转向之外，克洛斯他们还在技术哲学领域见证了更多旨在能促使技术哲学家可以更直接地参与技术的开发和实施的举措。像如，价值敏感性设计中心、科学与技术政策研究中心、价值倡议设计以及代尔夫特理工大学、埃因霍温理工大学、特文特大学共同组建的伦理－技术研究中心。上述倡议的共同点是，寻求与技术进行密切接触，并在一定程度上沉浸在其所研究的现象和实践中。而且，它们大都秉持规范性的立场，故而它们大都或明确或含蓄地支持规范性价值论转向。克洛斯他们非常赞同上述倡

　　① Brey, P., "Philosophy of Technology After the Empirical Turn", *Techné*: *Research in Philosophy and Technology*, Vol. 14, No. 1, January 2010, p. 39.

　　② Brey, P., "Philosophy of Technology After the Empirical Turn", *Techné*: *Research in Philosophy and Technology*, Vol. 14, No. 1, January 2010, p. 41.

　　③ Brey, P., "Philosophy of Technology After the Empirical Turn", *Techné*: *Research in Philosophy and Technology*, Vol. 14, No. 1, January 2010, p. 43.

　　④ Verbeek, P. P., "Accompanying Technology: Philosophy of Technology After the Empirical Turn", *Techné*: *Research in Philosophy and Technology*, Vol. 14, No. 1, January 2010, p. 52.

议的基本动机，即技术哲学应该致力于解决社会问题，并促进有助于解决社会问题的技术的发展。然而，主张在技术哲学中进行规范性价值论转向的任何一位学者，都不得不去面对规范性价值论转向中的规范性立场的合理性问题。但它绝不会不假思索地就做出如下假设：在技术哲学中，实现规范性价值论转向将有助于促进技术的发展，以及提升围绕技术展开的社会辩论的水平。在克洛斯他们看来，技术哲学的规范性价值论转向是一个自我反思的过程，在进行规范性价值论转向时，不仅是学术活动中的价值和规范，就连技术发展实践中的价值和规范，都会成为批判性反思的对象。但无论是维贝克还是布瑞，都没有在他们所主张的伦理转向中明确地解决规范性价值论转向中的规范性立场的合理性这一问题。在克洛斯他们的观点里，这一问题是任何倡导在技术哲学中进行规范性价值论转向的学者，都必须要面对的真实挑战和经历的必要步骤。

除了探析规范性价值论转向中的规范性立场的合理性这一问题以外，我们还必须扪心自问：技术哲学宣称能够为我们的社会带来更好的技术的依据（知识方面、专长方面、技能方面）是什么？正如克洛斯他们上面所分析的那样，规范性价值论转向要建立在描述性价值论转向之上。要想对工程实践中正在发生的事情进行评估判断，先不必说要对工程实践进行正常干预，首先要做到对相关事实进行了解以及对实践进行理解。但是，在采取规范性立场之前，对相关事实的了解以及对于实践的理解，其详细程度和可靠程度如何？可以确信，技术哲学已经发展成熟。那么，这代表技术哲学足以站在规范性立场之上，并在其主张或承诺上做出正确决定了吗？上述主张和承诺，又是建立在哪些具体的哲学知识和哲学技术的基础之上呢？

上面所列举的这一系列问题，都是一些棘手的问题。它们触及技术哲学究竟是属于理论哲学，还是实践哲学？抑或两者兼而有之？如果两者兼而有之，那么，这两种形式之间，彼此又是如何相互关联的呢？所以说，这不仅涉及技术哲学的"内在的善"和"外在的善"的问题，还涉及技术哲学的"卓越的标准和规范"的问题。简言之，它涉及技术哲学的全部内容，也就是说，它的地位至关重要。作为一门理论学科，技术哲学的"内在的善"及其"卓越的标准"与理解技术及其在现代生活中的作用紧密相关。作为一门实践学科，技术哲学的"内在的善"及其"卓越的标准"则与促成"更好的技术"有关。当然，理论技术哲学（理解技术）的"内在的善"可能有助于带来更好的技术，但到目前为止的情况却是，这些实践所产生的都是一种"外在的善"。由此看来，实践技术哲学"内在的善"与理论技术哲学"外在的善"相对应。鉴于"内在的善"的差异性，我们不应期望在理论技术哲学领域和实践技术哲学领域，执行同一套"卓越的标准"。如果不这么做，那么我们是不是在相同的实践中处理同一个问题，就会受到质疑。

简要比较（理论）物理学与工程物理学之间的区别，可能会给我们带来启发。（理论）物理学"内在的善"可以被描述为对物质世界的认识和理解，并在同行评审体制的帮助下，对"善"作出判断。同行的任务是捍卫物理学的"卓越的标准"。工程物理学"内在的善"可以被粗略地描述为用于设计技术人工物和设计新的技术人工物的有用的知识。它有自己的同行评审体制来判断对于这个"内在的善"的贡献。虽然，在（理论）物理学同行评审体制和工程物理学同行评审体制之间，可能会存在一定的交集，但显然这两个学科领域关于"卓越的标准"，不尽相同。然而，历史表明，这两个学科领域之间可能存在很强的相互作用，它们可以实现互利共赢。

而且，理论技术哲学与实践技术哲学间的关系，可能亦是如此，即它们可以被认为是截然不同但彼此间却可以相互受益的哲学实践。这种看待事物的方式透露出，在技术哲学中，描述性价值论转向和规范性价值论转向之间存在着根本性的区别。克洛斯他们已经指出，从经验转向到描述性价值论转向是一种天真的转变，因为它只意味着研究对象（在原来的基础上）的进一步规范化而已，并不需要"内在的善"和"卓越的标准"也随之而转变。到目前为止，主流哲学已经成功地把这些观点清晰地阐述出来了，技术哲学可以从主流哲学的角度来看待这些问题。技术哲学的规范性价值论转向在制定和明确其"卓越的标准"方面仍有许多工作要做；在这方面，技术哲学可以借鉴其他应用哲学领域的成功经验。

综上所述，克洛斯他们认为，技术哲学应该重视"内在的善"的相关性问题，应该学会应对规范性价值论转向给技术哲学领域带来的挑战，而不是仓促地步入规范性价值论转向。如果其所定义的"内部的善"的一部分，确实为为我们的社会带来更好的技术做出了贡献，那么，技术哲学家就需要按部就班地进行规范性价值论转向。在回答这个问题时，规范性价值论转向必须要澄清和证明自己的认知、实践、道德价值与规范及其"卓越的标准"，它们是如何与其他利益相关者在实现更好的技术方面的价值和"卓越的标准"

具有关联性的。换言之，如果技术哲学必须将自己重新定义成一种哲学，就必须回答：它想在新技术研发、设计和生产中，扮演何种类型的利益相关者。

## 第二节　技术设计哲学的践行者：伊博·波尔

伊博·波尔[①]是技术哲学荷兰学派的重要成员，其研究视点聚焦于工程设计哲学和新兴技术伦理学。具体来讲，波尔在工程设计的价值问题上，立足"为价值设计""价值冲突"等基本问题，进而阐明道德价值在工程设计中的作用，并指出工程师如何有效处理设计中的价值因素；在工程设计中的伦理问题上，他强调"伦理反思""价值敏感性设计"和"负责任研究与创新"等研究方法；在研发网络中的道德责任问题上，为解决设计研发过程中的"多手问题"，波尔将"宽反思平衡法"作为研发网络中的道德评估方法；在新兴技术引发的伦理问题上，他将新兴技术的应用概念化为社会实验形式。波尔的技术（工程）设计哲学思想对我国的技术（工程）哲学的理论研究及技术（工程）中伦理问题的实际解决具有启发意义。

### 一　波尔的主要研究主题

从近十年的研究成果来看，波尔的研究主要聚焦于工程设计哲学和新兴技术伦理学，具体包括以下四个主题。

其一，工程设计中的价值问题。在波尔看来，工程设计由价值驱动，价值在工程设计的不同阶段发挥着不同的作用。提出"为价值设计"（Design for Values）的概念，为寻找"为价值设计"的综合方法，提出了"四项活动""四种挑战"。针对工程设计中的"价值冲突"，波尔研究了处理价值冲突的六种可能的方法。此外，通过 TA2（Together Anywhere，Together Anytime）项目，波尔主张加强工程师与用户间的商讨以改善价值观之间的匹配。

其二，工程设计中的伦理问题。针对当前工程设计过程中存在的伦理问题，波尔提出要进行伦理反思，首先将工程设计过程概念化，以使伦理反思

---

① 伊博·范·德·波尔（Ibo van de Poel），1966 年生，荷兰代尔夫特理工大学哲学系"列文虎克讲席"教授，哲学、工程与技术国际论坛（FPET）的发起人之一，是价值设计、工程责任问题和技术社会实验领域的国际知名学者。波尔还是施普林格《工程技术哲学》系列丛书的主编，爱思唯尔《技术与工程哲学手册》的副主编。

的出发点变得可见。在将工程设计过程概念化的两种方法中，波尔更加强调设计的认知结构，将设计问题视为认知上结构不良的问题，将"价值敏感性设计"和"负责任研究与创新"作为可能的方法，以指导工程设计过程朝正确的方向发展。

其三，研发网络中的道德责任。在研发网络中，波尔更加强调前瞻性责任在技术研究项目中的重要性，为深入研究如何协调研发网络责任分配中的完整性和公平性要求，波尔将"多手问题"概念化，并在反思平衡方法的基础上，开发了一种适用于研发网络的道德评估方法——宽反思平衡方法（Wide Reflective Equilibrium Approach），并从伦理、道德和实际的角度，说明了该方法的适用性。

其四，新兴技术引发的伦理问题。各类新兴技术的发展不仅带来了巨大的社会效益，也存在着潜在的伦理问题。由于高度的不确定性和对潜在危害的无知，传统的风险管理方法不能直接应用于新兴技术领域。为此，波尔将技术概念化为社会实验形式，并研究了这种社会实验在道德上可接受的条件以及负责任实验的条件。由此波尔认为，将（新兴）技术引入社会是一个正在进行的社会实验。

## 二　工程设计中的价值问题

技术、工程与价值三者间联系密切，虽然人们对价值与技术之间的关系给予了高度关注，但对价值与工程之间的关系缺少关注。波尔"将工程理解为一项旨在理解、创建、改进和维护某些技术的活动"①。也就是说，在波尔看来，工程是一种技术活动，是一个技术设计过程。"工程中的价值向度源于技术所要实现的价值。"②通过工程实践，价值便在工程中凸显出来，从这种意义上讲，价值可能一直在工程的首要环节——工程设计中发挥着重要作用，但是当前对工程设计中价值的关注往往是隐性的和不系统的，作为技术活动的工程应把这些价值合并到工程设计中来。

"工程设计是将某些功能转换为可实现这些功能的人工物、系统或服务的

---

① Ibo van de Poel, "Design for Values in Engineering", *Handbook of Ethics, Values, and Technological Design*, Dordrecht: Springer, 2015, p. 669.

② Ibo van de Poel, "Design for Values in Engineering", *Handbook of Ethics, Values, and Technological Design*, Dordrecht: Springer, 2015, p. 669.

蓝图的过程。在传统的设计方法中，工程设计过程通常被描述为一个系统性过程，这一过程利用了科学技术知识，特别是创造力和决策力也在其中起着主要作用。"① 设计方法通常将设计过程划分为不同阶段，波尔认为设计过程的基本阶段有：分析、综合、仿真、评估、选择、实施例和原型测试。价值在以上设计过程中的各个阶段起着不同的作用：② 在分析阶段，价值影响着问题的构思、相关价值清单的制作和设计要求；在综合阶段，价值作为各种概念设计的制定标准；在仿真阶段，价值作为建模和仿真的尺度标准；在评估阶段，价值作为不同设计解决方案中仿真结果的评估标准；在选择阶段，价值作为概念设计选择的决策标准；在实施例阶段，价值作为进一步设计的详细标准；在原型测试阶段，价值作为验证值并潜在发现相关价值。因此，工程设计是由价值驱动的。

设计作为一种由价值驱动的活动，就是试图将特定的价值融入设计中。最近几十年，国内外许多学者提出了各式各样的"为价值设计"方法，但大都将其局限在道德价值设计。波尔认为："关于'为价值设计'的问题是一个方法论上的问题，它不是只考虑道德价值设计，而是综合设计方法的代表。"③ 波尔用"为价值设计"来表示方法，如"价值敏感性设计"（VSD）、"游戏中/起效的价值"（VAP）、"价值意识设计"（VCD）和"面向产品生命周期各/某环节的设计"（DFX）等。但是，在波尔看来，目前缺少一种"为价值设计"的综合方法。波尔明确指出了工程设计中对"为价值设计"至关重要的四项活动："（1）发现价值，（2）将价值转化为设计要求和工程特性，（3）在设计中进行价值权衡，（4）价值验证。"④ 也就是说，一种"为价值设计"的综合方法需要满足以上四个活动条件，而在开发这种方法之前，应该首先应对与这四项活动相关的更具体的挑战："（1）如何从规范性角度决定设计中应包含哪些价值？（2）如何将价值的意图域、功能域转化为结构域、自然域？（3）如

---

① Ibo van de Poel, "Design for Values in Engineering", *Handbook of Ethics, Values, and Technological Design*, Dordrecht：Springer, 2015, p. 674.

② Ibo van de Poel, "Design for Values in Engineering", *Handbook of Ethics, Values, and Technological Design*, Dordrecht：Springer, 2015, pp. 675 – 677.

③ Peter Kroes and Ibo van de Poel, "Design for Values and the Definition, Specification, and Operation of Values", *Handbook of Ethics, Values, and Technological Design*, Dordrecht：Springer, 2015, p. 153.

④ Ibo van de Poel, "Design for Values in Engineering", *Handbook of Ethics, Values, and Technological Design*, Dordrecht：Springer, 2015, p. 683.

何处理设计中的价值冲突？（4）如何证实一个设计体现或代表了价值？"①

在工程设计中长期存在着一个问题，即价值冲突。波尔和鲁亚科斯（Lambèr Royakkers）提出一种情形只有满足以下三种情况才可能被定义为价值冲突："（1）必须在至少两个与选择标准相关的选项间进行选择；（2）两种不同的价值会产生至少两种不同的选项；（3）没有任何一种价值胜过其他所有的价值。"② 譬如，安全带。汽车安全带系统的设计涉及安全与自由两个相关价值。安全一般被理解为在发生事故的情况下，汽车驾驶员或乘客死亡或受伤的可能性较低。自由一般被理解为在是否使用安全带上，人们可以不受影响地进行选择。在安全带系统的设计中具有三个选项：一是传统安全带；二是强制使用的所谓自动安全带，例如，不用安全带就不能启动和驾驶汽车；三是带有警告信号的安全带，例如，汽车系统在没有使用安全带的情况下发出刺激性噪音之类的警告信号。在这三个选项中，传统安全带安全性最低，自由度最高；自动安全带则与传统安全带相反；带有警告信号的安全带的安全性与自由度处于其他两种安全带的安全自由程度中间。这样，设计者想要设计既安全又自由的安全带，在选择上述三个选项时就面临着价值冲突。波尔指出处理设计中价值冲突的六种方法："成本效益分析、直接权衡、大中求小（Maximin）、满意度（阈值）、重新指定和创新。"③ 这六种方法各有其优缺点，没有哪一种方法可以为价值冲突提供完整的解决方案，波尔认为可以将这六种方法加以整合来处理设计中的价值冲突。这种整合的方法首先要满足道德义务，排除道德上不可接受的选项，然后进行创新，开发更好地满足相关价值的新选项。

价值在设计中通常是隐性的，即工程师和用户很少明确表达各自的价值取向。TA2 是一项以设计为驱动力的项目，来自 14 个组织的 40 个人开发并评估了某些电信、多媒体和游戏应用，团结是该项目的关键价值。在 TA2 项目中，依据工程师的预期价值和用户的期望价值，波尔和马克·斯蒂恩（Marc

---

① Ibo van de Poel, "Design for Values in Engineering", *Handbook of Ethics, Values, and Technological Design*, Dordrecht：Springer, 2015, p. 686.

② Ibo van de Poel and Lambèr Royakkers, *Ethics, Technology and Engineering：An Introduction*, New Jersey：Wiley-Blackwell, 2011, p. 177.

③ Ibo van de Poel, "Conflicting Values in Design for Values", *Handbook of Ethics, Values, and Technological Design*, Dordrecht：Springer, 2015, p. 100.

Steen）发现："用户提出了工程师尚未明确表达的价值；工程师和用户对相同价值的诠释存在差异；用户能够提供价值如何为他们发挥作用的具体示例；价值之间存在冲突；在焦点小组中，有些价值似乎比其他价值更受关注。"①基于此，波尔和斯蒂恩对设计从业人员提出了建议："工程师和开发人员可以通过阐述自己试图将哪些价值嵌入正在开发的产品中，来明确表达并讨论自己的预期价值；工程师或开发人员可以通过观察、访谈或组织焦点小组讨论来探索和研究用户的期望价值；工程师或项目经理可以组织关于工程师的预期价值和用户的期望价值的讨论；工程师和其他项目团队成员可以进行研究、设计和评估的迭代，以改善工程师的价值与用户的价值之间的匹配。"②价值体现于设计过程中，工程师和用户之间要加强价值商讨，以在价值之间建立良好的匹配。

## 三  工程设计中的伦理问题

在有关技术、工程与伦理的讨论中，技术和工程通常被视为伦理问题的根源，伦理则被视为工程和技术发展的限制。而在波尔看来，技术和工程进步可以创造伦理进步，而不仅仅是伦理问题；伦理可以成为技术和工程发展的动力，而不仅仅是一种约束。作为工程活动的首要环节，工程设计影响着整个工程活动，因此，对伦理问题的关注集中于工程设计过程成为必然。当前，在工程设计过程中主要面临着生态伦理问题、技术伦理问题和社会伦理问题等问题。

传统的对技术和工程的伦理反思通常是反映性的，即伦理反思在一项技术和工程被开发和设计之后进行。近年来，人们已经尝试从技术和工程的设计、研发和创新过程的早期就积极整合伦理因素，在这种方法中，伦理被建设性地用来改进新兴技术。工程设计过程需要实现概念化，以使伦理反思的出发点更加明确。工程设计过程概念化的方式主要有两种，第一种是根据工程设计与社会技术环境的关系来概念化工程设计。工程设计中涉及的伦理问题只有明确地与实际社会环境相关时才有意义，伦理问题只有处于环境之中，

---

① Marc Steen and Ibo van de Poel, "Making Values Explicit During the Design Process", *Ieee Technology & Society Magazine*, Vol. 31, No. 4, December 2012, pp. 68 – 69.

② Marc Steen and Ibo van de Poel, "Making Values Explicit During the Design Process", *Ieee Technology & Society Magazine*, Vol. 31, No. 4, December 2012, p. 70.

才会显现并得到充分的研究与解决。工程设计中的伦理问题及其各个方面都具有规范性，但在使用"伦理反思"或"道德行为"等概念时，这些形式的反思和行为的具体规范内容始终与它们所处的社会技术环境相关。第二种概念化方式与工程设计过程的环境无关，而是与它的认知结构及设计产品在未来使用环境中将发挥的作用有关。波尔和安科·戈普（Anke van Gorp）尤其关注设计的认知结构，将设计问题视为认知上结构不良的问题。他们认为，结构良好和结构不良的设计问题会引起不同类型的伦理问题，这就要求工程师进行不同形式的伦理反思。由于技术的进步以及人们对设计过程的关注，设计过程可能会日益实现更好的结构化。

波尔和戈普通过研究设计过程中进行伦理反思与设计类型之间的关系，介绍了工程伦理学的内部主义观点。他们将文森蒂（Vincenti）在常规设计和激进设计之间的区别作为对工程设计进行分类的一个维度，工程设计从高级到低级的分类为：激进高级设计（Dutch-EVO 轻型汽车）、激进低级设计（制冷剂）、常规高级设计（蛋鸡养殖系统）和常规低级设计（管道和设备设计）。波尔和戈普认为，激进设计与高级设计容易出现结构不良的设计问题，它们比结构良好的设计需要更多的伦理反思，但这并不意味着结构良好的设计不需要伦理反思。因此，"价值敏感性设计"和"负责任研究与创新"作为可行性方法，可用以指导工程设计过程朝正确的方向发展。

价值敏感性设计（VSD）是在信息通信技术中提出的，它是将具有伦理意义的价值整合到技术和工程设计中的系统方法。价值敏感性设计的"价值"包括：人类福祉、财产、隐私、普遍可用性、信任、自治、知情同意、问责制、礼貌、认同、冷静和环境可持续性。在价值敏感性设计中，从伦理角度审视设计并在设计过程的起点整合伦理价值，将伦理价值纳入到技术人工物的设计中，是价值敏感性设计的重点和目标。价值敏感性设计面临的主要困难不是在设计中体现这些伦理价值，而是在实践中实现这些伦理价值，以避免新兴技术潜在的伦理问题。

近年来，"负责任创新"（RI）理念受到广泛的关注，它表示满足某些（伦理）价值的创新结果和创新过程，欧盟的"地平线 2020"研究计划对该理念进行了推广，其中"负责任研究与创新"（RRI）是主要的交叉主题。《"欧洲负责任创新与研究"的罗马宣言》将"负责任研究与创新"定义为："把研究和创新与社会的价值观、需要和期望相结合的持续过程。"①
其中心思想是，在创新和设计过程的起点就预见由创新引起的社会和伦理
问题，并在创新和设计过程中将这些问题的解决思考在内。RRI 已成为学术
界和政策界的重要话题，但尚未系统地体现在公司的创新过程中。波尔等
学者讨论公司如何将 RRI 整合到他们的企业社会责任（CSR）政策和业务
策略中，并为此设计了一个概念模型，使公司将社会和道德方面的考量及
价值观纳入到新产品和服务的创新过程中，促进 RRI 战略转化为现实。② 公
司 RRI 战略的概念模型具有四个主要元素，即"环境、战略级别、运营级别
和 RRI 成果"③。它为公司提供了一个新的思路，即通过考虑环境和公司变
量，设计实施 RRI 的方法策略。

### 四　研发网络中的道德责任

在现代社会中，技术的发展并非孤立发生，而是经常发生在由不同参
与者所构成的社会网络中，这些网络通常缺乏严格的层次结构和明确的任
务划分，如果有大量的人参与某项活动，就难以确定谁对哪一过程负有道
德责任，这在技术研发中并不可取。因此，波尔进一步研究了研发网络中
的道德责任。

责任可划分为前瞻性责任和反思性责任，前瞻性责任指的是对尚未发
生的事情的责任，反思性责任指的是对已经发生的事情的责任。同时，一
些责任既包含前瞻性因素，也包含反思性因素。工程师倾向于以某种方式
负责改进技术，进而改善工程实践。因此，在工程实践中，前瞻性责任更
加重要。

随着技术研究与发展的系统化和社会化，"多手问题"（Problem of Many
Hands）日益显现并得到重视。"多手问题"的概念最初由丹尼斯·汤姆森
（Dennis Thompson）提出，他从公职人员的道德责任的角度指出："由于不同

---

① European Union, "Rome Declaration on Responsible Research and Innovation in Europe", April 16, 2016, https://ec. europa. eu/digital-single-market/en/news/rome-declaration-responsible-research-and-innovation-europe.

② 波尔领衔的团队在 edx 慕课平台上开设了 "Rresponsible Innovation: Building Tomorrow's Responsible Firms" 的课程。

③ Ibo van de Poel and Lotte Asveld, eds., "Company Strategies for Responsible Research and Innovation (RRI): A Conceptual Model", *Sustainability*, Vol. 9, No. 11, November 2017, p. 2051.

的行政人员以多种不同的方式对政府的政策产生影响，因此原则上很难判定具体由谁对政策的后果负责。"① 波尔在实际的研发项目中，与其他学者一起从三个维度（实践的维度、道德的维度以及控制的维度）上理解"多手问题"，并将"多手问题"设想为"在复杂的集体情境中进行责任分配的问题"②。他们认为，责任分配的不同取决于人们对责任归属功能的看法，而这一功能在很大程度上又取决于关于责任的道德（伦理）理论。合理的责任分配有两个要求：一是从某种意义上说，责任分配应该是完整的，即对于每个道德问题都至少要有一个人来负责。二是责任分配应该是公平的，即责任应该以参与者认为公平的方式进行分配。③ 为了进行实证研究，一种宽反思平衡方法被应用于研发网络中的道德责任。

波尔和舍尔德·布莱克（Sjoerd D. Zwart）在罗尔斯和丹尼斯（Norman Daniels）提出的反思平衡方法的基础上，开发了一种用于研发网络的道德评估方法。反思平衡方法的主要思想之一是希望每个人的道德判断与道德原则、道德背景理论相协调，即争取在道德的这三个要素中取得平衡。罗尔斯和丹尼斯区分了窄反思平衡和宽反思平衡。在窄反思平衡中，人们试图通过道德判断和道德原则之间的平衡来解决道德问题，而将道德背景理论排除在外。宽反思平衡则实现了道德判断、道德原则和道德背景理论的平衡，因此，宽反思平衡可用于研发网络的道德评估。如果参与者选择宽反思平衡，就有助于达成合理的重叠共识。通过考虑不同的相关背景理论，其中一些参与者可能会修改其最初的道德判断，最终实现新的平衡。如果参与者从一开始就具有相同的道德背景理论，那么这种情况就更合理。从理论和道德的角度上看，宽反思平衡方法对研发网络进行道德评估更具适用性。粒状淤渣序批式反应器（GSBR）的案例研究，则说明了该方法在实际中的适用性。此外，该方法也特别适用于纳米技术中的伦理问题。

---

① Dennis Thompson D. F. , "Moral Responsibility of Public Officials: The Problem of Many Hands", *American Political Science Review*, Vol. 74, No. 4, December 1980, p. 905.

② Neelke Doorn and Ibo van de Poel, "Editors' Overview: Moral Responsibility in Technology and Engineering", *Science and Engineering Ethics*, Vol. 18, No. 1, March 2012, p. 3.

③ Jessica Nihlén Fahlquist and Neelke Doorn and Ibo van de Poel, "Design for the Value of Responsibility", *Handbook of Ethics, Values, and Technological Design*, Berlin: Springer Netherlands, 2015, p. 486.

### 五　新兴技术引发的伦理问题

纳米技术、合成生物技术和核技术等新兴技术领域，不仅带来了巨大的社会效益，还引发了新的伦理问题。以纳米技术为例，波尔对纳米技术进行研究时指出，潜在的纳米伦理问题包括，纳米技术特别是纳米颗粒的应用对环境和健康的风险，纳米设备对使用者的隐私威胁，人类疾病治疗的伦理后果，公平和利益分配问题，以及与专利和产权有关的伦理问题。尽管纳米技术和纳米伦理的发展及对其研究尚处于起步阶段，但是关于纳米技术和纳米伦理的一个问题已经引起了很多争议，即纳米技术是否引发了新的伦理问题。使这些辩论更为复杂的是，不同学者对"新"的理解不同，一是如果纳米技术引发的伦理问题尚未由另一种技术提出或在应用伦理学的另一个领域中加以解决的话，那么这些伦理问题是新的；二是如果我们仍然缺乏足够的规范性标准来解决伦理问题，那么这些伦理问题是新的。在波尔看来，探讨纳米技术引发的伦理问题的新颖性可能并不重要，而且对这一问题的强烈关注具有危险性，即人们还未解决那些已经证实并非新的伦理问题。与此同时，随着纳米技术的发展，许多重要的伦理问题将变得愈发清晰。

比新兴技术是否引起新的伦理问题更重要的是，不同的技术会引起不同的特定伦理问题，譬如自主决策的技术——无人驾驶汽车引起的伦理问题，涉及如何设计相关的决策算法（在发生事故的情况下应向何处驾驶汽车）以及关于责任的问题。除了新兴技术引起的特定问题之外，许多新兴技术可能还会提出与伦理相关的一般问题，即如何处理不确定性。对于纳米技术、合成生物学、神经技术和物联网等一系列新兴技术而言，由于它们的风险和影响具有未知性和争议性，如何处理不确定性的问题就尤为重要。这些新兴技术的不确定性，一方面是指新兴技术的风险和社会影响具有不确定性，另一方面是指新兴技术引起的伦理问题具有不确定性。现存的处理不确定性的重要原则就是预防原则，该原则的重要表述是："当一项活动对环境或人类健康构成威胁时，即使某些因果关系尚未完全科学地建立起来，也应采取预防措施。"[1] 处理不确定性的另一

---

[1] Carolyn Raffensperger and Joel A. Tickner, eds., *Protecting Public Health and the Environment*: *Implementing The Precautionary Principle*, Washington, D. C.: Island Press, 1999, p. 241.

种方法是，将新兴技术引入社会作为一项社会实验。正如福岛事故所表明的那样，核能的风险只能在有限的范围内预测。因此，即使核能技术已使用于社会，它的风险检测仍具有实验性质。在这种意义上来说，这是一项社会实验。

由于新兴技术领域高度的不确定性和对潜在风险的无知，许多传统的管理方法不能直接应用于新兴技术，而且，在实际地将新兴技术应用于社会之前，人类几乎不可能可靠地预测其风险。为了解决这个问题，波尔提出将技术概念化为一种社会实验形式。社会实验与标准实验相比主要有三个方面的不同。首先，社会实验发生在实验室之外，并且涉及比标准实验更多的人类对象，尤其是用户和旁观者。其次，社会实验并不总是以实验的形式进行，因而此时是没有数据收集或数据监视的。最后，社会实验的可控性较差，与标准实验相比，控制实验条件和控制危害要更加困难。社会实验可能难以终止或者产生不可逆转的后果。尽管存在这些差异，但社会实验可能在科学和工程学中为知识的收集等发挥与标准实验类似的作用。

有人可能认为，新兴技术实验可能具有灾难性危害及危害时间久，因此新兴技术的社会实验不能被接受。面对质疑，波尔研究了社会实验在道德上可接受的条件："目前缺乏检测危害的其他合理方法；可监控；可随时停止实验；可扩大实验规模；灵活设置；避免进行会破坏实验系统恢复的实验；尽可能合理地控制危害；利益相关者期望实验可带来社会效益；需告知实验对象；经民意合法机构批准；实验对象可以影响实验的设置、进行和停止；弱势实验对象不受该实验的影响或可以受到其他保护；公平分配实验潜在的利弊。"① 并总结出这些条件基于尊重、仁慈和正义的道德原则，以及对新兴技术社会实验的潜在后果的考虑。基于此，波尔提出了负责任实验的条件。第一，负责任的实验需要充分的工程和技术管理，并以适当的方式进行设置。第二，负责任的实验需要一种民意决策和合法化的形式，并且最终实验结果可能有助于人类的福祉。第三，负责任的实验需要涉及分配正义的考虑。因此，只要满足以上两个条件，社会实验就是具有道德可接受性的负责任的实验。

---

① Ibo van de Poel, "Nuclear Energy as a Social Experiment", *Ethics, Policy and Environment*, Vol. 14, No. 3, October 2011, p. 289.

## 六　学术评价

从国内技术哲学的研究现状来看，对荷兰技术哲学的关注已成为显性课题。不论是对技术人工物理论、道德物化理论、技术哲学经验转向范式，还是对负责任研究与创新的持续关注都说明了这一点。

当前国内学界尚没有对波尔技术哲学思想进行系统研究的文章。实际上，波尔已成为荷兰学派的重要成员。他在技术哲学上的贡献在于：第一，重新定义"为价值设计"，使其具有设计方法论的性质。第二，以负责任研究与创新（RRI）为战略基础，提出了公司 RRI 战略的概念模型，推进 RRI 战略的实施。第三，探讨"多手问题"，并在反思平衡方法的基础上，提出了一种适用于研发网络的宽反思平衡的道德评估方法。第四，明确提出"技术作为社会实验"，使技术社会实验得以概念化并应用于实践。

波尔的研究主题是技术（工程）中的道德伦理问题，研究重点是工程设计、技术风险和研发网络中的伦理问题，以及工程责任问题，使技术与伦理相辅相成。此外，他与戈德堡（David E. Goldberg）等人编著的《哲学与工程：一门新兴的学科》（*Philosophy and Engineering：An Emerging Agenda*），是关于哲学和工程学的第一本综合性著作，可以说是一座工程哲学发展的里程碑。质言之，波尔在技术（工程）设计的研究中，所探讨的技术与伦理并行研究的研究策略，对我国的技术（工程）哲学理论研究和技术（工程）伦理问题的解决具有启发意义。

在研究工程设计中的价值问题时，波尔的研究涉及多方面的价值，他考虑的价值主体主要是工程师与用户。然而，一项工程的顺利研发、实施，在设计阶段就应将利益相关者的价值取向全部考虑在内并作出权衡，而不仅仅是用户的价值取向，这样才会尽可能规避潜在的风险。此外，由于新兴技术的风险具有不确定性，波尔将技术引入社会，社会实验的概念使人们深刻认识到在新兴技术进入社会以前，对风险的无知以及风险本身的不确定性是无法完全消除的。但是，当新兴技术进入社会以后，新兴技术可能会产生难以控制的灾难性后果，社会上不免会出现反对社会实验的声音。尽管波尔提出了使社会实验成为具有道德可接受性的负责任的实验的两类条件，但如何真正实现这些条件，是社会实验所面临的挑战。

## 第三节　技术风险情感理论的倡导者：萨宾·罗瑟

萨宾·罗瑟①是技术哲学荷兰学派的重要成员，风险情感理论的倡导者。罗瑟的风险情感理论集中在三个过程、三个群体，即情感反应、设计与决策过程，以及公众、工程师与决策者群体。具体来讲，在情感反应问题上，罗瑟运用"基于价值的方法"指出，技术项目的特性影响着公众的价值取向，进而唤起公众的情感反应；在技术设计问题上，罗瑟认为情感是对风险进行伦理洞察必不可少的来源，这意味着工程师要接受情感教育课程，认真对待情感－伦理方面的问题，并积极承担道德责任；在风险决策问题上，罗瑟摒弃忽略情感的传统风险决策方法，主张运用"情感商议法"进行风险讨论，以使决策者做出负责任的决策。罗瑟对新兴技术中风险情感的研究，对我国技术哲学的理论研究及技术风险问题的实际解决具有启发意义。

### 一　风险研究的实践转向

在过去的几十年里，技术（工程）的哲学与社会研究历经三次实践转向。第一次实践转向始于技术（工程）社会研究的兴起，即把技术作为一种需要认真研究的社会现象，在这一次转向中学界对 STS 领域予以热切关注。第二次实践转向始于彼得·克洛斯和安东尼·梅耶斯所倡导的技术哲学的"经验转向"，即从把技术作为一种社会现象整体来抽象思考，转向关注技术人工物本身及与工程师工作直接相关的哲学思考。近年来，技术（工程）哲学转向对（技术）工程设计过程的伦理价值思考，并将伦理价值纳入前瞻性伦理评估中，试图通过哲学家与工程师的紧密合作来改变技术工程活动，这就是第三次实践转向。与技术（工程）的哲学与社会研究的实践转向相伴随，技术风险分析也呈现出多次实践转向：第一次转向出现于经验决策理论和风险感知研究的兴起；第二次转向出现于风险作为一种社会和伦理现象的社会与哲学研究中；第三次转向是前两次转向的自然延续，旨在解决与风险相关的伦理问题。

---

① 萨宾·罗瑟是荷兰代尔夫特理工大学哲学系"列文虎克讲席"教授，施普林格《风险理论手册》主编。罗瑟的研究涵盖道德知识、直觉、情感、艺术和风险评估等理论性、基础性问题，还涉及核能、气候变化和公共卫生等公共性问题。近年来，其研究聚焦于风险与情感及伦理直觉主义。

在风险研究的第三次实践转向中，由于风险的规范性和描述性方面无法完全分离，势必要求专家在产品研发的早期阶段处理伦理规范问题，罗瑟指出："这也意味着在对有风险的技术的讨论中，应明确解决情感问题，因为情感可以引起我们对重要的伦理（道德）价值的关注。"① 例如，同情、愤怒和责任感等情感可以指向公平、正义和自主权等伦理考量。情感为我们提供了关于伦理（道德）价值的独特且丰富的见解，它是洞察风险的伦理方面必不可少的来源，在风险分析中发挥重要作用，进而为风险研究的第三次实践转向提供了可行性路径。

## 二 情感与风险的道德可接受性

纳米技术、合成生物技术和核技术等新兴技术的发展增进了人类的福祉，与此同时也潜在地包含各类风险，技术带来的风险引发了伦理问题，引起了人们对风险问题的激烈讨论。其中，关于情感与风险的实证研究表明，情感在人们对风险做出判断时发挥着重要作用，这就引出了一个规范性问题：我们是否需要情感才能判断风险在道德上是否可接受。尽管有大量关于情感和风险的实证研究，但到目前为止，几乎没有关于该主题的哲学研究，因此，罗瑟对情感在判断风险道德可接受性中的作用进行了规范的、哲学的思考。

近年来，风险学者之间逐渐达成共识，他们认为："风险不仅仅是定量概念，还涉及定性、规范和伦理方面的考量。"② 风险分析和风险管理中的主要方法是将风险定义为不良后果（如伤亡人数和污染程度）的概率，并应用成本－效益分析来确定是否应实施一项技术。成本－效益分析中根本没有认识到公平问题，"它从总体上评估风险和效益，并没有调查谁获得了效益，谁承担了风险，以及效益和风险是否可以公平分配"③。它只关注效益与成本间的量化比较，只要一项技术所获效益多于所付成本，它就是合理的，这体现了成本－效益分析也存在着功利主义缺陷。由此看来，成本－效益分析可能是

① Sabine Roeser and Veronica Alfano and Caroline Nevejan, "The Role of Art in Emotional-Moral Reflection on Risky and Controversial Technologies: The Case of BNCI", *Ethical Theory and Moral Practice*, Vol. 28, No. 2, March 2018, p. 275.

② Sabine Roeser and Rafaela Hillerbrand, eds., "Introduction to Risk Theory", *Essential of Risk Theory*, Dordrecht: Springer, 2013, p. 17.

③ Sabine Roeser, *Risk, Technology, and Moral Emotions*, New York: Routledge, 2017, p. 15.

判断一种风险在道德上是否可接受所必要的基础，但它却不是充分完满的基础。传统的风险管理方法过于简化了风险的社会和伦理影响，不足以判断风险是否在道德上是可接受的，"这需要额外的道德考量，而情感是其必不可少的指导因素"①。罗瑟认为判断风险道德可接受性的其他考量主要涵盖四个方面：其一，是否自愿承担风险；其二，风险和效益的分配情况；其三，技术的可行替代方案；其四，风险的发生概率。②

罗瑟认为情感在上述四个方面中分别起着不同程度的作用。第一，就情感对自愿性的影响而言。如果人们被迫去做一些他们认为是有风险的事情，那么他们将会愤怒和沮丧，这种情感反应在道德上是合理的，因为他们的基本权利受到了损害。不公正的现象已经存在，只有以充分的理由去说服他们，人们的怨恨才会消失，才会慢慢去接受这些风险。做出道德判断的人应该有适当的情感，根据情感认知理论，如果没有确切的情感，就不会有道德知识。这意味着"如果一个人不会因自己的自主权受到侵犯而愤怒，那么他可能无法真正处理他所遭受的不公正待遇"③。第二，从情感在风险与效益分配关系中的作用看。如果一个人愤怒的原因是他承担着某项技术的风险却未从中获益，而另一个人却可以不承担某项技术的风险并从中获益，那么他的愤怒同样是合理的。一个人即使不是受害者，他也希望施害人和不公正现象受到道德上的谴责。此外，如果一个人把这种不公正强加于另一个人身上，那么他就应该通过关心他人的处境来重新评估自己的行为。因此，"情感不仅可以帮助一个人评估自己和他人的处境，还能帮助人们了解他们的行为会给他人带来不公正的待遇"④。第三，从情感在技术可行替代方案中的作用看。在关于核技术这样的新兴技术的替代方案中，核能的各种替代性能源并未充分开发。核能支持者的依据是核能的安全、清洁与成本低，只要不发生核事故，核能的优势就依然存在，况且核事故发生的可能性很小。然而，一旦

---

① Sabine Roeser, "The Role of Emotions in Judging the Moral Acceptability of Risks", *Safety Science*, Vol. 44, No. 8, February 2006, p. 698.

② Sabine Roeser, "The Role of Emotions in Judging the Moral Acceptability of Risks", *Safety Science*, Vol. 44, No. 8, February 2006, pp. 695–696.

③ Sabine Roeser, "The Role of Emotions in Judging the Moral Acceptability of Risks", *Safety Science*, Vol. 44, No. 8, February 2006, p. 696.

④ Sabine Roeser, "The Role of Emotions in Judging the Moral Acceptability of Risks", *Safety Science*, Vol. 44, No. 8, February 2006, p. 696.

发生核事故，它带来的后果将是灾难性的。因此，人们对核能抱有恐惧等消极情感并偏爱替代性能源。因此，"情感往往影响着人们对可行替代方案的选择与否"①。第四，情感对技术风险概率的影响。例如，在核事故的发生概率及影响中，与一起普通的车祸相比，核事故一旦发生不仅会比任何一次车祸危及更多人，而且还会长期破坏自然环境影响人类未来。当危害程度如此之大时，概率与影响相比显得无关紧要，桑斯坦（Cass R. Sunstein）称之为"概率忽视"（Probability Neglect）。也就是说，人们对风险持有偏见，以至于"只关注风险而忽略利处，而情感可能会加剧偏见并忽视概率"②。

因此，在判断技术风险的道德可接受性时，我们不仅需要概率和不良后果的函数分析以及成本–效益分析，还需要通过情感来考究其他道德要素。判断技术风险的道德可接受性这个问题具有直接的现实意义：研发新产品的工程师和控制技术使用的决策者是否应该认真对待公众的情感？

### 三　公众与情感反应

技术以其所负有的价值、属性、风险等特性"触及"人们的道德价值，唤起情感。当情感反应群体化至社会化，形成社会性技术风险情感，更对新兴技术的运行实施具有决定性意义。新兴技术从业者越发意识到，不能简单地忽视公众的风险情感，但在如何应对公众的情感反应以及提高公众对新兴技术项目的接受度方面遇到难题。在评估公众的情感反应时，研究人员往往将公众的情感反应视为非理性的、不合理的过度反应。罗瑟认为："情感不是非理性的和不合理的，而是'实践理性'（practical rationality）的一种形式，能够帮助人们评估所面临的情形并以有效和适应性的方式做出反应。"③ 实际上，诸多学者已经发现需要情感来做出明智的决定，这意味着情感可能有其合理的基础，并能为人们支持或反对某些项目提供充分

---

① Sabine Roeser, "The Role of Emotions in Judging the Moral Acceptability of Risks", *Safety Science*, Vol. 44, No. 8, February 2006, p. 697.

② Sabine Roeser, "The Role of Emotions in Judging the Moral Acceptability of Risks", *Safety Science*, Vol. 44, No. 8, February 2006, p. 697.

③ Goda Perlaviciute and Sabine Roeser, eds., "Emotional Responses to Energy Projects: Insights for Responsible Decision Making in a Sustainable Energy Transition", *Sustainability*, Vol. 10, No. 7, July 2018, p. 2528.

的理由，而新兴技术从业者大多忽视了这一事实。如果情感有其合理的基础，那么该基础是由什么构成的，即情感从何而来。对此问题，罗瑟认为情感与价值紧密相关，"情感本身可能就是价值的载体"①，情感也可能是价值的派生物。

　　情感是人们道德价值的表达，价值取向反映了人们的生存状态、生活追求与奋斗目标。新兴技术项目的不同特性，例如相关成本、产品质量、潜在安全隐患、成本效益分配等，不同程度地符合或违背人们内心的价值观念，引发情感反应。总的来看，技术项目通常"触及"人们的四类价值观念：生物圈价值观，旨在尊重自然和保护环境；利他主义价值观，致力于维护他人福祉；利己主义价值观，维护诸如财富和地位之类的个人资源；享乐主义价值观，追求愉悦和舒适。② 人们对不同价值观念不同程度的认可，影响着他们对新兴技术特性的评价以及对技术项目的接受度。罗瑟等学者认为人们越强烈地认可某些价值观念，他们就越有可能对作用于这些价值观念的新兴项目作出情感反应。当一个新兴技术项目冲击并否定人们的核心价值观时，它将激发人们的负面情感，而当它顺应且符合人们的核心价值观念时，它将激发正面情感。以核能为例，由于对环境和社会具有潜在的风险，核能被视为违背生物圈价值观和利他主义价值观，进而激发人们的负面情感。在此条件下，对核能潜在风险的设想感知，同人们自身秉持的价值观念相悖所引发的负面情感，即为风险情感。另外，核能由于成本低、清洁度高，又被视为符合利己主义价值观和享乐主义价值观，进而可以激发人们的正面情感。以上任何类型的价值观念（生物圈价值观、利他主义价值观、利己主义价值观和享乐主义价值观）都可以引起人们的情感反应，意味着新兴技术项目可能包含价值冲突，并在人与人之间甚至在一个人内部引起不同的情感反应，这取决于哪些价值观念受到影响以及人们对这些价值观念的认可程度。

　　基于此，为深入认识并充分利用公众对新兴技术项目的情感反应，罗瑟

---

　　①　Sabine Roeser and Cain Todd, "Emotion and Value", *Analysis Reviews*, Vol. 77, No. 3, July 2017, p. 675.

　　②　Goda Perlaviciute and Sabine Roeser, eds., "Emotional Responses to Energy Projects: Insights for Responsible Decision Making in a Sustainable Energy Transition", *Sustainability*, Vol. 10, No. 7, July 2018, pp. 2528 – 2529.

提出了一种"基于价值的方法"（Value-Based Approach）[1]。情感是了解新兴技术项目影响人们核心价值观的重要依据，忽略情感或以过于简单的方式理解情感，无法真正确立起对技术项目的关注和思考。"基于价值的方法"强调，负责任的技术项目决策必须同时考虑消极情感和积极情感，以辨别并探究技术项目对人们价值观的负面影响和正面影响。为了恰当处理人们的情感反应，必须系统研究这些情感的根源，特别是要研究不同的技术项目特性可能对人们的核心价值观产生的影响，以及哪些特性会唤起人们的情感。同时，将"基于价值的方法"应用于现实实践，还需要以合适的手段评估人们的价值观、关于相关技术项目对这些价值观影响的看法以及引发的情感反应。总的来看，罗瑟设计的"基于价值的方法"以如下程序展开：以既定的价值尺度权衡人们的生物圈价值观、利他主义价值观、利己主义价值观和享乐主义价值观，以及技术项目对这些价值观的感知性影响和相应的情感反应。接下来研究个人价值强度（individual value strength）与对技术项目的情感反应强度之间的关系，以及技术项目特性在多大程度上可以解释这种关系。这一方法的具体展开表明技术项目特性对人们的价值产生影响，并因此引发了与公众对风险技术的接受度有关的情感反应。"基于价值的方法"有助于解释为何人们对技术项目产生情感反应，从而启发工程师和决策者以改善当前应对情感反应的策略，提高公众对有风险的技术的接受度。

## 四　工程师与技术设计

与"技术设计是价值中立的"[2] 这一传统观点不同，由于技术设计决定着技术的发展，并对人类福祉产生影响，罗瑟认为技术设计不是价值中立的。因此，工程师在设计过程中应将伦理考虑在内。罗瑟指出情感是对有风险的技术进行伦理反思的必要来源，这意味着工程师的情感应该在有风险的技术的设计中发挥作用。工程师应进行情感反思，努力培养自己的道德情感和情感敏感性，在情感的激励下研发道德上负责任的技术，降低技术风险。

---

① Goda Perlaviciute and Sabine Roeser, eds., "Emotional Responses to Energy Projects: Insights for Responsible Decision Making in a Sustainable Energy Transition", *Sustainability*, Vol. 10, No. 7, July 2018, p. 2528.

② Peter M. A. Desmet and Sabine Roeser, "Emotions in Design for Values", *Handbook of Ethics, Values, and Technological Design*, Dordrecht: Springer, 2015, p. 204.

在教育和招聘工程师时，重点不应仅集中于"分析性"或"硬性"技能，还应强调"情感性"或"软性"技能。当前，许多科技类大学都增设了必修的道德课程，但是，此类课程的重点仍然是讲授辩论和推理技能，而工程学教育还应包括提高学生的情感能力。"这一教育目标可以通过角色扮演来达到，通过角色扮演的游戏方式，在安全的环境中训练工程专业学生的想象力和情感能力。"① 例如，学生通过扮演风险技术受害者的角色，对受害者产生同情，进行风险的伦理反思并将伦理考量纳入设计过程，激励他们成为在道德上负责任设计的工程师。经过自我情感的刺激，工程师们就会进行风险的伦理反思，那么为了使工程师对其工作的伦理方面具有道德上的敏感性，就需要锻炼提高他们的情感能力。通过开设能增强未来工程师情感和想象力的课程，改革工程学教育，这将使工程师能够承担其工作固有的道德责任。

情感影响着工程师自身的道德责任。愤怒等情感通过谴责工程师未担负起责任去表达责任的重要性，这里的责任为回溯性责任；同情等情感以前瞻性的方式使工程师意识到自身的责任，这里的责任为前瞻性责任。"回溯性责任及其伴随情感可以使人批判性地反思过去的工作并思考如何做得更好，最终将导致对前瞻性责任的情感敏感性的增强。另外，工程师对技术设计承担道德责任，由于设计关注的是未来即将发生的事，因此前瞻性责任及其伴随情感对工程师来说尤为重要。"② 在关于责任分配的"多手问题"中，如果人们不那么刻板地看待自己的责任，而是依美德行事，那么他们将承担超出原本分配范围的责任。与之相似，情感使工程师对他们研发的技术所引起的道德问题具有敏感性，更能使工程师积极承担更多的责任。工程领域中需要情感考量，这将使工程师进行道德上更负责任的设计。

在设计阶段对技术风险进行考量，也就是将影响难以预料的技术首先在安全环境中进行研究时，工程师们应认真对待情感－伦理方面的问题。例如，同情之类的情感体现了对公正性和自主性等伦理考量的关注。然而通过像风险分析的常规方法那样仅关注年度伤亡人数等指数，我们可能会忽略情感所隐含的其他伦理要素。"风险情感以正义、公平和自治等为依据。工程师在思

---

① Sabine Roeser, "Emotional Engineers: Toward Morally Responsible Design", *Science and Engineering Ethics*, Vol. 18, No. 1, March 2012, p. 108.

② Sabine Roeser, "Emotional Engineers: Toward Morally Responsible Design", *Science and Engineering Ethics*, Vol. 18, No. 1, March 2012, p. 110.

考所设计技术的风险时，应认真考虑这些伦理要素。"① 设计过程中应该有一个讨论阶段，在该阶段，工程师和利益相关者要明确表达出所关注的风险情感和伦理问题，以促进对可能的风险以及如何避免或减少这些风险的伦理反思。目前，已经有对技术进行伦理反思的方法，这些方法运用到人们的想象力和同情能力等。在罗瑟看来，在设计过程中可以进一步发展这些方法，以促进工程师的情感反思。

情感使工程师对复杂的伦理考量保持敏感性，意识到可能的风险，并考虑在设计过程中如何减少这些风险。在强调情感的同时，工程师还应重视科学方法，"科学可以告诉我们风险的危害程度，情感可以告诉我们有关道德的重要性"②。因此，工程师的设计工作应使情感和科学方法保持良好的平衡。

## 五　决策者与风险决策

"在关于风险技术的辩论中，人们通常会质疑情感，因为他们认为情感与理性决策背道而驰。"③ 大多数学者认为情感和理性是完全不同的能力，与此相应，对偶过程理论（Dual Process Theory）指出了我们进行判断的两个根本不同的系统：第一个系统是无意识的、快速的、直觉的和情感的；第二个系统是有意识的、缓慢的、反思的和理性的。④ 一方面，主观主义者认为道德（伦理）建立在人们的主观感受和偏好之上，对于风险的道德判断，主观主义者认为应将情感考虑在内，因为这些情感体现了人们的偏好。另一方面，理性主义者认为情感是主观性的、非理性的，道德判断应依理性做出，对于风险的道德判断，理性主义者主张应忽视公众的情感，因为这些情感是非理性的。传统的理性与情感的二分法过于简单化，罗瑟并没有将理性与情感相对立，而是认为"情感可以同时具有认知和感情的意义"⑤。情感认知理论主张

---

① Sabine Roeser, "Emotional Engineers: Toward Morally Responsible Design", *Science and Engineering Ethics*, Vol. 18, No. 1, March 2012, p. 109.

② Sabine Roeser, "Emotional Reflection About Risks", in Sabine Roeser, ed., *The International Library of Ethics, Laws and Technology*, Dordrecht: Springer, 2010, p. 242.

③ Sabine Roeser and Udo Pesch, "An Emotion Deliberation Approach to Risk", *Science, Technology, and Human Values*, Vol. 41, No. 2, March 2016, p. 275.

④ Sabine Roeser and Lotte Asveld, *The Ethics of Technological Risk*, London: Earth-Scan, 2009, p. 8.

⑤ Sabine Roeser, "Risk, Technology, and Moral Emotions: Reply to Critics", *Science and Engineering Ethics*, Vol. 26, No. 2, February 2020, p. 1.

情感是做出理性决策所必需的，基于此，罗瑟等学者提出了"情感商议法"（Emotional Deliberation Approach）。

罗瑟总结了当前风险决策的三种方法并指称它们为："技术官僚主义方法、民粹主义方法和参与式方法。"[①] 这些方法由于对情感反应的认识不足，在实际运用中逐渐暴露出局限。技术官僚主义方法基于成本－效益分析之类的定量方法，忽略了情感、直觉和道德价值，倾向于定量考虑，这意味着风险的重要伦理方面没有得到关注，公众也没有机会参与对技术的评估，违背了社会的民意原则。民粹主义方法将公众的情感视为必要因素，如果没有公众支持，就不会实施有风险的技术。但是公众有着不同的情感和观点，当讨论变得复杂时，民粹主义方法可能最终被技术官僚主义方法所取代。参与式方法欲使所有利益相关者参与到风险决策中，以便公正地对待不同情感和观点。这种方法使公众在风险决策中发挥建设性作用，但它将情感视为非理性因素，没有明确承认情感的重要性，甚至将情感视为风险决策的阻碍因素。这三种方法都忽略了情感，其中参与式方法旨在使所有利益相关者参与风险决策，这是罗瑟看来参与式方法所具有的合理之处，于是，罗瑟将情感整合到参与式方法中，形成"情感商议法"。具体改革方法如下。[②]

第一，进行对称的风险交流。风险交流应包括信息的发送和接收两个方面，通过相互倾听和交换观点，公众的情感被引入交流讨论过程中。第二，创建对称的讨论体制。在有关风险技术的讨论中，所有的讨论参与者都应处于平等地位，以便表达自己的情感。第三，讨论价值。在有关风险技术的讨论中，应对价值问题进行讨论，这是民意决策所必需的。第四，讨论情感。人们的情感关注往往与科学事实以外的问题有关，它揭示了价值和道德考量等因素，引起人们对伦理问题的关注。第五，提问。不同的问题针对不同的风险，提出问题可以表达出隐藏在人们情感之下的价值取向。通过提问，鼓励人们进行反思和思考。第六，所有参与人员进行对话。专家在风险讨论中起主导作用，但是，鼓励所有参与人员开展发散性思维，互相交流分享彼此的观点，可能会更有效果。第七，表达尊重。公众可能缺乏专家的专业科学

---

① Sabine Roeser, *Risk, Technology, and Moral Emotions*, New York: Routledge, 2017, p. 4.

② Sabine Roeser and Udo Pesch, "An Emotion Deliberation Approach to Risk", *Science, Technology, and Human Values*, Vol. 41, No. 2, March 2016, pp. 286 – 290.

知识，但他们可以根据各自的专业和社会角色提供其他方面的知识，由于决策的复杂性，这些知识必定有一定的价值性。因此，专家和公众应以相互尊重的方式进行风险讨论。第八，明确程序。"公众应明确风险讨论的程序，剔除讨论的虚假性，以真正民意的方式进行。"① 第九，激发公众想象力。当前的技术反思方法通过激发人们的想象力，使人们在情感上感知技术的可能影响。因此，可以进一步发展技术反思方法以鼓励公众进行情感参与和情感反思。第十，激发合作。"专家和公众以圆桌式讨论或交互式的苏格拉底式讨论共同协商决策方案。"②

总体来讲，"情感商议法"使专家、公众和决策者明确关注情感和道德问题，共同进行风险讨论。这种方法以尊重、平等的方式进行真正的对话，在有关风险技术的公共决策中将专家、公众和决策者的道德情感包含在内。

## 六　学术评价

当前国内学界对罗瑟的研究较少，只简单提及罗瑟"直觉主义"的简要论述和"可接受风险"。实际上，罗瑟已成为荷兰学派的重要成员，特别是近年来，罗瑟将研究方向转向情感和风险，并取得了丰硕的研究成果。罗瑟指出情感在判断风险的道德可接受性中具有规范性的指导作用，这一论断具有直接的现实意义，即工程师和决策者是否应该认真对待公众的情感。首先，罗瑟提出"基于价值的方法"，解释了技术特性与人们价值取向的相互"碰撞"而引起公众的情感反应。继而，罗瑟分别对工程师和决策者提出了关注情感问题的建议和方法。工程师在技术设计中应接受情感教育，承担伦理责任。决策者在风险决策中应运用"情感商议法"，做出道德上负责任的决策。罗瑟对新兴技术风险中的情感研究，对我国技术哲学的理论研究及技术风险问题的实际解决具有一定的启发意义。

罗瑟认为情感在对新兴技术的批判性反思与审议中应发挥主导作用，由于人们的价值取向对不同的技术特性反应不同，进而引起人们的情感反应，工程师和决策者在各自的工作中应认真对待公众的情感反应，做出道德上负

---

① Sabine Roeser and Udo Pesch, "An Emotion Deliberation Approach to Risk", *Science*, *Technology*, *and Human Values*, Vol. 41, No. 2, March 2016, pp. 286–290.

② Sabine Roeser, *Risk*, *Technology*, *and Moral Emotions*, New York：Routledge, 2017, pp. 135–136.

责任的设计和决策。在这里，每个人的价值取向不同，情感反应也不同，这其实暗含着在工程师和决策者工作中的判断标准的缺失，即如何在道德（伦理）方面对公众的情感公平公正地做出判断与选择，特别是随着全球化的发展，各国由于价值取向、文化差异和发展水平不同，公众更可能对一项新兴技术做出不同的情感反应。

罗瑟指出风险情感是"由风险或风险感知引发的或与之相关的情感"①，在风险技术的讨论中，尽管风险情感可以为我们提供重要的伦理考量，但它可能并不是完全可靠的，需要进行进一步审查。此外，在实际中，不同群体往往存在着利益冲突，风险情感会加剧利益冲突。风险情感只是复杂的讨论网络的一部分，无论是设计环节还是决策环节，风险情感都应与经验知识以及逻辑推理有机结合。

## 第四节　设计语境中技术人工物哲学的
## 建构者：彼得·沃玛斯

彼得·沃玛斯②专注于技术设计研究，他认为技术设计的哲学研究旨在理解设计内涵、分析设计方法、解决设计困境，将人类的价值观融入技术设计中，让设计者为其设计的产品负责。沃玛斯从人工物的分类中引出技术人工物，并就技术人工物的功能、设计以及行为规划展开探讨，分析了人工物在设计哲学领域发挥的重要作用。沃玛斯认为技术人工物哲学体系中最核心的是对技术人工物设计方法的研究，由于设计过程受到社会环境的制约，因此设计方法不仅要符合人工物设计本身的规范，还应该顺应社会价值共识，以使设计者在透明的社会规范下从事设计活动。

### 一　人工物的类别论

人工物是一种通过人为干预而存在的对象。在生活中随处可见，近到家

---

① Sabine Roeser, "Moral Emotions As Guide to Acceptable Risk", in Sabine Roeser, eds., *Handbook of Risk Theory*, Dordrecht: Springer, 2012, p. 820.

② 彼得·沃玛斯是荷兰代尔夫特理工大学教授，代尔夫特价值设计研究所执行委员会成员，《工程技术哲学》（*Philosophy of Engineering and Technology*）、《设计研究基础》（*Design Research Foundations*）刊物主编。1998 年沃玛斯在荷兰乌特勒支大学获得量子力学哲学博士学位之后，进入代尔夫特理工大学技术伦理与哲学系工作。

中常见的桌椅等生活用具，远到卫星、火箭等科技产品，都属于人工物的种类。为了更好地把握人工物的概念，沃玛斯将三类人工物概念以及两类附加概念进行综合比较，分析其中的区别和相互关系，以期对人工物相关种类进行辨明。

首先，沃玛斯从应用本体论、工程设计论和技术哲学角度对人工物进行分类，提出本体论人工物（Ontological Artifact）、工程人工物（Engineering Artifact）和技术人工物（Technological Artifact）三个相关概念。本体论人工物是基于现实生活中的一些场景，结合常识并立足于本体论的基础上形成的一种人工物。鉴于本体论是哲学的一个分支，因而本体论人工物理论是在哲学分析的基础上形成的。除此之外，哲学中的另一个分支——形而上学也与人工物结合，形成技术哲学与形而上学之间的双向学科互动局面。形而上学的人工物有三个主要的特点：形而上学的主导地位（metaphysical dominance）、非特指性（non-specificity）、功能聚焦性（function focus）。工程人工物是指从工程学的角度研究人工物的功能属性。工程学中的制造和设计阶段在识别人工物性质中扮演着重要角色。人工物在被设计者设计时，需要加入设计者本人的设计意图，使得整个生产过程不是任意的，而是基于结构化和理性的方式来达到理想化的预期目标。在工程人工物中，沃玛斯意向性重建了当下的工程学，他在解读人工物的研发、设计和使用三阶段的基础上，将视野扩展到生产领域，提出人工物的四种角色"规划设计、产品设计、制作和制造"（plan-designing, product-designing, making and manufacturing）①。可以看出，不论是三阶段还是四阶段，产品的设计始终占据重要地位，而产品设计离不开设计者的设计意向性，因此在人工物种类中，是否以意向性为导向是识别工程人工物的重要标志之一。关于技术人工物，沃玛斯认为："如果一个实体由设计者设计产生，那它就是技术人工物。"② 技术人工物经常与自然实体（自然演化过程中存在的实体）相比较，是否有主体行为存在是区分二者的一个显著标志。

---

① Wybo Houkes and Vermaas P. E. , "Contemporay Engineering and the Metaphysics of Artifacts: Beyond the Artisan Model", *The Monist*, Vol. 92, No. 3, July 2009, p. 404.

② Stefano Borgo and Maarten Franssen, "Technical Artifact: An Integrated Perspective", in Vermaas P. E. and V. Dignum eds. , *Frontiers in Artificial Intelligence and Applications*, Amsterdam: IOS Press, 2011, p. 9.

其次，沃玛斯详细考察了人工物概念间的相互关系。他首先考察了三类人工物概念间的关系，指出工程人工物是技术人工物的子类，但二者都属于本体论人工物的对象。简言之，本体论人工物是最大的集合。但不等于说三者之间具有包含的关系，因为本体论人工物和工程人工物之间就不是包含关系，"本体论人工物是通过选择和归因的心理行为瞬间产生的，而工程人工物则是逐渐形成"①。这也决定了本体论人工物与工程人工物之间的显著区别。沃玛斯进一步指出，从整体来看本体论人工物是指一个物理对象或者实体，而技术人工物、工程人工物本身都是物理实体，都可以用来创建本体论人工物。既然这些人工物概念有互通之处，沃玛斯得出结论，自然实体可以通过加入设计者的意向性，变为技术人工物，从而为人工物概念提供了一种构造关系。

最后，沃玛斯从人工物的分类中导出多元化原则。沃玛斯在人工物概念的几种分类基础上得出两大分类系统：工具系统（the instrument system）和产品系统（the product system）。"最细致的工具分类系统是指目标状态、使用计划和贡献能力，所有这些都是设计者所希望的。"② 产品系统是基于设计者的意向性而设计、生产的人工物系统。与工具系统相比，产品系统更注重设计者的创意，是设计者自主创建的有意义的产品类别。既然两种分类系统都涉及设计者的主观意向性，沃玛斯得出论断：人工物分类系统都显示出一定的心智依赖。此外，要从多元学科的角度理解人工物，需要借助认知心理学、设计哲学等，将"认知科学、形而上学和技术哲学三个学科结合起来"③，有助于重构技术人工物的认知体系。

## 二　技术人工物的功能论

技术人工物的功能属性也被称为目的，沃玛斯在探究技术人工物的功能

---

① Stefano Borgo and Maarten Franssen, "Technical Artifact: An Integrated Perspective", in Vermaas P. E. and V. Dignum eds., *Frontiers in Artificial Intelligence and Applications*, Amsterdam: IOS Press, 2011, p. 12.

② Wybo Houkes and Pieter E., "On What is Made Instruments, Products and Natural Kinds of Artifacts", in Maarten Franssen and Peter Kroes eds., *Artifact Kinds Ontology and the Human-Made World*, Cham: Springer, 2014, p. 172.

③ Wybo Houkes and Vermaas P. E., "Pluralism on Arifact Categories: A Philosophical Defence", *Review of Philosophy and Psychology*, No. 2, March 2013, pp. 544 – 545.

概念时，主要从概念工程（conceptual engineering）的分析中解释技术人工物的功能属性，并得出在技术人工物的功能概念中，功能应是多义词，而研究者要做的是根据"技术人工物进程中的双重性质"原则，对技术人工物的功能进行工程学式的分析，以验证技术人工物的功能概念是一个有用的分析工具的结论。

具体来说，功能理论只有满足一定的基本条件，功能概念才能在技术人工物中发挥作用。这些条件包括：固有功能和偶然功能、失灵性、物理结构与新奇性。任何功能理论都应当承认这四个基本条件，对于一件技术人工物而言，在设计之初就存在设计意向性，这是技术人工物的固有功能。但技术人工物的设计难以做到尽善尽美，设计者必须承认有部分功能难以适应人工物的具体体系，最终导致"科学研究的目标是创造目前还不存在的技术功能"①。技术人工物的设计应秉持创新的原则，不仅思考现有的功能模式，还要为新功能的探索提供可能性。沃玛斯试图通过解释技术人工物的使用过程，重构人工物对技术性功能的归因。他的理论体系结合了设计者和用户的主体意向性功能理论、因果角色功能理论、进化主义功能理论等相关理论，形成了著名的 ICE 功能理论（The Intentional/Causal-role/Evolutionist Function Theory）。该理论"用于分析技术性功能如何与技术人工物的结构概念和意向性概念相关联"②。就这一点来说，ICE 功能理论大多应用于哲学分析中，这种分析为专家在设计过程中更好地发挥其设计者的主体地位提供了理论指导。

意向性功能理论（the intentional function theory）强调主体意向性和信念是影响人们对技术人工物功能做出差别描述的因素之一。然而在沃玛斯看来，对技术人工物的功能描述不应仅限于设计者这一主体，用户的主观判断也是十分重要的，因此沃玛斯的意向性功能理论分为设计者意向性和用户意向性。以电话的使用为例，最初的电话是由亚历山大·格雷厄姆·贝尔（Alexander Graham Bell）设计，主要功能是助听，但随着时间的推移和技术的发展，人们对于电话的功能需求不再局限于助听，更多的是解决远距离的通信难题，由此，电话在不同时空中显示出不同的功能属性，也产生了不同的活动原则。

---

① Weber, E. and Reydon, T. A. C. and Boon, M. et al. "The ICE-Theory of Technical Functions", *Metascience*, Vol. 22, No. 1, March 2013, p. 26.

② Maarten Franssen and Vermaas P. E., *Philosophy of Technology After the Empirical Turn*, Switzerland: Springer, 2016, p. 276.

二者"虽然在设计者意向性视野中是不同的种类，但都是基于相同的物理身份，有着共同定律规范的技术人工物"①。意向性功能理论在理解技术人工物方面有明显的优势，它赋予设计过程一定的目的性，将设计意向性与技术人工物的属性直接关联起来，在一定程度上解决了设计的无序性问题，有助于设计的新奇性。

因果角色功能理论（the causal-role function theory）主要根据罗伯特·康明斯（Robert Cummins）的功能理论发展而来，意指技术人工物的功能与其在复合系统中的角色有着因果联系。康明斯的主要观点为：技术人工物的功能应放在复合系统中来理解，这个系统既包括技术人工物的物质对象，也包括技术人工物的设计意向性和设计流程，技术人工物在这一系统中并不是孤立的，任何一个要素都会对技术人工物的功能属性产生影响，"技术人工物的功能指的是其能力，而不是目标"②。由于技术人工物的功能与自身的能力相对应，而技术人工物的能力又与复合系统内的能力有因果联系，所以在沃玛斯看来，因果角色功能理论有两个突出优点，一是因果角色功能理论可以发挥其相关的功能优势，在相互联系的统一体中实施活动原则；二是因果角色功能理论囊括范围广，可以让多种功能项发挥自身优势，可以说，在工程应用学中，因果角色功能理论有广阔的发展空间。但正是由于因果角色功能理论中的功能在复合系统中存在较强的对应关系，一定程度上也存在功能性失灵的可能性。例如，一台坏掉的电视机失去了其固有的显示画面的功能，造成性能失灵困境。

进化功能理论（the evolutionist function theory）与生物学领域达尔文理论有一定的相似之处，"进化理论是一种归因于与生物或技术项目的进化描述相关的功能理论"③。在生物学领域内，进化主要体现为自然选择或遗传繁殖，这里的选择具有长期性的特点，当生物学领域的进化概念应用于技术人工物的生产过程，就显示出重复性和非再生性的特征。沃玛斯在分析进化理论时，引入了生物学领域的病因学理论（etiological theories）概念，旨在通过考察阿诺·沃特斯（Arno Wouters）生物学领域的五种方法，即系统的方法（the systemic approach）、目标贡献法（the goal contribution approach）、生命机会方法（the life

---

① Massimiliano Carrara and Vermaas P. E., "The Fine-Grained Metaphysics of Artifactual and Biological Functional Kinds", *Synthese*, July 2009, p. 12.

② Wybo Houkes and Vermaas P. E., *Technical Functions*, Cham: Springer, 2010, p. 58.

③ Wybo Houkes and Vermaas P. E., *Technical Functions*, Cham: Springer, 2010, p. 63.

chances approach）、病因学方法（the etiological approach）、非历史选择理论
（the non-historical selection theories），来设计技术领域的人工物，并试图探寻将
生物学领域的病因学理论应用于技术领域所需要做的转换工作。沃玛斯将病因
学理论分为再生病因学理论、非再生病因学理论和意向性病因学理论和非意向
性病因学理论四类，并将基因结构、祖先类似、反事实的基因复制三者作为再
生病因理论的突出特征，认为技术领域的病因学理论不同于生物领域的病因
学，故不可能满足再生理论的三个特征，但技术领域的人工物一定是包含行为
人主观意向性的，所以"如果把生物学领域的标准病因学理论应用到技术领域，
就必须从非意向性的再生产理论转化为意向性的非再生产理论"①。

　　沃玛斯从三个理论出发考察了技术人工物的功能理论，尽管三个理论都
不是完美的，如因果角色功能理论不能满足功能理论中的失灵性需求，但将
三个理论结合起来将是一个发展趋势。对此，沃玛斯进一步提出利用分离、
组合策略和"行为理论的使用计划分析"② 达到 ICE 理论的功能归因。

### 三　技术人工物的设计论

　　技术人工物只有被设计者设计出来才能发挥其应有的功能，"设计是有意
塑造一种技术人工物使之适应特定目标和具体环境的过程"③。沃玛斯关于技
术人工物的设计理论不仅用到技术学领域的专业知识，还要用到哲学等其他
社会科学的理论知识（例如社会学理论和科学技术研究理论的方法）来对技
术人工物的设计过程进行负责任的考察，以此来探究技术人工物的设计立场
和方法，解决设计不规范等设计难题。

　　首先，技术人工物的设计是一种有目的的设计活动。"设计技术人工物要
以使用计划为基本遵循"④，而一项合理的计划会受到各种合理性标准的制约，
标准的制定又离不开设计者的目标制定，因而技术人工物的目标要与实施手

① Wybo Houkes and Vermaas P. E. , "Ascribing Functions to Technical Artifacts: A Challenge to Etio-logical Accounts of Functions", *The British Journal for the Philosophy of Science*, Vol. 54, No. 12, May 2003, p. 271.
② Wybo Houkes and Vermaas P. E. , *Technical Functions*, Cham: Springer, 2010, p. 69.
③ P. E. Vermaas and Wybo Houkes, *Philosophy and Design From Engineering to Architecture*, Dor-drecht: Springer, 2008, p. 105.
④ Verbeek P. P. and Slob A. , *User Behavior and Technology Development: Shaping Sustainable Relations Between Consumers and Technologies*, Cham: Springer, 2006, p. 204.

段一致，这也决定了设计过程是一项设计者主观参与的实践活动。但设计者在设计过程中有多大的主动性，技术人工物的设计多大程度上体现了设计者的目的，针对这一问题，存在三种不同的论点。一种观点认为设计者有较强的设计意向性，在设计活动中有较强的设计力量，设计者的知识和活动决定了我们使用何种技术，这一观点被称为"强意向性设计"；与这一观点形成鲜明对比的是"弱意向性设计"，强调设计者在社会中会受到经济、文化、军事等因素的制约，影响其主观能动性的发挥；最后一种观点认为设计这一活动不应该是孤立存在的，而应该与社会中的各种因素结合起来考虑，但沃玛斯指出这一观点在现实生活中没有实例，恰当地理解设计与社会的关系应该把社会文化环境融入技术人工物的设计中。

其次，技术人工物的设计不是一个超理性的活动，会存在一定的偏见。设计者不是完全理性的存在，不论是强意向性的设计，还是弱意向性的设计，设计者在设计时总会融入自己的价值观和行为判断，这可能导致设计的产品不会完全符合预期的产品属性。在沃玛斯看来，这些偏见来自社会文化背景的影响，因为不论是强意向性的设计师还是弱意向性的设计师，都会受到社会中经济、政治、文化背景的制约，都处于广泛的社会网格关系中，"设计者必须适应现有的社会环境，服从一定的权力关系和等级制度"①。

再次，技术人工物合理的设计框架与设计者的责任创新密不可分。沃玛斯认为技术人工物的设计并不总是成功的，要想实现成功的设计，需要对设计过程中出现过的成功或失败框架进行分析，从中找到合理的设计框架，并使设计者在日后设计中保持设计透明度，遵守对负责任设计人工物的社会承诺。沃玛斯通过对多个设计案例进行深入研究，认为存在两种失败模式，一是目标重构故障模式（the goal reformulation failure mode）；二为框架故障模式（the framing failure mode）。在此基础上，沃玛斯进一步总结设计框架失败的原因，指出设计者与用户之间缺乏沟通、缺少必要的信任，是导致目标失败或框架失效的主要原因。因而"设计框架并不是一种必然会造成设计成功的实践，还需要谨慎和批判性的评估，以引导框架设计沿着正确的方向发展"②。

① P. E. Vermaas and Wybo Houkes, *Philosophy and Design From Engineering to Architecture*, Dordrecht: Springer, 2008, p. 117.

② Vermaas P. E. and Dorst Kees, *Proceedings of the 20th International Conference on Engineering Design*（*Iced15*）, Italy: Surnames, 2015, p. 9.

当然，要做到这点，需要设计者在设计过程中秉持一定的社会责任感。因为设计者不仅承担着设计人工物来让用户使用的工具价值责任，还承担着努力赋予人工物安全、公平、信任等情感价值责任。具体来说，"工程学中要求设计者对他们想在设计中实现的目标保持透明"①，只有坚持透明性原则，实行负责任创新，才能坦然接受社会公众的监督，履行社会承诺，建立可信任的合作关系。

最后，技术人工物在合理的设计方法下融合了社会元素。沃玛斯在丹尼尔·丹尼特（Daniel C. Dennett）提出的技术人工物的不同设计立场的基础上，进一步发展了设计方法。针对丹尼特提出的三种设计立场，即物理（结构）立场、设计立场、意向性立场，沃玛斯指出"技术的设计立场和意向性的设计立场都适用于技术人工物设计过程中"②，彼此并不是相互分离的，并且在工程学中，技术人工物的设计更多地涉及设计者的意向性和目的，这是毫无疑问的。此外，沃玛斯还对技术与社会的关系进行分析，认为技术与社会环境密不可分，设计研究需要了解特定技术的发展历程，由此技术的社会建构理论应运而生。同样的，"弱意向性设计"也表明设计者在设计过程中并不是孤立的，会受到社会文化环境的制约，由此沃玛斯借鉴了行动者网络理论，提出"积极的道德准则应该被应用于产品的设计中"③的倡议。面对技术人工物在设计过程中遇到的社会元素制约，沃玛斯认为，设计者不仅应在技术人工物设计前与用户沟通，了解用户的实际需求，更需要"设计者在技术人工物设计出来之后评估其在社会环境中的后续影响"④，并将其作为未来改进技术人工物的设计意向性的有力支撑。

## 四　技术人工物的行为规划论

技术人工物的行为和功能总是联系在一起的，二者在技术人工物的设计

---

① Vermaas P. E. , *Proceedings of the 22nd International Conference on Engineering Design（Iced19）*, The Netherlands：Vermaas P. E. , 2019, p. 3433.

② Vermaas, P. E. and Carrara, M. and Borgo, S. et al. "The Design Stance and its Artefacts", *Synthese*, Vol. 190, April 2013, p. 1141.

③ Vermaas P. E. and Sara Eloy, "Design for Values in the City：Exploring Shape Grammar Systems", *Faculdade de Letras Da Universidade Do Porto*, October 2017, p. 11.

④ Vermaas P. E. and Udo Pesch, "Revisiting Rittel and Webber's Dilemmas：Designerly Thinking Against the Background of New Societal Distrust", *She Ji：The Journal of Design, Economics, and Innovation*, No. 4, November 2020, p. 542.

中都占有重要地位。沃玛斯通过梳理钱德拉塞卡兰（Chandrasekaran）和约瑟夫森（Josephson）行为的五种含义，得出技术人工物的行为不仅包括技术人工物的状态、性质，还应涵盖技术人工物在实践中的应用表现，大致可以指技术人工物在现实中表现出来的特性。为了详细考察技术人工物行为在设计框架中扮演的角色，沃玛斯根据行为概念中的三重因素，分别从哲学的本体论视角和工程学视角考察行为的具体表征，并根据这些表征解决现实生活中的技术问题，如建筑学上的建筑设计问题。

　　简单地说，技术人工物的行为是指技术人工物所做的事情，在哲学中理解技术人工物行为的概念，需要与行为主义结合起来，通常行为包含"一个物理事件、一种规定（摆置）、一个过程"①。在行为体系中，技术人工物的设计融合了设计者的主观意向性，因而人工物的行为具有一部分主观特性。在工程学中最为著名的行为理论就是功能行为建模方法（Function-Behavior-Structure model，简写为FBS），FBS将技术人工物中的功能和行为结合起来，形成良好的互动圈，在这一方法的指导下，沃玛斯认为设计者在设计人工物时，需要通过制定计划来确定自己的设计过程。因为单凭设计者本人的设计欲望不足以设计出一件令消费者满意的人工物，而没有体现消费者需求理念的人工物是失败的，这在客观上要求设计者在设计技术人工物前了解消费者的使用计划，并且具备设计技术人工物的专业理论知识。比如在建筑设计中，城镇化的加快发展使得一些旧建筑面临拆除重建的困境，而在原有的建筑生态群中拆除有可能会破坏社区原有的住宅结构和社会结构，"集中式的现代化可能为重建工作带来一定的同质性"②，针对这一设计难题，沃玛斯提出可以利用技术人工物的计划行为特性设计出一套系统，该系统可以根据已输入的专业建筑知识，为居民设计出一套体现生态原则、居民个人意愿的建筑物重建模型，居民根据这一模型决定建筑物未来的设计规划，最大程度地体现居住结构和生态的可持续性。总而言之，在技术人工物的设计计划方面，需要设计者与消费者加强沟通，设计者根据设计计划从事设计，消费者在设计过程中提供更多可能的消费需求，让技术人工物成为令人满意的作品。

---

①　Stefano Borgo and Vermaas P. E. , "Behavior of a Technical Artifact: An Ontological Perspective in Engineering", *Frontiers in Artificial Intelligence and Applications*, January 2006, p. 216.

②　Sara Eloy and Vermaas P. E. , "Over-the-Counter Housing Design: The City When the Gap Between Architects and Laypersons Narrows", *Proceedings of the Technology and the City Track*, June 2017, p. 35.

## 五 学术评价

沃玛斯在设计哲学领域成就斐然，不仅区分了人工物的多元类别，指出人工物的设计包含设计者的主观意向性这一观点，还发出在设计过程中设计者要随时与用户进行沟通、掌握相关学科的理论知识、推进人工物有序设计的倡议。沃玛斯在技术人工物的功能理论中，提出的 ICE 理论对理论界深入理解设计过程有重要意义。首先，意向性功能理论指出人们对技术人工物功能的认识受到设计者信念和行为的影响，不同的环境对人工物的功能归因是不同的。这启示设计者在设计过程中要了解自己的设计意向性，使设计功能具有一定前瞻性，让设计过程随着人工物的属性和功能发展。其次，因果角色功能理论揭示出设计是一个连续的过程，其中因果角色在设计过程中起着重要作用，设计者不仅要考虑人工物本身的构造，还要注意人工物在复合系统中的前后联系。如此，人工物的目标、价值才会在系统中展现出来。最后，进化功能理论从进化的角度说明技术人工物的设计也是一个长期选择的过程，设计者在设计意向性和设计流程中应遵循非再生产理论。此外，沃玛斯提出的在设计过程中，设计者与潜在用户需要及时沟通，确保设计者在透明的设计中负责这一理念，对设计哲学在实践中更好的操作有巨大指导意义。

正如迈克·布恩（Mieke Boon）指出的，沃玛斯的 ICE 理论更多的是从生物学相关理论出发得出的人工物功能理论，没有完全将技术人工物功能论置于设计哲学的背景中，"这限制了他们的研究方法和可能的结果"[①]，使得技术人工物的功能概念成为一种单纯的概念工具，只是简单地用来评价人工物的功能，并且适用学科有限。但事实上，任何一门学科都不是孤立存在的，必然要与其他学科产生融合，才能为社会发展出谋划策，这也同样成为设计哲学未来的致思方向。

---

① Weber, E. and Reydon, T. A. C. and Boon, M. et al. "The ICE-Theory of Technical Functions", *Metascience*, Vol. 22, No. 1, March 2013, p. 23.

# 第三章　荷兰学派的特文特模式

## ——技术文化哲学及后现象学路径

特文特模式的技术哲学研究着重于"技术的时事"分析，旨在阐明技术文化的现实旨趣。可以将特文特模式区分为两条主要路线：其一，研究社会哲学视角下技术与政治之间的关系。例如，阿里·瑞普（Arie Rip）的建构性技术评估理论，认为技术发展与社会、文化等因素密切相关，应推动社会行动者参与技术评估，以实现技术与社会的协同进化。塞马斯·米勒（Seumas Miller）持续关注全球性科技伦理问题，并倡导"联合行动""集体道德"等理念以解决这些问题。其二，技术人工物的诠释学分析和技术哲学的后现象学进路。在诠释学和后现象学视域下，彼得－保罗·维贝克（Peter-Paul Verbeek）关注的是人工物的调节作用以及技术产生的隐喻和表征。

## 第一节　建构性技术评估的设计者：阿里·瑞普

阿里·瑞普①是建构性技术评估的设计者、倡导者和践行者。具体来讲，瑞普认为技术发展与社会、文化等因素密切相关，应推动社会行动者参与技术评估，以实现技术与社会的协同进化。为此，瑞普采用了"社会－技术情景"方法以及包括技术强制、战略生态位管理和结盟在内的通用策略，并将建构性技术评估的根本理念和研究进路应用于技术的早期研发和政策制定阶段。就技术研发阶段而言，瑞普摒弃传统的技术创新模式，

---

① 阿里·瑞普是荷兰特文特大学管理与治理学院的科学技术哲学教授，其关于科学动力、技术动力和建构性技术评估的研究在学界广受赞誉。瑞普曾参与诸如知识生产及其历史演进、荷兰的技术史和科学机构的未来等研究课题，以及多个国家的研究机构、小组和中心的研发评估。自 2014 年以来，他一直担任欧盟"地平线 2020"计划中科学与社会/负责任研究与创新咨询小组的成员。瑞普是建构性技术评估的设计者、倡导者和践行者。

提出分布式创新，广泛吸纳行动者参与技术创新。就政策制定环节而言，基于技术评估成为技术政策分析形式的现实，瑞普主张下一阶段的科技政策应嵌入社会，构建基于"创造性社团主义"的科技政策。瑞普的建构性技术评估对我国技术哲学的理论研究及技术治理问题的实际解决具有启发意义。

## 一　建构性技术评估理论的研究范式

技术哲学的经验转向是瑞普设计建构性技术评估的前提性研究范式。在对技术研究的现实考量中，瑞普发现哲学家将技术研究转向实践经验，社会学家等其他经验学科领域将研究转向哲学反思。也就是说，不同学科对技术的研究从不同路径走向了对技术经验的哲学反思（例如反思性技术社会学）。基于此，瑞普认为在技术哲学中引入社会学具有重要意义，即它可以突出研究的复杂性并扩大分析的范围。例如，当技术哲学家试图综合大量经验研究和分析研究时，他们不得不考虑研究对象的多样性并探究其性质。通常意义上，经验转向是转向实践，尤其是转向技术设计和工程实践。在瑞普看来，虽然这可以作为技术哲学的新研究起点，但也具有一定的局限性。技术的轴心视点很有可能以非批判性的范式再现，并传达出理解工程就足以理解技术的信息。显然，尽管工程师在技术构建中承担着特殊且关键的责任，但这并不意味着工程师能完成关于技术的全部工作，更不意味着理解了工程设计就能完全理解技术。在这里，瑞普的建议是首先忖度工程界，然后考虑技术在社会中所处的不同层次，继而通过探究其边界和部分合理性以回到工程界。①

针对经验转向的技术哲学，瑞普提及了两个问题：经验转向的方法论和工程学的政治本体论。② 其一，经验转向的方法论。如何从现象中学习，其原则是必须预先判断现有事件的价值，再从中选择学习的依据事件。然而，从现象中学习的方式实质上并非预先选择，而是从一个人的经历中学习。其二，工程学的政治本体论。瑞普概括了政治本体论的三个观点：③ 第一个观点是政

---

① Arie Rip, "There's No Turn Like the Empirical Turn", in kroes P. and Meijers A. , eds. , *The Empirical Turn in the Philosophy of Technology*, Amsterdam：JAI an Imprint of Elsevier Science, 2001, pp. 3 - 4.

② Arie Rip, "There's No Turn Like the Empirical Turn", in kroes P. and Meijers A. , eds. , *The Empirical Turn in the Philosophy of Technology*, Amsterdam：JAI an Imprint of Elsevier Science, 2001, p. 14.

③ Arie Rip, "Technology As Prospective Ontology", *Synthese*, Vol. 168, No. 3, June 2009, pp. 418 - 419.

治本体论与摩尔（Annemarie Mol）的本体论政治产生了共鸣，所谓本体论政治，即合理合法的社会因素间的斗争；第二个观点是以技术为契机的技术政治，必然被以技术为主体的本体论政治所取代；第三个观点是，控制权问题将再次出现。瑞普指出，强调政治本体论意味着事实上的政治变得明晰，而且更加具有反思性的方法将成为可能。诚然，正如瑞普自己所言，他在这里试图证明的是，经验转向是可见的，也是可行的，而且它将推进技术哲学的进一步发展。①

## 二　建构性技术评估的主要内容

技术评估以新技术为对象，试图预测其潜在影响，是解决社会中技术管理问题的设计方法。传统的技术评估作为一种事后评估，具有较强的滞后性。随着新技术的发展变革以及其影响的不确定性，瑞普将技术评估纳入新技术的设计和开发阶段，并推动更多社会行动者参与评估，以实现技术与社会的协同进化，这一新的技术评估方式即建构性技术评估。在瑞普那里，关于建构性技术评估，他主要提出了"一方法"和"三策略"。

"社会－技术情景"（social-technology scenario）的方法：② 瑞普将建构性技术评估应用于纳米技术领域，提出了"社会－技术情景"的方法。为了分析及建构情景，瑞普从微观、中观和宏观三个维度考量新技术。例如，在纳米技术领域中，正在进行的研究活动为微观活动，资源的调动、获取和分配为中观活动，纳米技术研究的社会技术治理为宏观活动。基于此，瑞普指出"社会－技术情景"方法首先为社会科学家面向广泛的技术行动者，就纳米技术的应用进行社会调研，预测纳米技术未来可能的社会影响。进而将相关利益者组织起来，以研讨会的形式探讨纳米技术的风险问题，并将所得出的社会影响和社会风险反馈给科学家。如此，行动者便从"上游参与"了技术构建。

建构性技术评估的三种通用策略为：③ 其一，技术强制（technology forcing）策略。一般而言，技术强制策略是以权威方式制定规范，然后再以某种

---

① Arie Rip, "There's No Turn Like the Empirical Turn", in kroes P. and Meijers A. , eds. , *The Empirical Turn in the Philosophy of Technology*, Amsterdam: JAI an Imprint of Elsevier Science, 2001, p. 15.

② Arie Rip and Johan Schot and Thomas Misa, "Constructive Technology Assessment: A New Paradigm for Managing Technology in Society", in Arie Rip and Johan Schot, eds. , *Managing Technology in Society: The Approach of Constructive Technology Assessment*, New York: Pinter Publishers, 1995, pp. 1 – 12.

③ Johan Schot and Arie Rip, "The Past and the Future of Constructive Technology Assessment", *Technological Forecasting and Social Change*, Vol. 54, No. 2 – 3, February-March 1997, pp. 258 – 263.

方式开发所需的技术，使技术达到预先设置的目标。技术强制策略应用的典型事例是 1988 年加利福尼亚州清洁空气标准的制定。该州规定，至 1988 年，汽车销量的 2% 必须为零排放汽车。这一规定虽然并未提出具体的技术解决方案，但推动了电动汽车等零排放汽车的设计和生产。尽管技术强制策略的方法明确，但其实际实施却面临一系列阻碍。例如，政府如何预见对尚待开发的技术的现实要求。技术研发行动者很可能会质疑这些要求的可行性，并将其作为逆向研发的论据。此外，在缺乏社会支持等情况下，政府可能无法制定严格的标准。因而，在一定情况下，法律、政策规定的形式并不是实现技术强制策略的唯一途径。为新兴技术提供有保证的市场采购计划，新兴技术及其研发受市场需求的影响，也可能会产生技术强制效应。对于建构性技术评估而言，重要的是认识逆向预期的策略，即广义上的技术强制也可以被其他参与者应用，如银行、保险公司、标准制定机构等。当然，这些行动者没有（或者偶尔具有）权力使技术标准具有强制性，但通过技术评估，技术行动者能更好地制定技术研发和引进的策略，因而在特定情况下，他们的行动也将对技术研发产生影响。

其二，战略生态位管理（strategic niche management）。在各国政府开发并推广所谓的替代性技术的背景下，战略生态位管理应运而生。例如在能源领域，太阳能、风能等替代能源的开发得到了补贴，而与此同时，支持和补贴的风险也显现出来。一旦补贴失衡，就可能导致技术的社会稳健性和市场生存能力减弱。因而，替代性技术需要暂时性保护，在市场保护之外，通过不断学习和反复试验，推动替代性技术发展为优势技术。概言之，战略生态位管理是通过一系列暂时分隔于选择工作之外的实验性设置或技术生态位来协调开发和引进新技术的策略。在这些实验性设置中，各类参与者汇集于此，主要包括技术的设计者、可能的未来用户以及调节这两类参与者间互动的建构性技术评估主体。参与者在互动过程中试图了解设计的技术考量、用户的实际需求以及技术的文化和政治可接受度。随着技术设计者对社会问题的深入认识，更多新的社会因素将被纳入到技术设计和开发的过程中，[①] 促进了技术研发的良性发展。

① Arie Rip, "Contributions From Social Studies of Science and Constructive Technology Assessment", Andrew Sterling ed. , *Science and Precaution in the Management of Technological Risk. An ESTO Project Report. Volume II. Case Studies*, Brussels: European Commission Joint Research Centre, 2002, pp. 109 – 110.

其三，结盟（alignment）。前两种通用策略分别从需求或社会方面、供应或技术方面来调节技术与社会的协同进化动力。第三种通用策略强调互动，并试图创造和利用位点（loci）：实际的空间、论坛和供求间的制度化联系，以调整技术发展过程。结盟是指行动者和现实活动交互融合，二者相互影响、共同发展。[①] 当前，结盟已有了一定程度的发展。首先，在技术评估和建构性技术评估的背景下，论坛（对话研讨会等）被用作技术开发的工具。参加此类论坛可激发人们的期望、学习和反思性，但在大多数情况下，这些论坛具有临时性，其反馈还是有限的。其次，在企业接受新产品的技术政策和策略的背景下，平台建设逐渐加强，它通过作用于学习和实验，进而推动技术发展。这些平台的评估表明，在尝试引入障碍时，期望通常是无用的，反馈则有助于消除这些障碍。因而，让工会成员、消费者代表和环保主义者参与进来是必要的。最后，变化与选择或供求之间形成了规律性的联系。当联系制度化时，学习的问题就从如何将变化和选择联系起来，转变为如何在联系中处理特定的技术。从结盟策略可以看出，建构性技术评估策略必须在具有自身动力的现代社会中发挥作用，且受到这些动力的反作用。

瑞普强调建构性技术评估应像一般的技术评估一样，剔除党派色彩，不能只代表特定行动者的利益。[②] 而同以往的技术评估相比，建构性技术评估对新技术影响的评估以迭代的方式反馈到技术开发过程中，参与技术的实际建构，促进了技术与社会的反思性协同进化，"并为负责任创新创造机会"[③]。

## 三 建构性技术评估理念在技术创新阶段的应用

瑞普秉持建构性技术评估的研究进路，强调关注技术的早期研发阶段，特别是技术创新环节。同时瑞普指出，大多数所谓的技术创新实际上都是社会技术创新，因为在技术创新的同时，企业间的联系、价值链和产业结构等

---

[①] Arie Rip and Haico Te Kulve, "Constructive Technology Assessment and Socio-Technical Scenarios", in Fisher E. and Selin C. and Wetmore J., eds., *The Yearbook of Nanotechnology in Society*, Volume 1: Presenting Futures, Dordrecht: Springer, 2008, p. 56.

[②] Johan Schot and Arie Rip, "The Past and the Future of Constructive Technology Assessment", *Technological Forecasting and Social Change*, Vol. 54, No. 2 – 3, February-March 1997, p. 257.

[③] Arie Rip and Haico Te Kulve, "Constructive Technology Assessment and Socio-Technical Scenarios", in Fisher E. and Selin C. and Wetmore J., eds., *The Yearbook of Nanotechnology in Society*, Volume 1: Presenting Futures, Dordrecht: Springer, 2008, p. 66.

社会因素也必然进行革新。当前，创新成为一项挑战，并在实践中制度化，技术创新制度也大量涌现。其中，技术创新模式是技术创新制度的核心。①

　　着眼于技术创新的传统线性模式，瑞普认识到尽管这一创新模式提供了适用于某些情况的初始分析框架，但该模式存在明显的局限性。其一，创新过程并非线性。创新在逻辑上具有一定的阶段性，但在创新过程中出现一些无法预料的意外事件或干扰因素是无可避免的。因而，与线性模式规定的单向创新进程不同，瑞普认为创新实际上是一个具有高度迭代性的过程。其二，参与者分配过于简单。技术创新的线性模式表明，只有研究人员才能控制研究的内容和进度，技术人员负责制造和组装等，而消费者等社会主体几乎是这些过程的被动接受者。然而，技术的社会研究强调，用户和相关利益集团对技术创新的需求和关注需要被纳入研究创新议程之中。② 认识到技术创新线性模式在很大程度上独立于社会力量，瑞普主张以协同进化的视角考察技术创新，使其成为涉及诸多因素和参与者，且具有迭代性、互动性和复杂性的动态过程。

　　在协同进化的视角下，瑞普将多层次、多行动者和多方面的动力考量在内，重点关注技术与社会之间的互动，旨在推进技术与社会的协同演进，并针对研发阶段提出了"技术 – 制度设计方法"（technico-institutional design method）。该方法特别强调新技术和社会制度间的相互影响，其基本思想是地方层面的多样化创新过程和技术选择应随着社会层面的技术发展而变革。多层次分析同时关注了技术的现实、社会技术互动的模式和集体行动的影响，以确保技术创新的社会性发展。就行动者方面而言，瑞普将社会组织划分为微观、中观和宏观三个层次。微观层面包括个体参与者，例如农民；中观层面包括社区、系统等，例如农业生产系统；宏观层面包括机构和组织的集团，例如国家的研发部门和企业。此外，技术创新并非仅与单一技术相关，而是与一系列技术以及同应用它们的社会系统之间相互联系。政治、贸易、信仰

---

① Pierre-Benoit Joly and Arie Rip and Michael Callon， "Re-inventing Innovation"，in Maarten J. Arentsen and Wouter van Rossum and Albert E. Steenge，eds.，*Governance of Innovation：Firms，Clusters and Institutions in a Changing Setting*，Cheltenham：Edward Elgar Publishing，2010，pp. 19 – 22.

② Ellen Moors and Arie Rip and Han Wiskerke，"The Dynamics of Innovation：A Multilevel Co-Evolutionary Perspective"，*Seeds of Transition. Essays on Novelty Production*，*Niches and Regimes in Agriculture*，Assen（The Netherlands）：Royal van Gorcum 2004，p. 35.

等社会技术格局的变化，为创新开辟了新空间，并为技术制度规定了总体方向。① 可见，技术创新受多方面动力的影响。

瑞普认为创新模式也是社会的模式，促进创新是塑造社会的有力途径。科学、技术与社会（STS）学者强调将社会选择纳入正在进行的创新选择中，受此影响，瑞普摒弃传统的技术创新模式，提出了分布式创新（distributed innovation）的新模式。该模式倡导不同的行动者参与技术创新，通过非正式性的互动和合作，共同构建新技术并推进新技术应用。对此，瑞普还确定了组织和促进技术创新的两种具体方式，即"技术科学承诺的经济制度"（regime of economics of techno-scientific promises，以下简称为 ETP 制度）和"集体实验的经济和社会政治制度"（regime of economics and socio-politics of collective experimentation，以下简称为集体实验制度）。就 ETP 制度而言，技术科学承诺的经济学（ETP）主张新技术选择不仅包括金融和短期商业方面的因素。此外，通过对早期创新的研究发现，新技术的支持者与旧技术的支持者相对峙时，新技术的支持者不一定会取得胜利。同时，我们无法保证新技术就一定优于旧技术。由此可见，ETP 制度具有不对称性和本质模糊性，但其合理之处就在于，ETP 制度认识到工业或科学"企业家"的作用，他们通过提高期望为创新创造依据。就集体实验制度而言，它的一个关键特征就是为确保该制度的可行性，必须制定新的知识产权保护方法。例如，电动汽车的社会实验是由公共机构推动的，但是私营部门的进一步投资将需要税收优惠以及对创新方法的保护。集体实验制度强调仅基于实验室的阐释并不足以支撑技术创新及其应用，因而需推进科学家与其他行动者之间的新形式的互动。这两种方式综合了有关创新、科学技术研究的经济学和社会学以及实际应用的最新研究和讨论，都是强调分布式创新的总体趋势的一部分。②

值得一提的是，就技术创新而言，近年来，"负责任研究与创新"（RRI）迅猛发展，从晦涩难懂的词汇一跃成为会议主题的热门词汇。对于 RRI 的崛

① Ellen Moors and Arie Rip and Han Wiskerke, "The Dynamics of Innovation: A Multilevel Co-Evolutionary Perspective", *Seeds of Transition. Essays on Novelty Production, Niches and Regimes in Agriculture*, Assen (The Netherlands): Royal van Gorcum 2004, pp. 39 – 44.

② Pierre-Benoit Joly and Arie Rip and Michael Callon, "Re-inventing Innovation", in Maarten J. Arentsen and Wouter van Rossum and Albert E. Steenge, eds., *Governance of Innovation: Firms, Clusters and Institutions in a Changing Setting*, Cheltenham: Edward Elgar Publishing, 2010, pp. 22 – 28.

起这一现象，瑞普认为这是一种社会创新。他将 RRI 视为社会创新的新兴路径，指出 RRI 的创新之处在于改变行动者和利益相关者在研究和创新中的角色和责任，并将 RRI 置于具有历史性与发展性的道德劳动分工中思索。随着时间的推移，道德劳动的分工在话语上、文化上和制度上有所固化，RRI 推进了现有劳动分工的开放性，不仅是科学家和技术人员，其他利益相关者也参与到技术创新活动中。RRI 的趋势是鼓励更多新型行动者参与创新活动，推进参与者的互动。RRI 作为社会创新的一种方式，改变行动者和利益相关者相融相合，这使 RRI 的反身性增强。①

综上可见，瑞普在建构性技术评估理念的指引下，对技术创新环节，特别是其中的技术创新模式予以关注。瑞普在技术与社会共同进化的视角下，设计了新型技术创新模式，注重融入公众和社会的意见，以使技术创新获得社会意义的建构。

## 四 建构性技术评估理念在科技政策制定中的应用

瑞普认为技术评估是政策分析和政策支持的形式。② 在荷兰国家研究体系不断发展的格局中，评估活动越来越重要，其原因在于科学、技术与发展（STD）政策和实践的发展变化。由于 STD 计划具有时间限制，故而需要评估以决定此计划的继续与否。此外，公共研究机构的评估主要是由特定的政策需求驱动的，即通常是决策者对情况有了初步判断，借评估来阐明并突出改进方案。实际上，在 20 世纪七八十年代，荷兰还没有正式的研究评估要求，而如今，评估被广泛认为是政策的组成部分。③

瑞普指出，建构性技术评估的思想影响了荷兰技术政策的发展。④ 荷兰经济事务部强调了技术政策第三阶段的必要性，这一阶段的重点是改进新技术在社会中的应用，从而补充第一阶段所强调的供应政策和第二阶段的推

---

① Arie Rip, "The Past and Future of RRI", *Life Sciences, Society and Policy*, Vol. 10, No. 17, November 2014, pp. 17 – 25.

② Arie Rip, "Contributions From Social Studies of Science and Constructive Technology Assessment", in Andrew Sterling ed., *Science and Precaution in the Management of Technological Risk. An ESTO Project Report. Volume II. Case Studies*, Brussels: European Commission Joint Research Centre, 2002, p. 107.

③ Arie Rip and Bjr van der Meulen, "The Netherlands: The Patchwork of the Dutch Evaluation System", *Research Evaluation*, Vol. 5, No. 1, January 1995, pp. 45 – 53.

④ Johan Schot and Arie Rip, "The Past and the Future of Constructive Technology Assessment", *Technological Forecasting and Social Change*, Vol. 54, No. 2 – 3, February-March 1997, p. 254.

广政策。新政策是通过以下方式制定的：其一，组织战略会议，与政策支持者讨论优先事项，并提出明确要求和设计标准。其二，鼓励公民参与新技术实验。数字城市阿姆斯特丹就是典型之例，市民通过使用电子邮件和互联网，建立用户能力，进而推动技术开发。可见，建构性技术评估与技术政策发展相关联。

在瑞普看来，科学与技术互为"舞伴"，他对这一关系有三方面的理解。其一，在特定历史环境中，科学与技术具有不同分工却又相互联系。其二，对潜在价值的预测，影响着科学技术的未来发展。其三，科学与技术相互交织现象增多，推动了关于科学技术的战略政策变革。① 随着科学与技术的融合互动，当建构性技术评估规范、引导技术政策的良性发展时，科技政策制定者也不可避免地从技术政策中汲取营养。因而，除技术政策外，科技政策中也应渗透建构性技术评估的思想意蕴。

从根本上讲，建构性技术评估的主旨在于与社会因素的交流互动，受建构性技术评估影响的技术政策强调技术与社会的相互协调、共同发展。基于此，瑞普着眼于科技政策与社会因素的相互联系，以及科学与社会的共同演变。"社会中的科学"问题本身并非一个新问题，由于越来越多的行动者以不同方式参与科学技术治理，以及整个欧洲的财政紧缩和危机感对科学技术的治理产生了重要影响，导致新挑战出现，使瑞普再度关注科学与社会的关系问题。瑞普指出，"科学"与"社会"并不是具有明确界定的实体，二者处于持续的协同进化中。此外，根据从"科学与社会"到"社会中的科学"这一话语表述的转变，科学与社会体现出融合的特征。② 基于此，科学、技术和创新政策的行动者这一新群体正在兴起，"公私合作"就是这一新兴结构的例子。在瑞普看来，考察这一新群体，应着眼于解决重大社会挑战的需要。因为应对重大挑战需要进行更广泛的系统转型，行动者新群体的参与将推动系统实现转型。瑞普总结到，应对重大挑战的方法是"集合"（assemble），即创建一种更具包容性的面向社会的技术系统，并将相关政策活动嵌入社会。

---

① Arie Rip, "Science and Technology As Dancing Partners", in Kroes P. and Bakker M., eds., *Technological Development and Science in the Industrial Age*, Dordrecht: Springer, 1992, pp. 232 – 233.

② Arie Rip and Johan Schot and Thomas Misa, "Constructive Technology Assessment: A New Paradigm for Managing Technology in Society", in Arie Rip and Johan Schot, eds., *Managing Technology in Society: The Approach of Constructive Technology Assessment*, New York: Pinter Publishers, 1995, pp. 3 – 5.

这一方法可以通过多种方式实现，首先便是要确保关键行动者参与进来，这体现着社会群体的广泛参与，也意味着行动者群体是"公私合作"关系。①进而，瑞普在对重大社会挑战的考量中谋划科技政策。

由于科学技术的深刻变革及其影响的不确定性，人类社会面临着重大挑战。应对重大挑战本身就是一项挑战，对重大挑战的讨论更像是对科技政策的前瞻性案例研究。全球变暖、资源短缺、老龄化等重大社会挑战，要求全球进行科学和创新的政策、实践变革，其中，科技政策的变革是其中重要一环。瑞普规划，下一阶段的科技政策将使"科技"参与到社会经济体系的转型中。政府、私营企业和社会组织中的新行动者间的协调也是下一阶段科技政策的重要特征。基于前瞻性研究，瑞普指出，科技政策应将尽可能多类型的行动者考量在内，并挖掘传统行动者的新角色、新作用。此外，瑞普认为未来的科技政策设计可以建立在"创造性社团主义"的基础上，并提出了一系列治理方法：其一，元治理和试探性治理。由于重大挑战是开放式的，具有较强的不确定性，因而，元治理和试探性治理是应对挑战的最佳治理方法。元治理有助于试验在特定环境下具有不同性能的治理体系，试探性治理是元治理的重要一维。关于试探性治理，其设计、实施和演变等是一个动态过程，创造了开放的实验和学习空间。其二，协调和集合。瑞普强调，他所关注的元治理安排是各机构与决策者保持一定距离情况下的协调，这为行动者的协作互动奠定了基础。在开放式的变革环境中，创新性社会技术配置的实验性和创造性的"集合"为协作互动创造条件。其三，能力和能力建设。科技政策的制定和实施离不开坚实的物质和知识的基础设施，因而，要为"中层"行动者提供资助机构、研究组织等，以推进行动者的参与。②

概言之，建构性技术评估作为一种技术评估，强调技术发展的各个阶段都同社会因素紧密联系。瑞普关注科学技术的政策制定环节，将建构性技术评估的思想运用于科技政策中，以合理制定科技政策，进而推动科学技术的深入发展。

---

① Stefan Kuhlmann and Arie Rip, "New Constellations of Actors Addressing Grand Challenges: Evolving Concertation", *Kistep Inside and Insight*, September 2015, pp. 8 – 11.

② Stefan Kuhlmann and Arie Rip, "Next Generation Science Policy and Grand Challenges", in Dagmar Simon and Stefan Kuhlmann, eds., *Handbook on Science and Public Policy*, Cheltenham: Edward Elgar Publishing Ltd., 2019, pp. 12 – 25.

## 五　学术评价

从国内技术哲学的研究现状来看，不论是对技术哲学经验转向范式、技术评估、技术管理的研究，还是对负责任创新的持续关注，都表明对荷兰技术哲学的关注和研究已成为显性课题。在技术哲学的荷兰学派中，阿里·瑞普因其建构性技术评估思想闻名遐迩。此外，瑞普的技术哲学思想广博精深，还包括纳米技术伦理、科学动力学、技术动力学等理论。遗憾的是，当前国内学界尚无对瑞普技术哲学思想进行系统研究的成果。但在以纳米技术和技术伦理为主题的研究中可以看出，不少学者都在一定程度上提及瑞普的建构性技术评估，概括出建构性技术评估的内涵界定和评估框架，实质上，瑞普关于建构性技术评估的论述不止于此。

由于新兴技术具有高度的不确定性，瑞普认识到新兴技术可能给社会带来巨大风险，同时社会因素也影响着技术发展的各个阶段。此外，不同于传统技术评估的是，建构性技术评估主张将评估对象从预测技术影响转移至技术发展阶段本身，特别是关注技术研发和政策制定阶段。因而，建构性技术评估实质上是在强调充分考量社会因素对技术建构的影响，加强技术人员与社会群体的互动，推动技术与社会的反思性协同进化。从建构性技术评估的具体应用来看，在技术创新阶段，在协同进化的视角下，瑞普提出了"技术－制度设计方法"和分布式创新的创新模式。在政策制定阶段，瑞普认识到评估已是政策的组成部分，科技政策的制定应广泛汲取行动者的建议。瑞普对以建构性技术评估理念为导向的技术管理研究，体现出鲜明的前瞻性和调节性特色，对我国的技术哲学的理论研究及技术管理问题的实际解决具有一定的启发意义。

建构性技术评估理念强调社会群体的互动参与，但由于每个人的立场观点、价值取向不同，对技术发展的建议也就存在差异，因而决策最终可能会陷入专家观点与社会意见的两难境地。同时瑞普指出参与技术管理的行动者新群体正在兴起，这些新群体将推动技术发展的社会性建构，但在实际生活中新群体往往会加剧利益冲突，不同的建议更加难以调和。概言之，这其实意味着建构性技术评估缺乏科学合理的评估标准。此外，通过建构性技术评估，尽管我们可以对技术风险进行预测和调节，而由于自然界与社会历史有其发展的客观规律，仅仅是对技术发展进行前瞻而不进行一定的社会实验，对技术风险的判断并不一定完全确切，建构性技术评估的未来演进也可能会束于纯粹的理论分析框架之中。可见，一定社会实验的融入可能会优化建构性技术评估理念的结构和实施。

## 第二节　全球性科技伦理问题专家：塞马斯·米勒

塞马斯·米勒①专注于应用伦理学的研究，尤其对恐怖主义、气候问题、金融腐败等全球性伦理问题有着独特的思考。米勒作为应用伦理学家，致力于全球性问题的伦理研究。他从理论界关于恐怖主义定义的分歧入手，形成了自己关于恐怖主义的定义，并论证了酷刑、预防性拘留等反恐措施的道德正当性；从分析科学技术的双重用途困境出发，提出监管科学技术研发和应用的五种方案；他将气候变化与集体道德责任相联系，回顾了气候变化过程中的集体道德责任，并提出了应对气候变化的缓解和适应两类措施；从经济伦理的角度，他分析了金融领域中集体道德责任的缺失，并就金融体制的腐败问题提出补救措施。米勒的应用伦理思想立足于客观存在的全球性问题，其对联合行动、集体道德责任的倡导，值得各国学习借鉴。

### 一　反恐措施的道德正当性

恐怖主义是全球化时代人类生命财产安全的重大威胁，无论是 20 世纪 70—90 年代爱尔兰共和军在北爱尔兰制造的暴力运动，还是 2001 年发生在纽约世贸中心和华盛顿五角大楼的 9·11 恐怖袭击事件，都使人们深刻认识到恐怖主义时刻威胁着世界安全秩序，恐怖主义引发的伦理问题逐渐成为应用伦理学家关注的重点。米勒从应用伦理学的视角重新阐释恐怖主义的概念，在他看来，理解恐怖主义概念不能简单停留在对恐怖主义活动本身进行文字的描述，更要关注恐怖主义和反恐措施所引起的伦理问题。对这些问题的探讨离不开对恐怖主义概念的界定，米勒在借鉴理论界现有的恐怖主义概念之后，形成了

---

①　塞马斯·米勒，荷兰 4TU 技术 – 伦理研究中心教授，曾担任澳大利亚应用伦理和公共卫生伦理中心主任，并著有《社会行动：目的论的解释》（*Social Action：A Teleological Account*，2001），《警务工作中的道德问题》（*Ethical Issues in Policing*，2005），《恐怖主义与反恐：伦理与自由民主》（*Terrorism and Counter-Terrorism：Ethics and Liberal Democracy*，2009），《科技、伦理和大规模毁灭性武器的双重用途》（*Dual Use Science and Technology，Ethics and Weapons of Mass Destruction*，2018）等。

自己对恐怖主义概念的理解。理论界主要以无辜者和非战斗人员为主体定义恐怖主义。依高·普里莫拉兹（Igor Primoratz）和大卫·罗森鲍姆（David Rosenbaum）等理论家认为："恐怖主义对是对无辜的人故意使用暴力或对其威胁，目的是恐吓无辜者，让其采取暴力行动。"[①] 这一定义指出恐怖主义的三个因素：第一，暴力作用的对象是无辜者。第二，恐怖主义的手段是恐吓。第三，恐怖主义的结果是引起社会恐惧。科迪（C. A. J. Coady）等部分学者主张用非战斗人员来定义恐怖主义，认为恐怖主义是"出于政治目的有组织地使用暴力攻击非战斗人员或无辜者（在特殊意义上）或他们的财产"[②]。可以看出对于恐怖主义的概念，理论界的分歧主要集中在暴力作用的对象上。

米勒认为这两种定义并不是完美的，以无辜者为对象的定义首先要明确谁是无辜者。假设一个政治团体对秩序良好国家的公民实施恐怖行为，毫无疑问，受到伤害的公民属于无辜者；但也存在这样的情况，在一个秩序井然的和平国家里，恐怖组织为了纠正某一政治团体的不公正行为，而对团体中的领导人或政府官员实施致命袭击，这同样属于恐怖主义，但受害者并不是无辜的，这证明了以无辜者为对象的恐怖主义定义是不可信的。同样，米勒认为用非战斗人员来定义恐怖主义也是有缺陷的。并非所有对非战斗人员使用致命武力的事件都是恐怖主义行为，也并非对战斗人员使用致命武力的任何活动都不是恐怖主义行为。"将恐怖主义定义为必然的、仅针对非战斗人员的暴力行为，将在很大程度上削弱迄今为止公认的恐怖主义历史。"[③] 例如，在一个秩序良好的和平国家中，对非军事意义上的战斗人员的致命袭击构成恐怖事件，但这类人并不属于非战斗人员，这就与以非战斗人员为目标的恐怖主义定义存在矛盾。米勒提到恐怖主义是一种政治或军事战略，需要满足四点要求：一是故意对非军事战斗人员、侵犯人权者、革命者使用暴力，或故意使用侵犯人权的暴力行为（如酷刑）；二是采取的暴力行为应当被定为刑

---

① Igor Primoratz, "What Is Terrorism?", in Igor Primoratz ed. , *Terrorism：The Philosophical Issues*, New York：Palgrave Macmillan, 2004, p. 24.

② C. A. J. Coady, "Terrorism, Just War and Supreme Emergency", in Michael O'Keefe and C. A. J. Coady, eds. , *Terrorism and Justice：Moral Argument in a Treatened World*, Melbourne：Melbourne University Press, 2002, p. 9.

③ C. A. J. Coady, "Terrorism, Just War and Supreme Emergency", in Michael O'Keefe and C. A. J. Coady, eds. , *Terrorism and Justice：Moral Argument in a Treatened World*, Melbourne：Melbourne University Press, 2002, p. 48.

事犯罪；三是为达到政治或军事目的而对社会或者政治团体成员进行恐吓；四是依赖暴力手段进行高调宣传，造成政治目标或社会群体的广泛恐惧。总结来说，恐怖主义是一种针对非军事战斗人员、侵犯人权者或革命者的暴力犯罪，是为了达到政治或军事目的而恐吓某一社会政治团体的一种手段，而要实现这一目的，暴力必须得到高调宣传，以引起广泛恐惧。

明确恐怖主义概念后，米勒进一步思考反恐措施可能引发的伦理问题，包括恐怖分子在道义上是否可以对非战斗人员使用致命武力来为其政治目标服务，暗杀和折磨恐怖分子的做法是否具有正当性，以及安全机构是否应当为保护公民免受恐怖袭击而侵犯公民自由等问题，简言之，是"恐怖主义对当代国家自由的影响问题"①。米勒重点分析了对恐怖分子实施酷刑和预防性拘留这两种反恐措施的道德正当性。实施酷刑看似是对恐怖分子自主权的侵犯，但在某些极端情况下具有道德正当性。例如当恐怖分子在某一地区安放炸弹，成千上万无辜的生命将受到威胁，人们相信拷打恐怖分子可能会得到安放炸弹的位置信息，除此之外暂无他法。在这种情况下，对恐怖分子实施酷刑是正当的而且是必要的。但米勒指出道德正当性不等于合法性，反对将酷刑合法化，酷刑在任何情况下都不应该制度化。预防性拘留（Preventive Detention），顾名思义，不同于一般意义上的拘留，一般意义上的拘留是事后进行的，以惩罚那些涉嫌过去或现在犯罪的人为目的，而预防性拘留具有前瞻性，适用于未来可能犯罪的人，尽管他们被拘留的罪行尚未实施。米勒认为这是一种侵犯个人自由的反恐措施，但在某些紧急情况下，同样具有道德正当性。为了说明这一点，他将恐怖分子与敌方战斗人员相类比。战争期间捕获的敌方战斗人员，通常会作为战俘被扣押，避免其重回战场而给己方行动造成阻碍，对恐怖分子实施预防性拘留同样如此。恐怖组织为了实现其政治目的而有恐吓社会某一团体的长期意图，作为恐怖组织内部职能一体化的成员，恐怖分子也就有了恐吓的意图以及谋杀或协助他人谋杀的能力，除非被监禁，否则他们在达到目标之前会长期如此，这时预防性拘留变得必要且合理。那么预防性拘留有无时限性？米勒指出预防性拘留恐怖分子的前提是，

---

① C. A. J. Coady, "Terrorism, Just War and Supreme Emergency", in Michael O'Keefe and C. A. J. Coady, eds., *Terrorism and Justice: Moral Argument in a Treatened World*, Melbourne: Melbourne University Press, 2002, p. 9.

恐怖分子个人尚未犯下可判处无期徒刑的恐怖主义罪行，因此预防性拘留不同于无期徒刑，是有时间限度的。当恐怖组织成员杀人的"长期意图可能因其停止参与联合活动，不再是该组织的职能一体化成员，或该组织本身放弃其恐怖行为而不再存在"① 时，预防性拘留的期限也就到了。

## 二　科学技术的双重用途困境

"双重用途困境"（Dual-Use Dilemma）是在科学技术研究背景下产生的伦理困境，是研究者以及有权力帮助或阻碍研究者工作的人（如政府）面临的困境。从本质上讲，这种困境之所以被称为双重，主要体现为"在故意行善和可预见地为他人提供行恶手段之间的选择"②，即一种研究可能行善，也会行恶。以对鼠痘病毒的生物学研究为例，社会上存在两种声音：一是，科学家们应该对鼠痘病毒进行研究，并致力于开发一种基因工程不育疗法，对抗澳大利亚爆发的周期性鼠疫。二是，科学家们不应该对鼠痘病毒进行研究，因为这可能导致（事实上确实导致）产生一种高毒力的鼠痘病毒株，并且极有可能被恐怖组织利用，研究出一种能够战胜现有疫苗的高毒力天花来进行生物恐怖袭击。这两种选择都有充分的理由支持，也都要付出巨大的道德成本，是一个两难的选择。并且这一双重困境涉及面广，不只涉及研究人员个体，还包括政府以及私人机构，甚至在各国联系日益紧密的全球化时代，双重用途的困境也成为联合国等国际机构的困境。要解决科技的双重用途困境首先要明确困境为什么会产生？米勒对这一问题展开研究，认为在通常情况下，科学研究的最初动机是好的，但在后期研究过程中会受到他人潜在行为的影响，因此可能造成不良的后果。例如，一些恶意的非研究人员可能会窃取研究人员生产的危险生物制剂，一些机构的领导层可能会将研究人员的工作成果用于恶意目的。也就是说科学技术的双重用途困境是随着越来越多的个人、团体利用各项科学研究行恶之事而产生的伦理问题。

面对科学技术发展的严峻形势和科学活动多层次性、合作性的特征，米勒引

---

① Seumas Miller, "The Moral Justification for the Preventive Detention of Terrorists", *Criminal Justice Ethics*, Vol. 37, No. 2, 2018, p. 132.

② Seumas Miller, "Moral Responsibility, Collective-Action Problems and the Dual-Use Dilemma in Science and Technology", in Brian Rappert and Michael J. Selgelid, eds., *On the Dual Uses of Science and Ethics: Principles, Practices, and Prospects*, Canberra: ANU Press, 2013, p. 186.

入"集体道德责任"（collective moral responsibility）的概念，即有组织和无组织的群体因其道德上的重大作为或不作为而承担道德责任。米勒认为无论是研究人员、政府部门还是公司企业都属于科学技术伦理人员，都有一个共同的道德责任，即不提供让他人故意作恶的手段，努力将研究成果被滥用或可能被滥用的可能性降到最低。为了实现这一目标，减少科学技术双重困境可能带来的危险，各国政府应联合签订国际性的公约（例如《生化武器公约》），在思想层面达成国际共识。为保证公约的贯彻实施，米勒主张采取一系列监管措施，包括对具有双重用途困境的科学技术在研发和应用过程中可能发生的潜在危险施加限制，以防止研究成果被恶意利用。具体来说，监管的内容应该涉及以下几方面，如表 3.1 所示。

| 表 3.1 | 监管内容 |
|---|---|
| 1 | 对研究开发主体进行监管：是否允许开展研究，参与研究的相关人员是否安全可靠 |
| 2 | 对研发实验室进行监管：是否应对实验室发放双重用途技术许可证 |
| 3 | 对研究产品的原料、运输进行监管 |
| 4 | 对研究成果的应用过程进行监管：研究成果是否应该自由传播 |

通过对上述监管内容的分析，米勒进一步提出了监管科学技术研发和应用的五种备选方案，根据监管强度，从最不具侵扰性、限制性到最具侵扰性、限制性依次排列，并讨论了每种方案的优缺点。[①] 得出对科学技术产品进行监管的合理途径。

| 表 3.2 | | 监管的合理途径 |
|---|---|---|
| 方案一：科学家个人拥有完全自主权 | 优势 | 1. 最大限度地提升单个研究者乃至整个科学界的自主权<br>2. 体现对单个科学家和整个科学界的高度信任 |
| | 不足 | 1. 科学家普遍缺乏对双重用途困境的认识，特别是对与自身研究有关的具体危险的认识<br>2. 难以解决科学家必然面临的偏见倾向，以及某些情况下的利益冲突问题 |

---

① Seumas Miller and Michael J. Selgelid, "Ethical and Philosophical Consideration of the Dual-Use Dilemma in the Biological Sciences", *Science and Engineering Ethics*, Vol. 13, No. 4, 2007, pp. 561 –571.

续表

| | | |
|---|---|---|
| 方案二：实行机构控制 | 优势 | 1. 加强监管体系，规范与安全有关的研究环境，提高人们对双重用途困境的认识<br>2. 保留方案一在学术自由和科学进步方面的大部分优点，特别是对学术自由的尊重 |
| | 不足 | 1. 受教育程度更高的科学家评估安全风险和利益的能力仍然有限，未能充分解决安全问题<br>2. 方案一中与偏见和利益冲突有关的问题仍然存在 |
| 方案三：实行机构和政府双重控制 | 优势 | 1. 与方案一、二相比，高度重视与双重用途研究相关的安全问题<br>2. 提供一个加强版监管体系<br>3. 基本上保留了学术自由和有利于科学进步的条件 |
| | 不足 | 同方案二一样，未能充分解决安全问题，与偏见和利益冲突有关的问题仍然存在 |
| 方案四：建立独立决策机构 | 优势 | 1. 提供分析安全风险所需的专业知识<br>2. 科学家面临的偏见和利益冲突问题将得到解决 |
| | 不足 | 1. 个人的知识自由、传播自由和学术自由受到限制，也可能影响科学的进步<br>2. 机构运行的效率和公平性可能受到质疑 |
| 方案五：政府管制 | 优势 | 把最终决策权交给拥有最高安全专业知识的人，决策的安全性显著提高 |
| | 不足 | 科学研究和传播受到越来越严格的限制，学术自由和科学自主的程度降低 |

米勒在对上述五个方案的比较中指出，方案一和方案五，即科学家个人完全拥有自主权和完全由政府管控的方案，存在于可能性范围的两个极端，两者都有非常显著的缺点；方案二相比于方案三，没有任何补偿优势，也不建议选择；方案三和方案四都具有可行性并且在道德上也是合理的，因而在对具有双重用途困境的科学技术进行监管时，可以采取机构和政府双重控制或者建立独立决策机构的方式，尽可能平衡好研究自由与使用安全的伦理关系，让科学技术更好地造福于人类。

## 三　气候变化与集体道德责任

人类活动特别是化石燃料的燃烧产生的温室气体排放到大气中，正在引起全球气候的变化，尤其是导致全球气候变暖。这种趋势如果不加以控制，必将造成冰川融化、海平面上升、季节性降雨模式变化、飓风海啸等自然灾害加剧的全球性气候问题。为解决全球性气候问题，理论界曾针对气候变化中的道德责任问题展开过热议，瓦尔特·辛诺特-阿姆斯特朗（Walter Sinnott-Armstrong）坚持公民个人在道德上不对人类引起的气候变化负责，而应该由政府承担道德责任。① 米勒认为对于气候变化造成的大规模伤害，个人至多承担一种根本性的道德责任。他强调："声称个人对大规模损害负有全部道德责任的说法是荒谬的，其原因在于气候变化这一情景中涉及的人数众多，而且每个人都对未来可能造成的损害负有一定的因果责任。"② 在米勒看来，每个人在气候变化问题上所采取的行动（如个人碳排放量）短期内并不造成危害，只是在遥远的将来，在一个漫长而复杂的因果链末端，不良影响才会显现出来。从这一意义上说大多数受到伤害的人是概念上的，因为他们现在还不存在。但各国政府部门，作为决策的领先者，应该对未能及时制定合理的气候政策这一过失承担责任。

基于此，米勒认为政府部门应对气候问题承担集体道德责任，对气候变化及时作出积极反应，如采取缓解和适应两种反应。缓解措施旨在减少碳排放量，减慢气候急剧变化的速度，例如当人类活动对气候造成损害时要对人类活动的因果链进行干预；而适应措施意在适应气候变化，当全球变暖引起海平面上升，沿海地区被洪水淹没无法居住时，人类可以考虑迁移到更高的地方居住。可以看出适应措施体现出一定的消极反应，缓解措施才是切实可行的。不断增加的碳排放量终将使地球无法居住，因此必须优先考虑减排，重塑现有体制并开发新技术是重要手段。一方面，这时各国政府应主动承担集体道德责任，确保减排政策的制定和实施，同时这也在重塑现有体制。集体道德责任的承担离不开政府间的联合行动和政府内部的联合行动。政府间的联合行动是指各国政府为制定减排目标，签订多边合作协议。如果个别国

---

① Walter Sinnott-Armstrong, "It's Not My Fault: Global Warming and Individual Moral Obligations", in Walter Sinnott-Armstrong and Richard B. Howarth, eds., *Perspectives on Climate Change: Science, Economics, Politics, Ethics*, Oxford: Elsevier, 2005, pp. 285 – 307.

② Seumas Miller, "Collective Responsibility, Epistemic Action and Climate Change", in Nicole A. Vincent and Ibo van de Poel and Jeroen van den Hoven, eds., *Moral Responsibility: Beyond Free-Will and Determinism*, Dordrecht: Springer, 2011, p. 239.

家不愿付出眼前成本以换取更加长远、普遍的共同利益，一心只想"搭便车"，就会降低缓解措施的总体效力，因此有必要通过多边协议来限制。① 另外，减排目标的制定要充分考虑各国实际，体现公平原则。针对发达国家和发展中国家在全球气候问题中扮演的不同角色，承担的气候责任也应该有所区别。政府内部的联合行动是指各国政府在本国内就碳排放相关事宜进行限制，例如制定国家碳税。政府还有一项重要的道德责任，即保护公民的生命和生存环境，为了履行这一责任，政府成员有义务向公民宣传气候变化相关的知识。另一方面，开发新技术是缓解措施的有效手段。科学家，尤其是气候科学家，有利用新技术获取更多气候变化知识以应对气候变化的义务。除了各国政府和科学家承担道德责任外，米勒还分析了公民的集体道德责任，公民有影响政府决策的作用，公民在政府制定减少碳排放的公约和社会规范时，应强化自身社会主人翁的责任感，监督政府制定合理的公约，以实际行动促进社会集体道德目标的实现。

## 四 全球金融腐败中的体制道德责任

金融危机是全球性经济灾难，主要表现为金融机构的崩溃、信贷市场冻结、次贷危机、主权债务危机等带来的全球经济衰退，不仅导致大量银行破产，也给无力偿还抵押贷款的房主、养老基金价值暴跌的退休人员、面临失业风险的雇员等人带来毁灭性的打击。金融危机侧面暴露出全球金融体系尤其是金融市场监管的不力。通过对全球金融业，特别是银行业的分析，米勒发现不道德行为是造成全球金融危机的主要原因之一，这些不道德行为具体包括：银行不计后果的掠夺性放贷；允许政府及经济体持续增加不可承担的债务；发展高度杠杆化的投资银行；出售不法金融产品，尤其是不透明的打包抵押贷款；实施金融欺诈；立法者和监管者对上述所有事项的疏忽或串通。这些行为都有可能引起国家的金融动荡，并进一步波及全球。这类不道德行为之所以产生，"不能简单地将其视为个人道德责任的缺失，而主要应该是集

---

① Jonathan Pickering, Steve Vanderheiden and Seumas Miller, "'If Equity's In, We're Out': Scope for Fairness in the Next Global Climate Agreement", *Ethics and International Affairs*, Vol. 26, No. 4, December 2012, pp. 425 – 426.

体道德责任在多个层面的失败"①，因为无论是信贷危机、房地产泡沫还是全球经济衰退，都涉及多种构成要素，没有任何个人或组织在道德上能够对其负有全部责任，必须依靠集体行动，但集体行动不免产生监管扯皮、真空监管等问题。米勒以全球金融监管体系中存在的监管不力问题为例，指出一些规模庞大的国际性银行，即使存在严重犯罪过失（例如汇丰银行洗钱案）也不会倒闭，因为监管机构认为其涉及方面过多，不能轻易倒闭，长此以往便由"大到不能倒"演变为"大到不能管"，形成事实上的无法监管，违背公正的原则，导致不法、失德行为屡次发生，对经济和社会产生负面影响。

监管不力进一步引发金融腐败问题的发生，针对因集体行动而导致或加剧的体制腐败问题，米勒提出从制度层面将集体道德责任嵌入全球金融机构和市场领域，以集体道德责任的强化抑制金融腐败的发生。制度有功能、结构和文化三个构成维度，米勒从这三方面出发探索限制金融体制腐败发生的措施。首先，在功能上：市场体制的设计者和监督者的主要任务应是确保市场正常运行，以使金融机构以合理的成本为企业提供足够数量的资金。在此功能任务的推动下，政府、监管机构和决策者有了一致的奋斗方向，也就能合力抵制体制腐败毒瘤，减少金融风险发生。其次，在结构上：为使集体履行打击体制腐败的道德责任，需要解决微观和宏观体制结构问题。具体来说，宏观上对金融机构业务进行拆分。米勒指出针对宏观上存在的全球金融机构"大到不能倒"而导致的监督不力问题，应拆分金融机构的业务，缩小机构规模，同时建立统一的全球监管制度和一个具有真正权威的全球监管机构。微观上重新设计每个金融机构内部职能权限。米勒针对微观上存在的金融基准腐败和高管薪酬过高等结构问题，主张重新设计机构，使监督和分配更加合理，减少制度性的利益冲突。最后，在文化上：米勒主张形成廉洁的企业制度文化。"文化在很大程度上决定了该机构成员的活动，或者至少决定了该活动的开展方式。"② 当企业的主流文化强调道德、诚信、廉洁时，腐败问题就会减少很多。因而米勒特别注重制度文化的发展，主张建立独立的职业协会、制定并带头遵守职业道德守则，

---

① Seumas Miller, "The Corruption of Financial Benchmarks: Financial Markets, Collective Goods and Institutional Purposes", *Law and Financial Markets Review*, Vol. 8, No. 2, June 2014, p. 161.

② Seumas Miller, "Global Financial Institutions, Ethics and Market Fundamentalism", in Ned Dobos and Christian Barry and Thomas Pogge, eds., *The Global Financial Crisis: Ethical Issues*, New York: Palgrave Macmillan, 2011, p. 32.

对成员进行持续的职业道德教育，开启企业内部投诉程序等，以此形成集体道德责任文化。总的来看，从制度层面嵌入集体道德责任的方式具有一定的可行性，对有效限制金融腐败问题，增强集体道德责任有重大积极作用。

## 五　理论评鉴

经济全球化时代，各国发展一荣俱荣、一损俱损，没有任何国家可以独善其身。层出不穷的全球性问题必将波及每一个国家，带来全方位、深远的影响。基于此形势，阿佩尔（Karl-Otto Apel）指出："对某种能约束整个人类社会的伦理学的需要，从来没有像现在那么迫切。"[①] 米勒作为研究应用哲学和公共伦理学的哲学家，也深刻认识到这一问题的严峻性。他没有将目光局限于某一具体的伦理问题，而是放眼世界，密切关注全球热点话题，并思考这些问题背后的伦理争端，致力于从伦理学角度思考全球性问题，提出自己关于解决全球性问题措施的看法。全球恐怖主义活动时刻威胁着世界安全秩序，米勒在重新定义恐怖主义概念之后，指出两项反恐措施，并分析措施的伦理正当性，对减少全球恐怖主义活动有指导作用。另一方面其反恐措施仍存在一定的滞后性。恐怖分子只有做出一次恐怖行动之后才有理由对其进行拘留或者实施酷刑，但是恐怖活动已经发生，对社会治安已经造成危害。米勒在分析科学技术的双重用途伦理困境、气候问题、金融腐败等全球性问题产生原因以及解决方案的过程中，引入"集体道德责任"的概念，试图用集体道德责任约束人类社会行为，达到共同应对全球性问题的目的。他的伦理思想的核心就是倡导联合行动、承担集体道德责任，这一道德价值观既契合全球问题的基本特性，又能够促进人类集体责任意识的觉醒，得到了国际社会的广泛认同。

同时，米勒提出的集体道德责任对构建人类命运共同体，也有一定的启示作用。构建人类命运共同体是由中国率先提出的，同时也符合世界上绝大多数国家和人民的共同利益，是顺应人类发展方向和潮流的先进倡议。在构建人类命运共同体的过程中，要增强整体意识，树立集体道德责任，坚持共建共治共享的原则，以集体行动维护世界各国人民的共同利益。这是构建人类命运共同体的必要举措，也符合米勒应用伦理学提倡的集体行动原则。

---

① ［德］卡尔－奥托·阿佩尔：《哲学的改造》，孙周兴、陆兴华译，上海译文出版社 1997 年版，第 257 页。

## 第三节　后现象学进路的技术哲学家：彼得－保罗·维贝克

彼得－保罗·维贝克[①]立足现象学传统的技术哲学，通过对唐·伊德（Don Ihde）和布鲁诺·拉图尔（Bruno Latour）等学者的相关理论的诠释和发展，建构起中介调节理论和道德物化理论。

### 一　技术调节理论

技术调节理论是伴随技术哲学经验转向而出场的一种调适人与技术关系的理论。它对人的感知、认知和行为做出了调适，为技术哲学的伦理转向、道德物化提供了重要依据，技术调节理论以"人－技"关系为核心，以技术人工物的结构、功能为依据，外化为技术人工物的结构、意向性。技术调节理论是技术人工物哲学体系的重要组成部分。技术调节理论在近 20 年的技术哲学研究中占有重要地位，它是在技术哲学经验转向背景下出场并发展起来的，是技术哲学伦理转向的重要依据。与经典技术哲学相比，兴起于经验转向背景下的"技术调节方法使关注特定技术成为可能"，"技术调节现象已在技术哲学中占据中心位置"。[②] 人文传统的经典技术哲学将技术视为一种普遍意义上的社会现象和文化现象，并大都秉持一种技术悲观主义情结和技术异化论，而技术调节方法从"为分析技术如何组织人与现实之间的新关系"提供了一种途径。

1. 技术调节概念溯源及概念体系解析

从 20 世纪 90 年代中期以来，国外许多学者分析了技术人工物如何帮助人们体验现实和塑造生活方式，维贝克认为这些分析的中心主题是"调节"："在人与其生活环境的关系中，人工物的调节作用被概念化"，"技术调节现象

---

① 彼得－保罗·维贝克，1970 年生，荷兰当代著名技术哲学家，后现象学技术哲学的代表人物，特文特大学人类与技术关系哲学研究小组的主席、设计实验室的联合主任。维贝克的研究重点是人与技术关系的哲学思考，涉及哲学理论、伦理反思以及设计和创新的实践。主要代表作有《将技术道德化：理解与设计物的道德》（*Moralizing Technology：Understanding and Designing the Morality of Things*，2011）、《后现象学研究：关于人类与技术关系》（*Postphenomenological Investigations：Essays on Human-Technology Relations*，2015）、《技术人工物的道德地位》（*The Moral Status of Technical Artefacts*，2014）等。

② Verbeek P. P. "Acting Artifacts", in Verbeek，P. P. and Slob，A.，eds.，*User Behavior and Technology Development*，Dordrecht：Springer，2006，p. 391.

已在技术哲学中占据中心位置"。① 维贝克从后现象学的视角，基于唐·伊德与法国哲学家、人类学家布鲁诺·拉图尔的分析之上，从感知和行动两个角度建立起了技术调节词汇表（如表3.3所示）。伊德专注于经验的结构，而拉图尔专注于行动的结构，二者具有很强的互补性。基于此，维贝克试图将二者融合在一起。

表3.3　　　　　　　　　　　技术调解概念词汇表②

| 视角 | 诠释学视角 | 实践视角 |
|---|---|---|
| 调节方式 | 知觉调节 | 行动调节 |
| 核心概念 | 技术意向性 | 脚本 |
| 转换方式 | 知觉转换 | 行动转译 |
| 转换结构功能 | 放大和缩小 | 邀请和抑制 |
| 拉图尔的委派 | 深思熟虑地铭记脚本和意向性 | |
| 伊德的多重稳定性 | 脚本和意向性的情境依赖 | |

在维贝克的语境中，他将"现象学定义为'人－技关系'的哲学分析"③，着重于分析人工物对人们行为和经验的影响。也就是说，分析人工物对人们行为和经验的影响，实质上是现象学路径。现象学方法的中心思想是主体和客体，或直白一点讲就是人与其生活的世界，实际上人及其生活的世界是在他们之间存在的关系中相互构成的。人与技术是相互关联的，人类不得不面对他们周围的生活世界，他们体验着、感知着这个世界。世界也只有在"人－技关系"中才有意义，也就是说，"它需要被感知和解释才有意义"④。人的主体性和世界的客观性是在人与世界的相互关系中形成的。技术人工物与人类行为有关，因为它们在人类与世界的关系中起着调节作用。理

---

① Verbeek P. P. "Acting Artifacts", in Verbeek, P. P. and Slob, A., eds., *User Behavior and Technology Development*, Dordrecht: Springer, 2006, p. 391.

② Verbeek P. P., "Beyond Interaction: A Short Introduction to Mediation Theory", *Interactions*, May-June 2015, p. 30.

③ Verbeek P. P., "Beyond Interaction: A Short Introduction to Mediation Theory", *Interactions*, May-June 2015, p. 26.

④ Verbeek P. P., "Beyond Interaction: A Short Introduction to Mediation Theory", *Interactions*, May-June 2015, p. 27.

解这种"技术调节"的一个很好的起点是分析人和人工物之间的关系，而美国技术哲学家伊德在20世纪90年代集中概括了四种"人–技关系"。

伊德首先阐释了"具身关系"，所谓"具身"指的是穿戴意义上的"人–技合一关系"。伊德认为技术使用者可以"具身"技术，从而在人类与世界之间建立联系。例如，当我们戴眼镜观看这个世界时，就会发生这种"具身关系"。这副眼镜没有明显地被我们注意到，但是它塑造了人与环境之间的关系。也就是说，我们不是看一副眼镜，而是通过眼镜观察周围的世界。在"具身关系"中，技术人工物被"合并"，成为人体的延伸。其次，技术可能是我们经验的终点，伊德将这种与技术的关系称为"它异关系"，人与设备进行交互时会发生这种情况。例如，政务大厅的自助服务设备、银行的自动取款机等都是这种情况。最后，技术可以在我们经验的背景下发挥作用，为我们创造环境，即"背景关系"。这种关系的示例有空调、加湿器、暖气等，这样的设备不是我们直接体验的，而是形成可以进行体验的舒适环境。第四，我们观察到的世界是技术所呈现的世界，我们关注的是技术物，即"诠释关系"，温度计就是这种关系的范例。维贝克认为仅就在理解技术调节方面，"具身关系"和"它异关系"更能直接反映技术的调节。

维贝克认为，伊德对"人–技关系"的概念化分析是基于海德格尔分析的工具在人类日常生活中的作用。根据海德格尔的分析（1927），工具不应该简单地被理解为功能工具，而应该被理解为人类与现实之间的"连接"或"联系"。正在使用的工具，海德格尔将其称为"上手"（readiness-to-hand），他的意思是用来做某事的工具通常会从人们的注意力中消失。例如，当一个人钉钉子，他的注意力主要不是针对锤子，而是针对钉子，此时的锤子就处于"上手"状态。人们通过上手（ready-to-hand）的人工物参与到现实中来。只有当工具损坏时，它才需要再次被关注。然后此时损坏的工具就变成"在手"，它将自己呈现为我们经验的终点，不再是"连接"使用者与世界之间的关系。

上手的概念对于理解技术和行为之间的关系至关重要。通过撤销人们的注意力，它们"通过自己"在使用者和世界之间建立了联系。人工物促进了人类与现实的结合，并且在这样做时，有助于塑造人们如何出现在它们的世界中以及它们如何出现在人类的世界中。因此，正在使用中的工具可以理解为人与世界关系的调节者。它们构成了人类与世界之间的"中介"。在这里，应该以积极的方式理解调节。人工物不仅是中立的"中介",而且还积极帮助塑造人与世界的关系:人们的观念和行动、经验和存在。但是,人工物的调节作用不仅发生在"具身"或"上手"关系中。在下文的行动领域,人工物还可以在"它异"或"在手"的状态起调节作用。

伊德与法国哲学家、人类学家布鲁诺·拉图尔在他们各自的著作中设定了一些概念,这些概念对技术的中介作用进行了更深入的分析。为了将他们的分析彼此联系起来,维贝克首先从分析现象学的两个方向入手:一个侧重于感知,另一个侧重于实践。这两个方向都从不同的角度处理人与世界的关系。存在或"以实践为导向"的现象学始于"人的一面",它的中心问题是人类如何在自己的世界中行动并实现其生存,这里的主要类别是行动。诠释学或以感知为导向的现象学从"世界的一面"开始,并将自身引导到人们可以解释和呈现现实的方式,这里的主要类别是感知。因此,从现象学的观点来看,技术人工物有可能通过帮助塑造人类行为和观念,根据技术人工物在人类与世界之间的相互关系中所扮演的角色来分析技术中介。

2. 诠释学视角:感知的调节

人工物如何调节人们呈现在现实中的存在方式?这是从物的角度看的哲学诠释学的核心议题。正如伊德所示,人工物有助于形成人类的经验和感知诠释。伊德的研究专注于感知的技术调节。人工物能够调节我们与现实之间的感官关系,并以此改变我们的感知。根据伊德的说法,这种转换始终具有放大和缩小的结构。现实的特定方面被放大,而其他方面则被缩小。例如,当用红外摄像机看树时,肉眼可见的树的大部分表征都消失了,但是同时树的一些新特质却变得清晰可见(譬如,可以看到树是否健康)。伊德将技术的这种转变能力称为"技术意向性"。也就是说,技术在调节人与世界之间的关系时已具有"意向性",它已经不再是中立的工具。

值得一提的是,"技术意向性"不是人工物的固有属性,相反它是在人与人工物之间的关系中形成的。在不同的关系中,技术可以有不同的解释,因而具有不同的意向性。例如,电话最初是作为助听器开发的,打字机是为视力障碍者开发的书写工具。在其使用环境中,这些技术的解释方式与设计人员的预期方式不同。伊德称这种现象为"多重稳定性"(multistability)。也就是说,一项技术可以以不同的方式"稳定",因为它的"本质"不是固定的,而是由技术使用过程中的嵌入方式决定。技术意向性始终取决于解释和使用技术的特定方式。

伊德对知觉转换的分析具有重要的诠释学意义：调节技术不仅决定着人类的知觉，而且决定着我们对现实的解释。仪器在科学知识产生中的作用就证明了这一点。仪器使科学家能够感知没有它们就无法感知的现实方面，例如大脑活动、微生物、恒星发出的无形辐射等。这里研究的"现实"必须通过技术"转化"为可感知的现象，在这种情况下，"现实"就是由感知它的工具共同塑造的。医疗技术构成了人类解释中技术作用的另一个例子。例如，超声波扫描可用于检测颈部半透明膜，即胎儿颈背部软组织和皮肤之间的厚度，进而显示出唐氏综合征的风险。超声波扫描从根本上影响一个人对未出生婴儿甚至怀孕的体验。

因此，基于技术在人类感知和解释中的调节作用，它们也可以间接影响人类的行为。这不仅适用于医疗技术，而且适用于许多技术接口，它们调节了人类感知和解释设备功能的方式。例如，一台洗衣机指示需要对其滤水器进行清洁，它可以调节用户与洗衣机的相互作用方式以及所消耗的能量。但是，技术在人类行为中的这种间接作用与下面将要讨论的直接影响具有不同的性质。

3. 实践视角：行动调节

从存在的或实践的角度来看，技术调节的核心问题是人工物如何调节人们的行为及其生活方式。从现象学的角度来看，实践和存在是感知和经验的镜像。感知是指世界呈现给人们的方式，而实践可被视为人们存在于世界的方式。拉图尔的研究为分析人工物如何调节人类实践提供了有意义的概念。拉图尔指出，人工物会影响行动：人类所做的事情通常会与所使用的事物并存。行动不仅是个人意向性和他所处的社会结构的结果，而且是人们物质环境的结果。例如，减速带将驾驶员的意图从"因为我急着赶快开车"或"为了有责任心的行为慢速行驶"转变为"慢速行驶以保护减震器"。微波炉的引入不仅使人们能够以更快的方式加热食物，而且改变了我们的饮食方式。由于微波炉特别适合加热单个人的饭菜，因此它呈现的意向性似乎是"要求"人们单独吃饭，这样做会削弱"餐桌文化"。

拉图尔用来描述人工物对行动的调节的概念是"脚本"。就像电影或戏剧的剧本一样，人工物可以"规定"其用户在使用时的操作方式。例如，减速带的脚本是"当您接近我时请减速"；喝茶用的纸杯的脚本是"用完后请把我扔掉"。当脚本起作用时，事物以物质的方式来调解行动，应该与标志性的以人为方式调解的非物质或信息方式区分开来。例如，交通标志使人们减速的方式与减速带完全不同。人们丢弃纸杯，仅仅是因为它在几次清洗后就无法使用。技术对人类行为的影响是非语言的。事物能够作为物质事物而施加影响，而不仅仅是作为意义的载体。

根据拉图尔的说法，脚本通常是（但并非总是）设计师设计的"铭文"产品。设计人员可以预期用户将如何与他们正在设计的产品进行交互，并隐式或显式地建立使用产品重要性的处方。拉图尔以"委派"的方式描述了这一铭刻过程：设计师将特定的职责委派给技术物。以减速带为例，设计师将减速责任"委托"给减速带，确保没有人开得太快。但是，并非所有脚本都是刻意铭刻的结果。在没有明确意向性的情况下，人工物也可以具有脚本，而意向性明确的脚本可能以与预期不同的方式工作。例如，对于像旋转门和门槛这样的人工物，其职责是阻止小股气流进入，而不是阻止坐在轮椅上的人进入。这种歧视脚本并不是设计者故意铭刻在人工物中的，尽管如此，他们还是在许多建筑物中发挥着影响力。

与感知一样，人工物在行动的调节下会发生转换。在行动范围内，这些转换可以表示为"转译"。对于拉图尔来说，所有实体（人类和非人类实体）都拥有行动纲领。据他说，人工物带来了这些程序的"转译"。通过与另一个实体建立关系，原行动者的行动计划被转译成新的行动计划。例如，当某人的行动程序是"快速准备饭菜"，而这个程序被添加到微波炉的行动程序中，由此产生的"复合行动者"的行动程序可能是"经常单独吃速食"。

在行动的转译中，可以识别出与感知转换中类似的结构。就像在感知中的调节一样，现实的某些方面被放大而其他方面则被缩小，在行动的调节中，特定的行动被"邀请"，而另一些则被"抑制"。脚本建议特定的操作并阻止其他操作。这种邀请－抑制结构的本质依赖于情境，就像感知的放大－缩小结构一样。伊德的多重稳定性概念也适用于行动调节。例如，电话可以使人们与其直接居住环境之外维持社会关系，从而对人们地理和社会环境的分离产生重大影响。但是它只能产生这种影响，因为它被用作一种通信技术，而不是它原本应该用作的助听器。

但是，与感知的调节相比，行动调节的一个重要区别是调节人工物的存在方式。与感知相反，人工物不仅从上手状态（伊德的"具身关系"），而且还从在手状态（伊德的"它异关系"）调节行动。例如，枪支可以从上手状态就开始调节行动，将"表达我的愤怒"或"报仇"转变为"杀死那个人"。但是，减速带不能被"具身"或"上手"，它从"在手"状态对人类行为施加影响。

在技术的现象学哲学中，已经提出了一些概念来分析技术对人们行为和观念的影响。这种影响可以通过调节来描述。技术人工物通过"脚本"来调节行动，该脚本规定了使用人工物时的行动方式。它们通过技术意向性来调节感知：技术的主动和故意影响。技术调节似乎与情境有关，并且总是需要行动的转变和观念的转变。行动的转译具有邀请和抑制的结构，知觉的转换具有放大和缩小的结构。

4. 技术调节的透明性和不透明性拓展

荷兰学者尤尼·范·登·艾德（Yoni van den Eede）在《我们之间：关于技术调节的透明性和不透明性》一文中构筑了以透明性（transparency）和不透明性（opacity）为基础的技术调节理论。所谓技术调节的透明性和不透明性是指："进行技术调节时，技术的特定方面是不透明的，而其他方面则是透明的。"[1] 也就是说人们在使用技术人工物时，技术人工物可能会从人们的经验观察中消失，例如眼镜，这类似于伊德的具身关系；技术人工物也可能是人们经验观察的中心，例如汽车驾驶的初学阶段。通过使用透明性和不透明性之间的关系作为调节的主要维度，艾德成功创建了连贯的调节框架，用于连接技术调节的各种方法。

艾德这种连接技术调节关系的方法，既涉及个体与技术的关系，也包含技术与社会之间的联系。也就是说，调节不仅是使用技术时发生的事情，它也会产生重要的社会影响，因此在使用和设计实践中应引起重视。

艾德将"透明性"和"不透明性"两个概念联系起来的"介于两者之间"的概念无意间缩小了范围。他试图用中介概念来解决在实体之间发生的现象。艾德明确提出了一个问题，即我们如何这样构造技术之间的"中间"？但是他强调回答这个特定问题意味着调节将始终在既有实体之间进行，而且仅在于组织两者之间的关系。然而在后现象学的调节理论中，这些实体实际上是在其中介关系中构成的。在艾德这里调节成为实体的起源，而不是它们

---

① Eede Y. V. D. , "In Between Us: On the Transparency and Opacity of Technological Mediation", *Foundations of Science*, Vol. 16, No. 2 – 3, May 2011, p. 139.

之间的"中间位置"。在对后现象学调节理论的理解中,人类的"主体性"和其世界的"客观性"是中介的结果。中介技术绝不是将目标世界的特定方面"传达"给主体思想的"中介"。它们是调节主体,有助于构成对我们而言真实的事物以及与该现实有关的事物。艾德确实注意到有可能超越调节的概念,因为事情发生在"之间"。但是从后现象学方法看,两者之间只能在调节之后发生,而不能成为调节发挥作用的地方。人类及其世界是调节的产物,而不是调节的起点。

另外,艾德也注意到一些特定技术,这些技术无法将调节作用归因于"人类与世界之间的技术"。例如,"电子人"(cyborg)技术,植入的芯片与人体融合在一起,以至于在试图理解"人类"的行为和经验时,两者之间不再有任何区别。再比如直接连接到听觉神经的人工耳蜗,使失聪的人有一定程度的听力,那么这种"听力"就是人们与技术人员的共同活动,而不单属于依靠技术使"听力"得以恢复的人。再比如,在当下的智能家居系统中,人工智能技术不再像人类在"使用"传统技术那样,"人类与世界之间的技术"使我们与世界的关系融为一体。

尽管艾德的这种区别有助于进一步理解技术调节的各个方面,并与调节的社会和政治方面建立联系,但他也在两者之间构造了一个矛盾,忽视了如何对两者进行综合处理。例如,艾德在总结中说:"从使用(设计师或工程师)的角度出发,对技术中介的意识必须尽可能低。从情境(个人、改革者或受害者)的角度来看,对其的意识应尽可能高。但是,从理论家的角度来看,应该发展某种形式的双重视野,同时兼顾两种透明性,否则我们就有可能忽视其中一种。"①

使用的透明性和情境的透明性之间的这种对立忽略了以下事实:两个互补现象可以完美地结合在一起。使用的透明性体现了透明性和不透明性之间区别的一种经验形式。这里的透明性是一种感性的"中立性"。技术充当人们与世界之间的界面。除此之外,情境的透明性还体现了这种区分的更多认知层面。它关系到我们对技术扮演的中介角色的意识,而不是我们对技术本身的直接经验。艾德认为,两者之间存在联系:技术可以"体现"或"现成可

---

① Eede Y. V. D. ，"In Between Us: On the Transparency and Opacity of Technological Mediation"，*Foundations of Science*，Vol. 16，No. 2 - 3，May 2011，p. 159.

用"的能力越好，其中介作用也就越难以被人们理解。类同我们所理解的，越好的技术越难以察觉，不会引起人们注意。

因此，艾德认为："要使一项技术减轻其对社会的负面效应的影响，在使用范围内和使用情境中，该技术必须具有透明性。"① 为了使技术"可用"（上手、透明、体现），需要允许自己采取行动和体验。但是，在这种经验水平上的透明性与在更高认知水平上的不透明性根本没有矛盾，与我们以技术为媒介的生存方式建立了明确的联系，甚至可能构成技术伦理的一个组成部分。

当以特定方式明确使用某项技术时，用户实际上就有可能故意共同塑造技术中介对其存在的影响。这样，用户可以避免仅仅是调节的"对象"，而可以重新获得一种重要的方式来共同构建其调节的主观性。而且，设计人员甚至可以在某种技术尚未实际存在且透明之前就发展出一种了解其条件和影响的形式。对此类调节的意识并不排除直接意义上的"可用性"。

因此，不仅理论家需要发展一种"双重视野"形式，以同时看到使用和环境的透明度，用户和设计师也是如此。而且，艾德对使用和情境透明性的分析表明，用户和设计师需要具备以负责任的方式处理各种技术所涉及的中介所需要的手段。例如，在使用一种技术时，用户需要被赋予"权力"才能看到他们从字面上"服从"自己的调节。要成为技术社会的公民，必须具备以下能力：使用医疗诊断技术意味着对健康和疾病的重新定义，以及对职责的重组；实施数字学习环境意味着对教师和学生的角色和职责进行重组，并开启和关闭特定的教学渠道。

同样，设计人员都应努力保持使用的透明性，同时保持情境的不透明性。这将使设计一种既实用又负责任的调节技术成为可能。可以肯定的是：在设计技术或决定将其整合到社会实践或个人生活中的特定方式时，并非可以预见所有中介。但是，正是调节理论对调节现象的各个方面和各个方面的见识日益丰富，可以为这里的"知情预测"提供基础。

作为技术的负责任使用、设计和社会实施的一部分，预期技术的社会和政治影响并不意味着无法使用这些技术。相反以负责任的方式处理技术需要这种预期。使用的透明性与情境的不透明性很好地结合在一起，这就是人类

---

① Verbeek，Peter-Paul，"Expanding Mediation Theory"，*Foundations of Science*，Vol. 17，No. 4，November 2012，p. 393.

与调节有关系而不是仅仅沉浸在调节中的正当理由。

质言之，艾德通过将现有的调节理论按照使用和情境进行分类，为调节理论做出了重要贡献。艾德将现有的调节理论扩展到社会和政治领域，关注技术调节的不透明性和透明性的概念，这在一定意义上拓展和完善了技术调节理论。但是，维贝克认为艾德这种拓展也存在两个问题："其一，艾德的'中间'概念冒着将调节概念化为预先存在的实体'中间'的一个过程的风险。但是，根据后现象学和行动者网络理论的当前工作，调节应该被视为实体的起源，而不是它们之间的中介。其二，艾德在'使用'和'情境'中对透明性和不透明性的单独讨论带来了使这两个维度的互补性不可见的风险。使用的透明性体现了透明性和不透明性之间区别的一种体验形式，而情境的透明性则体现了这种区别的更多认知维度。或许只有将二者联系起来，才有可能对技术调节产生的影响负责。"① 从这种意义上来说，用户和设计师需要"双重视野"，才能同时看到技术人工物在使用和设计情境中的透明性。

## 二　人－技关系的拓展

"人－技关系"是技术调节理论的基点，维贝克基于人工智能、电子人等新兴技术的发展进一步拓展了伊德关于"人－技关系"的四种表述。

维贝克认为，随着技术的发展，特别是信息技术、纳米技术和生物技术等新兴技术的发展，技术意向性朝着超人类的方向趋近。一方面，更多的新兴技术伴随着技术意向性的显性化而发展起来，它们把自身的意向性强加在使用者身上（如磁共振成像）；另一方面，高技术的整合（如会聚技术），使得技术介入人类本质成为可能，电子人出场就是最好的例证。与技术发展相伴随的是人－技关系的演进，人－技关系从功能性和易用性（工具性）走向沉浸式和融合式（复合式）。

### 1. 两种"超人－技"关系

新技术样态下的技术意向性与伊德语境中的意向性有了较大区别，它们不仅调节技术，还涉及意向性的非人形式。为解决此问题，维贝克增补两种"超人－技"调节关系："赛博格关系"和"复合关系"。（详见表3.4 人－技

---

① Verbeek, Peter-Paul, "Expanding Mediation Theory", *Foundations of Science*, Vol. 17, No. 4, November 2012, p. 391.

关系的拓展）

**表 3.4** 维贝克对人－技关系的拓展

| 关系类型 | 具体形式 |
| --- | --- |
| 具身关系（上手） | （人－技术）→世界 |
| 解释学关系 | 人→（技术－世界） |
| 它异关系（在手） | 人→技术（－世界） |
| 背景关系 | 人（－技术－世界） |
| 赛博格关系（电子人） | （人／技术）→世界 |
| 复合关系 | 人→（技术→世界） |

赛博格意向性指"人与技术的混合物的意向性概念"①，这种混合意味着一种新的实体赛博格（人与技术的融合）的产生。这种混合式融合是具身关系的延伸，但从根本上看，它又不同于具身关系。具身关系更多停留于穿戴关系，如戴眼镜，是一种"上手"状态，归属于传统的人－技关系，人的要素与技术要素之间有清晰的界限。而赛博格关系被定位在超人类之上，从词意上看，赛博格意指生化电子人、半机械人、电子人等，这种人技融合产物属于人类增强技术的应用。维贝克在谈到"当人工心脏瓣膜和起搏器让心脏跳动的时候"，人和人工心脏瓣膜、起搏器间根本没有具身关系。人工心脏瓣膜、起搏器已成为人们物理身体的一部分，成为构成人们生命存在不可或缺的一部分。

复合意向性意指由技术形成的环境所具有的意向性。在这种意向性中居核心地位的是技术物自身的意向性和指向技术物的意向性。复合意向性可以视为伊德解释学关系的拓展，解释学关系只是人们通过技术感知世界的某一特定形式，如温度计，但是温度计显示温度只是属于指向性范畴。"当技术装置的指向性增加到人类意向性时，复合意向性就产生了：来自将技术的意向性增加到人类意向性的意向性形式。"② 例如，科学家通过观察来自射电望远镜的星星图像使得星星变得可见，这种感知能够揭示出仅为技术（射电望远

---

① Verbeek，Peter-Paul，"Beyond Interaction：A Short Introduction to Mediation Theory"，*Interactions*，May-June 2015，p. 29.

② Verbeek，Peter-Paul，"Beyond Interaction：A Short Introduction to Mediation Theory"，*Interactions*，May-June 2015，p. 29.

镜）所体验的现实。

2. 人－技术－世界关系的再思考

在伊德和维贝克他们对"人－技关系"的分析之上，我们从生成论的视角进一步追问"人－技－世界的关系"，大致还可以从两个向度进一步补充，即原初生成关系和现代建构关系。（详见表3.5 人－技关系的进一步思考）

其一，原初生成关系，即世界→（人－技术）的关系图景。这种逻辑是从人（技术）的生成过程来说的，人（技）是在物种演化过程中生成的。也就是说在传统社会，或者说在古生代技术时期，人们与技术是紧密联系在一起的，不论是富兰克林的"制造工具的动物"，还是马克思恩格斯对技术工具的高度重视，都似乎在表达着人之所以是人，在于人能制造工具。从这种意义上来说，人与技术同质互构，是不可分割的整体。这种原初生成关系图景涵盖着现代人－技关系的"具身关系"和"赛博格关系"。

其二，现代建构关系，即（技术→人）－世界的关系。现代建构关系在维贝克的建构意向性基础之上，强调技术对日常生活世界中人们的认知的重构。这种模式是由技术意向性反向补充人类对日常现实中无法把握的现实，让人们对生活的现实世界有其他向度的新的认知。

表3.5　　　　　　　　　　　人－技关系的进一步思考

| 关系类型 | 具体形式 |
| --- | --- |
| 原初生成关系 | 世界→（人－技术） |
| 具身关系（上手） | （人－技术）→世界 |
| 解释学关系 | 人→（技术－世界） |
| 它异关系（在手） | 人→技术（－世界） |
| 背景关系 | 人（－技术－世界） |
| 赛博格关系（电子人） | （人/技术）→世界 |
| 复合关系 | 人→（技术→世界） |
| 现代建构关系 | （技术→人）－世界 |

3. 技术调节语境中的"交互设计"

维贝克对"人－技关系"的深度思考开启了一种新式"交互设计"，这"不仅意味着允许特定交互的技术对象的设计，还意味着与这些对象交互的人类主体的设计"①。这也就是说我们要设计的不仅是人工物本身,更重要的是人与人工物之间的交互。从"中介方法"来看,人与技术不是预先给定的实体,而是在互动中塑造的实体。从人与世界关系体系上看,人与技术之间的关系实际上是人与世界关系的一部分,技术在这种关系中起着中介作用。因此,被设计物是一种在实践语境中形成的人与世界的关系。再进一步追问,设计技术物也是设计人类自身。任何技术物都会在用户和他们的世界之间创造特定的关系,产生特定的体验和实践。

在设计领域中,设计者与技术人工物间的关系呈现为人工物的结构,使用者与技术人工物之间的相互作用表现为人工物的功能或用途。由于人工物是为使用而设计,主体与物间的关系通常被限定为可用性。然而,在高技术领域这种关系又缺失确定的"可用性"。例如,在芯片植入技术中,使用者和芯片技术之间的关系表现为沉浸和融合。另外,维贝克认为单从功能性角度理解人与技术的关系,会遮蔽人工物的意向性,从而把(高技术)人工物降低到单纯的工具。事实上,在使用过程中,会产生诸多设计之外的人-技关系,这些关系远超人工物的功能。

4. 三向度概念化人与技术的关系

在人与技术关系的概念化层面上,维贝克区分出延伸、辩证法和混合式三种方法。"技术可以被视为人的延伸;人与技术之间可以有辩证法;人与技术的关系可以从混合的角度来处理。"②(如表3.6所示)

技术是人的延伸。这种观点类同马克思的"人体器官延长论",技术人工物是人们从事某种实践活动的工具,它是人们改造世界的中介。延伸语境下的人与技术关系,造成两种争论:其一,技术中性论;其二,重新定义人类器官的功能。就第一个方面而言,皮特(Pitt J. C.)在《枪不杀人人杀人》一文中指出"从道德的角度看,放弃技术中立的观点是不可取的"③,一旦赋予技术人工物道德责任,那么类同"机器让我这么做的"观点必然会让技术

① Verbeek, Peter-Paul, "Beyond Interaction: A Short Introduction to Mediation Theory", *Interactions*, May-June 2015, p. 28.

② Verbeek, Peter-Paul, "Beyond Interaction: A Short Introduction to Mediation Theory", *Interactions*, May-June 2015, p. 28.

③ Pitt J. C., "Guns Don't Kill, People Kill: Values in and/or Around Technologies", Peter Kroes et al., *The Moral Status of Technical Artefacts*, Dordrecht: Springer, 2014, p. 89.

分担责任，减轻使用者的法律和道德责任。就第二方面而言，技术人工物在与人类融合过程中，技术人工物重新塑造人类的意义，克拉克（Clark A.）和查尔默斯（Chalmers D.）基于此提出了"延伸心智论"，即人工物已经成为人类身体功能的一部分。

人与技术的关系是一种"异化""外在化"的辩证关系。就"异化"向度来说，人与技术是一种对立的关系，二者分属不同领域，技术成为一种控制人的力量，这种认知源于马克思的《1844年经济学哲学手稿》。就"外在化"向度来说，技术实际上是人类特定方面（如特定器官）的外在化。维贝克认为恩斯特·卡普（Ernst Kapp）的"器官投影论"就是很好的例证。威廉·施密德（Wilhelm Schmidt）立足当前技术现状，提出"从工具到机器，从机器到自动化，技术的发展是人类能力的不断外化"，"虽然工具（机器）仍然由人类在肉体或心智上操控，但工具（机器）已经接管了肉体部分，自动化机器接管了心智部分"。[①] 也就是说，"外在化"展开的同时，人与技术呈现出日渐融合的趋势。

人与技术是一种复合体（Hybridity）。维贝克认为，延伸或辩证法都是从主体与客体二元化角度解析人与技术，没有抓住人与技术的复杂互动关系。学界对这种复杂互动关系的研究，构成了前文提到的"技术中介调节理论"，在此不再赘述。

表3.6　　　　　　　　　　三向度概念化技术与人的关系

| 人与技术关系 | | 技术表现 | 伦理道德负载 | 表现 | 技术的特性 |
|---|---|---|---|---|---|
| 延伸 | | 技术是人身体的延伸 | | 中性的工具 | 功能性（功用性） |
| 辩证法 | 对立 | 人与技术之间的对立 | 技术异化 | 技术控制人 | 人–技在不同领域 |
| | 生产性 | 技术是人类特定方面的外化 | 人技关系转换为人己关系 | 机器取代人体器官 自动机器取代认知 | 生产性 |

---

① Schmidt, W., "Die Entwicklung Der Technik Als Phase Der Wandlung Des Menschen", *Zeitschrift Des Vdi*, Vol. 96, No. 5, 1954, pp. 118–122.

续表

| 人与技术关系 | 技术表现 | 伦理道德负载 | 表现 | 技术的特性 |
|---|---|---|---|---|
| 复合式 | 技术是人性的一部分 | 人的感知和经验、行动和生活方式，所有这些人类存在的元素都是在与技术的密切互动中形成的 | "调适体"<br>调适人与世界<br>技术不是对立物，也不仅是我们的延伸<br>技术是人与世界联系的媒介 | 调适<br>产品不仅具有功能性、互动性和审美性，还是人类生活的调适者<br>设计人工物就是设计人的存在 |

5. "人 – 技术关系"的其他维度解析

史蒂文·多雷斯蒂金（Steven Dorrestijn）从人与技术人工物的"接触点"切入，区分出四种类型的接触。即以人体为参考，对应于人体周围的四个区域："手""眼前""背后"和"头上"。①"手""眼前"两个区域是主体人接触技术的方式。例如，手与技术的直接互动；眼睛感知技术提供的信息。"背后"和"头上"两个区域实际是情境模式。"背后"指的是对人的行为和经验有影响的物质基础设施，而"头上"是指技术在人的思维中所扮演的角色。

尼克·川姆（Nynke Tromp）等人从技术对人的行为和决策的影响入手，区分了技术对人类影响的两个维度：可见性和影响力。即技术的影响在"隐蔽的"和"明显的"之间，在"弱的"和"强的"之间。②川姆基于此，将技术的影响分为"强而明显的""弱而明显的""隐蔽且弱的""隐蔽且强的"。所谓"强而明显的"影响可以称之为强迫性的，例如，不系安全带就无法启动汽车。弱而明显的影响是有说服力的，例如，智能电表可以反馈用电量。隐蔽且弱的影响可以被称为诱惑，也就是技术的影响是非认知性的温和的，例如，在公司大厅里放置一台咖啡机来刺激社交互动。隐蔽且强的，可以被称为含蓄的强迫性，因为它施加的影响没有被注意到，例如，没有电梯的楼房，含蓄地强迫人们使用楼梯。

---

① Dorrestijn, S., et al., "Future User-Product Arrangements: Combining Product Impact and Scenarios in Design for Multi-Age Success", *Technology Forecasting and Social Change*, Vol. 89, November 2014, pp. 284 – 292.

② Tromp, N., et al., "Design for Socially Responsible Behavior: A Classification of Influence Based on Intended User Experience", *Design Issues*, Vol. 27, No. 3, July 2011, pp. 3 – 19.

不管是从哪个维度分析人－技关系，事实已经证明技术一直与人类相伴随。技术参与着人类的经验与实践，让人类更深刻地感知着外部世界，与此同时技术也在约束着我们的道德行为和实践活动。因此，在一定意义上说，"技术定义了什么是人类，没有技术我们就不能成为人类"①。技术与人类的互构，意味着"设计技术就是设计人性"②，设计活动是"设计师物化道德"的过程。

### 三　道德物化

从技术调节理论、"人－技关系"的拓展到道德物化理论，是维贝克技术哲学的自然演进。技术意向性理论是"道德物化"的理论前提。不论"意向性"还是"道德"本应都归属于主体人，分析来看，意向性更多属于技术设计领域，道德物化则归属于人工物的使用领域。

维贝克从后现象学的方法入手，将"伦理学理解为一种复合行为，在该行为中，人和技术都扮演着重要作用"③。虽然不能将技术视为完全的道德行动者，但是如果遮蔽了技术对人类的塑造，人类也不能被称为完全的道德行动者。也就是说，在这个技术化的时代，不论是主体人还是技术人工物，如果割裂开看，都不能视为完全的道德行动者。只有把主体人和技术人工物复合起来，才能真正理解技术人工物的意向性及道德化。也正是在这个复合框架意义上，技术才是负载道德的。

1. 道德物化理论的提出

维贝克用"Moralizing Technology"作为其著作的名称，这种表述方式直接导源于阿特胡思（Herman Johan Acherhuis）的"工具的道德化"（de Moralisering van Apparaten）。阿特胡思的这种表述给维贝克提供了灵感，也开启了荷兰学派对技术人工物道德维度的研究。维贝克的"Moralizing Technology"直译为"道德化技术"，它包含多层面的寓意。它既涵盖道德的技术人工物化，也包括技术人工物的道德化，是从两个向度阐释道德与技术人工物的关

---

① Verbeek, Peter-Paul, "Beyond Interaction: A Short Introduction to Mediation Theory", *Interactions*, May-June 2015, p. 30.

② Verbeek, Peter-Paul, "Beyond Interaction: A Short Introduction to Mediation Theory", *Interactions*, May-June 2015, p. 30.

③ ［荷］彼得·保罗·维贝克：《将技术道德化：理解与设计物的道德》，闫宏秀等译，上海交通大学出版社 2016 年版，第 1 页。

系。2016 年闫宏秀和杨庆峰等把维贝克的著作 *Moralizing Technology* 译为《将技术道德化》，凸显出了"进行时"和技术人工物设计层面的"伦理向度"，但也在一定程度上遮蔽了"道德技术化"的寓意。

就道德物化（materializing morality）概念的演进而言，国内学者张卫认为，"道德物化"理论始于布鲁诺·拉图尔的《何处寻找迷失的大众？少数常见人工物的社会学》，后经荷兰技术哲学家汉斯·阿特胡思在《工具的道德化》中概念化，人工物道德受到了普遍关注。维贝克在拉图尔和阿特胡思的基础上，在《将技术道德化》（*Moralizing Technology*，2011）一书中建构起系统化的"道德物化"理论体系。①

维贝克认为，常规的道德教育是从受教育者主体人的角度，通过道德理论和典型事迹宣传、展示等形式将其内化于心外化于行。道德物化则试图从技术人工物入手，将道德规范嵌入人工物，进而通过人工物反向调节人的行为。例如，拉图尔语境中的"汽车减速带"、维贝克提到的"男洗手间小便池中的苍蝇雕刻"和"购票的围栏"。这些设计都是"道德物化"理论的现实应用。

"道德物化"属于结果论伦理学，结果论伦理学注重实际效果。围绕着"什么使得一个行为是对的？"这个问题，不同伦理学学派给予了不同答案。结果论伦理学认为只要规范了行为，就算达到了目标。

2. 道德物化的理论与现实困境

当前道德物化的困境涵盖如下三个方面：其一，义务论伦理学和德性伦理学的批判。义务论伦理学认为道德理应是发自内心的自我规范，而非通过技术调节的约束型规范；德性伦理学认为道德是具有美德的人外化于行的行为规范；也就是说，义务论和德性伦理学秉持道德的内在性而非道德的外在性。其二，影响人类行为的技术人工物，将会加剧技术对人的控制，剥夺人们的自由权和选择权。一方面，人的自由行为在现实中受技术束缚，人们将丧失自由和尊严而彻底沦为技术的奴隶。另一方面，在人工智能等领域，技术物剥夺了人的选择权，同时会出现类同"电车难题"一样伦理后果责任主体不明等问题。其三，"技治主义"盛行。技术统治和专家治国逻辑将变得更

---

① ［荷］彼得·保罗·维贝克：《将技术道德化：理解与设计物的道德》，闫宏秀等译，上海交通大学出版社 2016 年版。

加顺理成章，技治主义将从国家宏观调控领域拓展到具体技术设计领域，技术决定论的地位会得到进一步巩固，技术相关利益共同体中各主体的地位将变得更加不对等。

3. 超越经验转向和伦理转向的伴随技术

技术哲学的经验转向是技术研究路径中的重要转向，它成功地将技术哲学的研究中心聚焦于技术自身，开启了技术研究的描述性路径。在荷兰，与经验转向并行的是伦理转向，荷兰的三所（后拓展为四所）大学组建的技术－伦理研究中心就是最好的说明。综观荷兰学者对新兴技术伦理的分析，他们"通常是从伦理理论、框架和原则"①入手，而忽视了"技术－社会复杂关系"的理论。维贝克认为"伦理学不能采取外部的立场"，而应该重拾"规范和价值的术语评估技术"。技术时代，技术伦理学本身就是技术产品的重要维度。

超越经验转向和伦理转向，技术哲学应沿着"描述性"和"规范性"这两条路径进一步展开。维贝克总结到：其一，进一步提升技术的伦理意义；其二，进一步拓展规范性伦理路径，注重技术伦理学研究；其三，开启技术伴随意义上的伦理学研究。

维贝克强调："伴随伦理学的关键问题不是在人与技术之间什么地方划出界限，而是如何在人与技术之间构建起相关性界限。"②我们不仅关注技术在道德上的可接受性问题，更要关注与技术伴随的我们的生活质量。伴随伦理学"扎根于经验转向和伦理转向"，它"不但介入人自身，人需要保护自己免受技术入侵，而且如何与技术共舞。其核心目标是伴随技术的发展、使用和社会体现"。③

伴随技术路径的逻辑实质是类同笔者在前文所述的"技术－伦理并行研究"，它需要技术设计者和使用者等多主体介入，多主体商讨并找到具体技术伦理反思的关键点，充分估计新兴技术的预期社会作用。伴随技术路径并非从外部立场研究技术及其伦理问题，而是"要直接参与到技术发展和它们的

---

① ［荷］彼得·保罗·维贝克：《将技术道德化：理解与设计物的道德》，闫宏秀等译，上海交通大学出版社2016年版，第194页。
② ［荷］彼得·保罗·维贝克：《将技术道德化：理解与设计物的道德》，闫宏秀等译，上海交通大学出版社2016年版，第195页。
③ ［荷］彼得·保罗·维贝克：《将技术道德化：理解与设计物的道德》，闫宏秀等译，上海交通大学出版社2016年版，第196页。

社会嵌入"①。伴随技术路径的主要任务是给设计者、使用者等多维主体提供一个框架来理解、观照和评估技术的社会和文化影响。基于此，维贝克认为当前技术哲学最迫切的任务就是"整合经验转向和伦理转向"。整合语境下的伴随技术路径包含两层寓意："一方面应注重分析特定技术在人类存在、社会和文化中的调节作用；另一方面，应着重发展与这些调节作用的伦理关系。"②然而，从近几年荷兰学派的研究进展看，伴随技术路径没能有效弥合二者间的鸿沟。

---

① ［荷］彼得·保罗·维贝克：《将技术道德化：理解与设计物的道德》，闫宏秀等译，上海交通大学出版社 2016 年版，第 196 页。
② ［荷］彼得·保罗·维贝克：《将技术道德化：理解与设计物的道德》，闫宏秀等译，上海交通大学出版社 2016 年版，第 196 页。

# 第四章　荷兰学派的瓦赫宁根模式

## ——公共卫生伦理和农牧业生产伦理

瓦赫宁根大学的农牧业特色学科是瓦赫宁根技术哲学研究模式的学科前提。农业和环境科学是其研究的主要视点，瓦赫宁根的技术哲学围绕打开农牧业科技黑箱、农牧业的可持续发展、生命伦理、公共卫生伦理等主题展开。

## 第一节　公共卫生伦理学家：马塞尔·韦尔维

马塞尔·韦尔维（Marcel Verweij）①，荷兰著名生物伦理学家，致力于公共卫生领域伦理问题的研究。韦尔维从宏观上阐释了政府、企业和个人等各个主体的卫生责任，提出卫生责任不是"零和游戏"的观点；基于流行性病毒传播的特点，他提出防治流行性病毒传播需要强制性措施，并就过程中可能造成的不便提出"补偿计划"；他从"最佳保护"和"公正"两个基本伦理原则出发，解释了为什么某些疫苗接种是政府的道德—政治责任，并主张就政府推动的集体接种计划提出标准框架；从公共救援的角度，韦尔维还分析了个人主义和集体主义为救援规则辩护的可行性，得出基于公平和效用来确定是否实施公共救援的结论。韦尔维的公共卫生伦理思想立足于公共卫生发展的实际，在当前新冠肺炎疫情形势下尤其值得各国学习借鉴。

### 一　道德哲学研究的新领域：公共卫生伦理学

"公共卫生"是一个古老的概念，其历史几乎可以追溯到人类文明的起源；"公共卫生"又是一个新的概念，现代意义上的公共卫生不仅在关注范围

---

① 马塞尔·韦尔维是荷兰著名的实践哲学家、伦理学家，现任瓦赫宁根大学哲学系主任、伦理咨询委员会主席，其研究和教学涵盖了应用哲学和伦理学（包括动物伦理学和商业伦理学），但其研究重点始终放在公共卫生领域。

上有所限定，而且也面临许多新问题、新挑战。《公共卫生概论》对其进行了较为明确的界定，认为公共卫生是"通过有组织的社区努力预防疾病、延长生命、促进健康和提高效率的科学和艺术"①。从定义中我们可以得出公共卫生活动的三个关键性特征：第一，公共卫生活动不仅关注个人健康，更加关注社区人口的健康，即公共卫生活动的目标是保护和促进大群体的人口健康；第二，公共卫生活动的重点是寻求预防、减少危害，而不只是停留在大规模伤害事件发生后对患者进行针对性治疗；第三，公共卫生需要集体行动，甚至需要政府的干预，因为许多期望的公共卫生目标仅靠个人是无法实现的。②

公共卫生领域涵盖广泛的卫生问题和一系列的社会反应，这些问题不可避免地会引起伦理问题。例如，传染病控制、大规模筛查等行动在减轻群体人口疾病传染风险的同时，也可能与自由或个人福祉等价值观产生紧张关系。这些伦理问题催生了一个崭新的道德哲学研究领域——公共卫生伦理学。公共卫生伦理学是生命伦理学的分支，其旨趣不仅是帮助探索出现在公共卫生实践、政策和研究中的伦理问题，而且重新思考医学伦理和伦理理论。在20世纪60年代生命伦理学产生并迅速发展的最初阶段，人们更多地关注临床医学和医学技术中的伦理问题，对于公共卫生中的伦理问题缺乏足够的重视。直到20世纪末以来，公共卫生相关的伦理问题才得到越来越多的关注，进而吸引了一大批学者和公共卫生从业者来进行研究，马塞尔·韦尔维就是其中的杰出代表。

韦尔维与安格斯·道森（Angus Dawson）共同开创了公共卫生伦理学，他们在牛津大学出版社合作出版了《公共卫生伦理》（*Public Health Ethics*），这是第一份以系统分析公共卫生和预防医学中的道德问题为重点的同行评议的国际期刊，内容涵盖对公共卫生性质和相关概念的界定、评论和案例研究；对公共卫生价值的探讨；对传染病控制、资源分配、卫生保健、疫苗接种以及其他维护公众健康（公正）相关的政策和做法中的伦理问题研究等多个方面。当前，该期刊已成为生物伦理学和公共卫生领域内专业人员和政策制定

① Gebrezgi Gidey, Sadik Taju and Ato Seifu Hagos, *Introduction to Public Health*, Sudbury: Jones and Bartlett Publishers, 2006, p. 27.

② Angus Dawson, "Resetting the Parameters: Public Health As the Foundation for Public Health Ethics", in Angus Dawson ed., *Public Health Ethics: Key Concepts and Issues in Policy and Practice*, New York: Cambridge University Press, 2011, pp. 3 – 5.

者的重要资源，也成为蓬勃发展的跨学科科学领域的中心。

此外，韦尔维还公开出版了《伦理、预防和公共卫生》（*Ethics*, *Prevention*, *and Public Health*, 2009）、《好奇心和责任：关于健康食品与生活条件的哲学》（*Curiosity and Responsibility*: *Philosophy in Relation to Healthy Food and Living Conditions*, 2014）等论著。他对国家、企业和个人的卫生责任、传染病控制，以及疫苗接种、公共救援等问题颇有见解。韦尔维所做的工作为专业领域或公共政策中的哲学理论和实践道德问题架起了一座桥梁，帮助相关人员更加深入地分析公共卫生问题。

## 二　卫生责任不是"零和游戏"

公共卫生领域长期存在家长式的风气，认为维护公共健康是专业人士和国家政府的责任，这些特定领域的人要对公众的健康福祉负责，个人却不需要对自己的生命负责。这种家长式的风气一方面限制了个人自由，另一方面也使特定群体承担了太多不属于自己的责任。韦尔维对这一问题进行分析，认为其产生的原因在于人们预先假定了卫生责任是"零和游戏"，即公共卫生领域的责任是一定的，如果一方承担更多的责任（尤其是政府或其他社会组织），这将以同样需要承担责任的其他方为代价，就像一块蛋糕在不同群体之间分配，一方所得份额更大就意味着其他方得到的更少。这样的分析方法在一些事后责任中即讨论谁应该对某些状况负责时可以采用，例如醉酒这个事件的责任可以归咎于不同的主体（我自己、酒保、劝我再喝一杯的朋友），这些人共同促成了这一事件，在这中间如果某人只起了很小的作用，其他人就要负更大的责任，反之亦然。

但是还有一些责任是前瞻性的或者是作为义务的责任。韦尔维认为个人、政府、社会组织、私营企业等对健康的责任问题主要就是前瞻性的，即这些主体都有规范社会行为、促进和保护健康的责任，并且没有任何理由能够证明这些责任会因对方做了足够的贡献而减少，因而不能将其看成"零和游戏"。具体而言，公民个人出于谨慎和道德上的考虑，必须照顾好自己的身体，这不仅对自身有利，也能够增强个人照顾家庭和履行其他职责的能力。但是个人维护营养和健康的理由再强烈，也不能淡化国家必须维护健康的道德理由，即"政府促进健康生活机会均等的义务并没有因为个人对自身健康负有责任而逐渐消失"①。国家提倡健康营养的伦理原因和目标与个人关心自身健康的理由有很大不同，个人关注的是自身和亲近家人的健康，国家政府关注的则是整个社会的健康状况，目的是实现整个社会健康生活机会的均等。就像韦尔维所说的："从公共卫生的角度来看，把健康营养的所有责任都留给公民个人实际上是不公平的。如果每个人都有平等的机会获得健康的生活方式，这也许是公平的。但事实上，人口内部存在着巨大的不平等，因此国家有正当理由承担起健康营养的责任。"② 政府为维护健康所采取的具体方式有：为产品制定行业安全标准；加大对不健康产品的征税；颁布限制企业影响公共政策制定以及禁止向弱势群体销售不健康产品的法律等。通过这些方式来构建安全的食品市场，遏制对公共卫生的负面影响，促进健康生活机会均等的实现。

同样，国家进行的这些公共卫生活动也并不妨碍企业促进和保护健康的基本责任的实现，韦尔维认为企业在市场活动中必须遵循普遍道德——非恶意原则、尊重自主性原则。以食品安全为例，现代社会各种疾病尤其是非传染性疾病层出不穷，除了遗传和环境因素外，不健康的饮食也是重要的致病因素之一。食品加工企业和零售商有义务通过不生产、不销售损害人体健康的产品来保护人民利益，还要经常反思自己的产品和行为是否会在不经意间对他人造成伤害，这就是非恶意原则。当一家公司明知所从事的生产活动会损害消费者利益却不加以制止，甚至故意使用具有有害成分或故意分发受污染的食品时，就违背了非恶意原则，应该受到道德上的谴责和法律的惩罚。企业生产出来的产品在销售环节也应做到沟通顺畅和透明，诚实地告知消费者产品的相关信息，使其能够根据自身实际自主做出选择，就像韦尔维所说的，"只有在双方知情并自愿同意交易的情况下，交易才被允许"③，消费者的自主选择权必须得到充分的尊重。此外，产品销售中也应避免虚假、夸张的广告对消费者决策过程的过度干预，尤其是对没有辨别能力的儿童的操纵。

总之，在韦尔维看来，在公民个人、政府、社会组织以及企业的前瞻性

① Marcel Verweij, *Curiosity and Responsibility*: *Philosophy in Relation to Healthy Food and Living Conditions*, Wageningen: Wageningen University, 2014, p. 14.

② Marcel Verweij and Angus Dawson, "Sharing Responsibility: Responsibility for Health Is Not a Zero-Sum Game", *Public Health Ethics*, Vol. 12, No. 2, 2019, p. 100.

③ Tjidde Tempels, Vincent Blok and Marcel Verweij, "Food Vendor Beware! On Ordinary Morality and Unhealthy Marketing", *Food Ethics*, Vol. 5, No. 3, 2020, p. 7.

责任的背景下，公共卫生责任不是"零和游戏"。不同的主体有不同的道德责任，也会采取不同的方式来规范行为、促进健康，这些基于不同理由的行为方式不一定是相互竞争、相互超越、非此即彼的，彼此合作、共同发力才是履行公共卫生责任、保障健康发展的正确方式。

### 三　防治流行性病毒传播需要强制性措施

流行性病毒因其能在较短时间内广泛蔓延、感染众多人口的特点，在过去一直都是威胁公共卫生的重要因素之一，天花、黑死病、流感等都属于有较强感染性的流行病毒，每次感染的大爆发都会造成普遍性的灾难。以流感为例，流感是一种严重的传染性疾病，通常会在老年人和慢性病患者身上产生致命的并发症，"流感病毒主要是通过感染者在咳嗽、打喷嚏或说话时排出的带有病毒的呼吸道分泌物中的悬浮微粒传播的"①。仅在 20 世纪就发生过三次全球性的大流感，其中 1918—1920 年的"西班牙流感"在全世界造成 5000 万人死亡（保守估计），是极具破坏性的流行病。与 100 年前相比，现在的医疗水平有了质的提升，无论是医学知识的丰富、医疗设备的改进还是各类药物的研发都使拯救生命变得更加高效。但是世界人口总量在不断增长，交通运输工具的改进也使人口的世界性流动变得更为便利，再加上有些传染性疾病有一定的潜伏期，人们根本察觉不到自己已经感染病毒或者是感觉到某些症状但没有意识到其具有传染性。这些因素都为一种新病毒在几天或几周内传播到世界各地创造了有利的条件，因而流行性病毒感染在今后相当长一段时间内依然是威胁人类生命的致命杀手，预防和治疗流行性病毒感染也仍然是公共卫生领域的重点工作。

因为其易于传播的特点，韦尔维认为："避免感染的责任不仅对那些知道自己携带疾病的人产生了要求，而且对那些知道自己感染风险增加的人，甚至对那些明确知道自己完全健康的人也有要求。"② 即每个人都应该做到既避免自己感染，也避免传染他人。然而，人是社会意义上的人，需要进行一定的社交活动，人们绝不可能为了预防感染而把自己永远、完全地隔绝起来，

---

① N. J. Cox and K. Subbarao, "Global Epidemiology of Influenza: Past and Present", *Annual Review of Medicine*, Vol. 51, No. 1, February 2000, p. 411.

② Marcel Verweij, "Obligatory Precautions Against Infection", *Bioethics*, Vol. 19, No. 4, August 2005, p. 323.

即使这些活动中潜藏着某种可传染性的疾病。另外，不幸感染后所引起的一系列连锁反应也不是仅凭个人之力就能够处理好的，需要整个社会的协调联动，而动员全社会的力量也意味着必须要实行某些强制性的措施。

具体而言，韦尔维认为防治流行性病毒传播可能用到的强制性措施主要包括：其一，监测、筛查、通报。良好的监督机制是预防传染病大规模爆发的重要前提，要及时获取有关传染病的数据、统计个人相关信息，有条件的地区可以对健康人群进行定期检测，没有条件的地区也要对孕妇等特殊人群进行定期的艾滋病毒、乙型肝炎、肺结核等检测，通过这种方式对常规的流行性病毒进行有效的监测，以便及时发现和控制病情。在这一过程中，如果医生和医学实验室发现了新的可能造成大规模传染的病毒也要及时向卫生当局汇报，卫生当局根据情况制定应对方案，并就防治进展和过程中出现的新情况及时向社会公众通报。其二，追踪密切接触者，保持安全社交距离，必要时进行强制隔离。在一个流行性传染病病例被确诊后，可能需要根据这一疾病的传播方式、传播速度等特点，对与确诊患者有密切接触的人进行追踪观察、检测，乃至强制隔离。例如像肺结核这样的疾病是经由空气传播的，肺结核患者在咳嗽、打喷嚏甚至大笑、唱歌时都可能把含有结核分枝杆菌的微滴散播到空气中，并可停留数小时，这样就很容易被其他人吸入并导致感染。因而对其接触者的追踪可能会涉及包括家庭成员、邻居、同事、同学在内的整个社区，甚至是在特定时间到过特定地点（例如购物中心或电影院）的每个人。另外，在感染集中爆发期间，没有感染病毒的健康群体也要保持安全距离，这是防止疾病进一步蔓延的重要举措，尤其是对流感这样的呼吸道感染疾病更应如此，公共卫生当局甚至会根据情况做出取消集市、各类比赛和关闭学校、托儿所、公司、商店等强制性决定。其三，对感染者进行强制医疗。对流行性病毒感染者的医学治疗不仅对病人本人的身体健康有利，还是防止其他人进一步感染的重要保证。如果受感染的病人得不到治疗，那么前面所采取的诸如监测、筛查、隔离等活动就难以达到理想的效果。但社会上总有一部分边缘化的人，自身生活尚难以为继，承受不起治疗的昂贵费用，即使治疗也只是感觉好转就停止，这种情况下就必须进行强制性治疗。其四，进行疫苗研发和接种。在一种新型传染病毒刚出现的时候，人们的主要注意力都会放在救治病人身上，但要真正从源头上解决问题必须要进行疫苗的研发，就像天花，作为人类历史上最古老也是死亡率最高的传染病之一，曾令人们谈之色变。但后来经过不断的实验，人们成功研制出了天花疫苗，天花自此成为第一个被彻底消灭的传染病。在今天医学的不断发展下，很多常规的传染病都研发出了疫苗，韦尔维也提出："除非病毒的抗原发生重大变化，否则最有效的预防措施就是接种疫苗。接种疫苗可以保护接种者，也可以防止病毒传播。"[①]

韦尔维充分肯定了这些强制性措施在防治流行性病毒感染过程中的重要作用，但他也提出这些措施的实施是有条件的。首先，它必须能够有效地预防感染和降低疾病风险。显而易见，措施实施的目的就是要预防和控制疾病，无效的干预政策只会劳民伤财，没有任何现实意义，自然也就没有实施的必要。其次，这些措施对个人自由和福祉的影响应与可以预防的危害程度成适当比例，也就是要根据疾病发展的严重程度灵活地采用相关措施。例如2003年爆发的"非典"属于重大公共卫生事件，为应对这一疫情，检测、筛查、强制隔离等措施的实施都是合理恰当的。而对于麻疹之类的较不严重的传染病，有些强制性措施也是有效的，但并不合理也没有必要。

此外，韦尔维还主张实施"补偿计划"，他认为"大多数干预，尤其是强制性的干预，都限制了行动、旅行、会见想见的人等自由"[②]，也必将会对人们的日常生活以及财政状况产生重大影响。例如身处疫情爆发中心的人们通常会被限制出行自由，无法出门工作也就没有收入来源，给个人和公司带来巨大的经济负担；处于隔离中的人无法见到自己的亲人，一些没有独立生活能力的人的基本生活成为问题。类似这样的情况很多，相关部门应该根据实际需要适当地给予政策优惠、经济补偿和生活帮助，和人民携手共克难关。

## 四　疫苗接种中的政府责任

韦尔维充分肯定了疫苗接种在保护接种者和防止病毒进一步扩散中所起的重要作用，但他也看到了疫苗接种中存在的问题，即"如果让个人或小团体接种，这种保护就无法最佳地实现"[③]。因而要想更好地保护所有居民，必须要进行集体疫苗接种，这是发展的必然要求，几乎所有工业化国家和越来

---

① Marcel Verweij, "Obligatory Precautions Against Infection", *Bioethics*, Vol. 19, No. 4, August 2005, pp. 325 – 326.

② Marcel Verweij, "Infectious Disease Control", in Angus Dawson ed. , *Public Health Ethics: Key Concepts and Issues in Policy and Practice*, New York: Cambridge University Press, 2011, p. 107.

③ Marcel Verweij and Angus Dawson, "Ethical Principles for Collective Immunisation Programmes", *Vaccine*, Vol. 22, No. 23 – 24, August 2004, p. 3122.

越多的发展中国家都在实行行之有效的国家免疫计划。而这一工作的开展离不开国家政府的支持和规划协调，政府对某些疫苗接种负有道德—政治责任。

韦尔维提出并捍卫了两个基本的伦理原则，即最佳保护原则和公正原则，以此来解释为什么某些疫苗接种是政府的道德—政治责任。首先，政府有责任保护公共卫生和社会生活的基本条件。政府最基本的任务之一就是为社会生活创造条件，包括保护人们免受社会生活中可能遇到的各种威胁，而传染病就属于会对人们的正常生活产生严重威胁的因素，预防可能发生在社会生活中的感染是一个富有活力的社会基本要求。在一般情况下，接种疫苗尤其是集体接种疫苗，将最有效地提供这种保护：它能够使人们相信，在正常情况下，交谈、握手甚至打喷嚏都不会带来严重的健康风险；集体接种疫苗甚至还可以消灭病原体，提高群体免疫力，或至少大大减少病毒或微生物的传播，从而创造出一种保护形式，对现在和将来的任何人都是有益的，无论他们是否获得了免疫力。① 因此，推动疫苗接种特别是集体疫苗接种就成为政府不可推卸的责任。其次，政府有促进卫生公正、确保公民获得基本医疗保健的责任。健康是全人类共同的价值追求，每个人都应该平等地享有保持健康的权利，目前很多国家都有某种形式的全民医疗保险，以此来保障公民平等地获得基本医疗保健的权利。这样的思想不应该局限于病人护理，还应该扩展到预防性的疫苗接种。因为在某些情况下，预防性的疫苗接种与病人护理紧密相关，应当成为基本医疗保健的重要组成部分，使全体公民平等享有。如果人们面临着患严重疾病的巨大风险，疫苗接种可以消除或显著降低这种风险，但考虑到一部分人负担不起疫苗接种的费用，会造成事实上的不公平。在这种情况下国家政府就有道义上的理由为其提供平等的疫苗接种机会，当然要在合理的医疗开支范围内。

此外，韦尔维还对什么样的疫苗应该纳入政府推动的集体接种计划中进行了深入的思考，他主张要形成一定的评估标准框架。以荷兰为例，在韦尔维的参与下，荷兰卫生委员会就某一特定疫苗是否应纳入公共规划形成了评估的标准框架，该框架包括五个方面的内容：第一，疾病负担的严重性和程度。政府对公共疫苗接种的责任仅限于对公共健康构成威胁的疾病，即对个

---

① Marcel Verweij and Hans Houweling, "What Is the Responsibility of National Government with Respect to Vaccination?", *Vaccine*, Vol. 32, No. 52, December 2014, p. 7164.

人造成较大损害并可能影响大量人的疾病。第二，疫苗接种的有效性和安全性。接种疫苗是为了预防未来可能的伤害而向健康的人提供的，安全、有效是其基本前提。第三，疫苗接种的可接受性。纳入公共规划的疫苗接种必须保证有利于社会整体人口的健康。第四，疫苗接种的效率。与其他减轻相关疾病负担的方法相比，纳入公共规划的疫苗接种必须保证其成本和相关健康效益之间的平衡更为有利。第五，疫苗接种的优先次序。与其他可能被选择纳入公共规划的疫苗接种相比，以合理的个人和社会成本提供的疫苗接种应该更早地服务于迫切的公共卫生需求。

总之，政府在促进和保护公众健康方面负有重大责任，集体疫苗接种就是其完成这项任务的一个重要方面，不仅能够保护公众和社会生活免受感染的威胁，而且以公平的方式分配利益，使人们有平等的机会来获得基本疫苗接种。但具体哪些疫苗能够被纳入国家的群体免疫计划，要根据各国的标准来确定。

## 五　公共救援中的个人诉求与群体团结

"救援规则"（the Rule of Rescue）概念最早是由阿尔伯特·琼森（Albert Jonsen）提出的，强调对死亡迫近的道德反应要求我们拯救注定要死的人。[1] 这一概念有时在讨论公共医疗优先权时被引用，特别是在提供有益但非常昂贵的治疗方面，引起了广泛的讨论。因为卫生资源总是有限的，照顾一个急需治疗的个体病人和挽救更多生命之间存在相互矛盾的需求。接受救援规则，将大量精力和金钱投入效率较低的干预措施，就意味着同样的资源下失去更多的生命或获得更少的卫生效益。基于理性的认知，人们应该将更多的资源用于预防性的措施，但人类作为有感情的生物，总是竭力去挽救每一个可能的生命，也在各个层面上为救援规则寻求正当性理由。韦尔维也对这一问题进行了思考，认为："优先救助我们同情的人，而不是优先采取预防措施，挽救统计数字上的生命，可能更有助于维持一种重要的道德情感即同情，这是我们道德实践中不可或缺的。"[2] "如果唯一的目的是拯救尽可能多的生命，

---

[1] Albert R. Jonsen, "Bentham in a Box: Technology Assessment and Health Care Allocation", *Law, Medicine and Healthcare*, Vol. 14, No. 3 – 4, September 1986, p. 174.

[2] Marcel Verweij, "How (Not) to Argue for the Rule of Rescue: Claims of Individuals Versus Group Solidarity", in I. Glenn Cohen and Norman Danielsand and Nir Eyal, eds., *Identified Versus Statistical Victims: An Interdisciplinary Perspective*, New York: Oxford University Press, 2015, p. 138.

将资源从救援转移到预防可能是合理的，但事实上，这将否定人们站在一起，分享希望和恐惧，在面对和抗击灾害时相互支持的重要性。"①

　　另外，韦尔维还对个人主义、集体主义的观点进行分析，和人们一般意义上认为的个人主义的规范性论据会为救援规则的正当性提供一条有希望的途径，而集体主义或其他功利主义方法则会反对实行不同救援规则，韦尔维认为像契约主义这样的个人主义伦理观并不能为救援规则辩护，反而是一种旨在促进群体相关价值观的方法为救援规则提供了支持。具体来说，韦尔维是从事前、事后预防两个角度来考虑契约主义者是否支持救援规则的。他认为如果着眼于事前预防，选择救援规则而不是替代原则会增加健康人感染的风险，但与病人迫切需要的拯救生命的治疗相比，这种对风险的担心是微不足道的，因此拒绝救援规则是不合理的；如果考虑事后预防，一个人的过早死亡不会被阻止时，他将有理由拒绝接受救援规则，这就与病人赞同救援规则而拒绝支持预防规则是完全一样的，甚至在支持和反对一项规则的理由同样强烈时，契约主义者可能会支持保护更多人的一方，即合理地否定救援规则。简言之，考虑事前和事后预防的两种不同态度，除非我们能够找到令人信服的理由来排除事后的观点且与契约主义相一致，否则该理论不能为救援规则提供支持。韦尔维还分析了集体主义对救援规则的认识，集体主义呼吁群体团结特别是结构性团结，即一群人有着共同的价值观和社会认同，将把对社区某些成员的威胁视为对整个社区的威胁，当然这里的社区可以是村庄、省市或国家。以工人被困在矿井中的矿难为例，一般一个地区发展采矿业，那生活在周边的人也主要从事与采矿业密切相关的工作，一旦发生矿难，不仅家属会不惜一切代价来营救他们的亲人，生活在同一社区的其他人也会感同身受，希望实施强有力的公共救援来保障自身的安全和利益，或者至少有时，优先考虑救命治疗，而不是更具成本效益的救生预防措施，从而为救援规则提供一定的支持。但是韦尔维也清楚地认识到，在公共医疗资源稀缺的情况下，这种群体团结总是有限的，我们不可能完全放弃预防措施而把全部资源用于救援工作，因而是否要实施公共救援，不仅要考虑个人的诉求和群

---

① Marcel Verweij, "How (Not) to Argue for the Rule of Rescue: Claims of Individuals Versus Group Solidarity", in I. Glenn Gohen and Norman Danielsand and Nir Eyal, eds., *Identified Versus Statistical Victims: An Interdisciplinary Perspective*, New York: Oxford University Press, 2015, p. 146.

体团结带来的压力，更要基于公平和效用的通盘考量。

## 六　理论评鉴

作为研究生物伦理学特别是公共卫生伦理学的哲学家，韦尔维拥有难得的前瞻性视野，其研究始终紧跟公共卫生领域的社会热点问题，丰富了相关理论研究的框架和内容；作为荷兰卫生委员会的成员，韦尔维也充分考虑了理论的现实价值及其实践过程中可能遇到的各种状况，力图使理论真正为实践服务，他的一些公共卫生伦理思想出现在政府部门的提案中，并在一定意义上作为公共卫生政策得到了推行。2019 年爆发的 "COVID - 19" 新型冠状病毒肺炎疫情更是对他的公共卫生伦理思想的一次集中检验。

在这次危及全球的突发性公共卫生事件中，韦尔维身处的荷兰表现不算突出。荷兰有着令人称道的分级诊疗体系、医术精湛的医生、先进的医疗器械，其公共卫生系统一直处于世界领先的地位，但它和其他欧洲国家一样，对此次疫情没有足够重视，认为疫情即使蔓延到荷兰也会被很好地控制。这种盲目的乐观，使荷兰失去了最佳的防御期，国内各种卫生资源的储备也不丰富，甚至在其他国家纷纷封锁边境时，也没有实施任何隔离措施，过了很久才开始测温，这就与韦尔维所主张的防治流行性病毒感染的强制性措施相违背。在各国竭力救助感染者时，荷兰更是紧随英国，提出 "群体免疫" 的策略，只看到了同样的资源下群体免疫会挽救更多生命的结果，而没有考虑在形成免疫力的过程中人口大量死亡的伦理问题，这也招致了来自社会各界的不少批评，最后政府部门不得不予以澄清，表示目前抗疫的重点仍是积极防控，尽量减少入院治疗的病例。从目前荷兰抗疫的表现可以看出韦尔维的有关公共卫生伦理思想在荷兰没有系统地付诸实践，很多政府官员过于自以为是。但这并不意味着韦尔维的思想是不切实际的，从世界范围内的疫情防控现状和政策实施中存在的争议来看，他是极具预见性的，其措施也被世界各国实践证明是正确而有效的，例如韦尔维主张的监测、筛查、追踪感染者、隔离、强制治疗以及疫苗研发和接种等强制性防治措施已被世界各国所广泛采纳；其主张的政府、社会组织、私营企业、个人都要承担卫生责任的思想也为疫情的控制提供了可行的思路，减轻了国家政府的压力；其探讨的在公共资源稀缺的情况下救援还是预防的问题也真真切切地考验着各国政府，在世界范围内形成了较为普遍的共识，即在积极救援的同时加快疫苗研发。韦尔维的公共卫生伦理思想符合当今世界公共卫生发展的状况和趋势，对于处理紧急的公共卫生事件也颇有想法，值得各国政府借鉴学习。

## 第二节　农牧业生产伦理学家：巴特·格雷门

作为荷兰著名生命伦理学家，巴特·格雷门（Bart Gremmen）① 从畜牧业生产实例出发，阐明畜牧业生产系统中的道德操作体系及负责任创新问题，为解决道德锁定的伦理问题提供了新思路；同时他也分析了农业生产系统中以"自然"为原则的农业创新发展现状，为数字化农业进程指引方向。格雷门还从个人和企业的角度厘清了个人道德能力和企业负责任研究与创新对处理农牧业生产可持续性伦理问题的促进作用。此外，在农牧业产品上，格雷门认为不同生产方法将导致不同道德价值判断，不同技术产品命名将影响人们对技术产品的认知与评价。

基因工程的应用会不会违背动植物本身的内在价值？这是近年来生命伦理学领域争执不断的一个重要议题。"内在价值"近几年被伦理学家移植到动植物伦理领域中。这个概念在动植物研究中的使用，意味着动植物有一种超越工具价值的自身价值。关于内在价值的争论主要涉及两个问题：② 其一，基因工程是否违背动植物的内在价值？其二，动植物的内在价值是未被人类干预的纯粹生命吗？荷兰学者巴特·格雷门立足生命伦理学，从荷兰农牧业生产的现状出发，对上述问题作出了回答，并力图构建现代农牧业生产体系中的伦理框架。

### 一　基于动物伦理审视畜牧业生产系统中的伦理问题

格雷门的畜牧业生产系统中的伦理思想是从动物伦理开始思考的。2012年12月在德拉森德波尔（de Razende Bol）这座无人居住的小岛上，一头座头鲸搁浅，附近渔民把这头座头鲸杀死，这一事件引发了科学家、政府官员和

---

① 巴特·格雷门，荷兰著名的生命伦理学家。格雷门是荷兰哲学研究院环境和伦理小组的成员，荷兰瓦赫宁根大学（Wageningen University，The Netherlands）哲学系教授，国际科学诠释学学会（International Society for the Hermeneutics of Science）主席。从近四十年的学术历程看，格雷门致力于动植物伦理和环境伦理等领域的研究。

② Bart Gremmen，"Genomics and the Intrinsic Value of Plants"，*Genomics，Society and Policy*，Vol. 1，No. 3，December 2005，p. 4.

一些社会组织的广泛辩论，面对处在困境中的动物，人类是否应该介入？对于杀死野生动物，人类的道德标准是什么？根据欧洲一些国家的既有法律，人类有义务帮助陷入困境的动物。按照该法律体现的伦理原则，人类的首要职责是帮助这头座头鲸，只有当这些帮助都无济于事后，第二个职责是以人道的方式杀死它。格雷门指出人们似乎忽略了一个背景，"从环境伦理的角度来看，野生动物是生态系统的一部分。因此，重点是群体和物种，而不是单个动物"①。动物伦理学和环境伦理学并不是二元对立关系，而是连续的统一整体。

基于动物伦理的思想，格雷门提出畜牧业生产系统中的伦理操作体系，它包括"'内部'专业'关怀'伦理、'外来动物'伦理和生命科学中通过负责任的创新实现变革的'新兴'伦理"②。伦理操作体系有利于科学家、利益相关者、决策者等不同主体理解、评估、监测畜牧业体系中的信息。早在2009年汉斯·哈伯斯（Hans Harbers）就认为，"关怀伦理"是畜牧业生产系统伦理体系中最值得关注的综合框架体系。关怀意味着通过创新为社会做贡献的责任，格雷门也谈到，关怀的一个重要目的是"为生产链中的每一个利益相关者创造共同的价值"③。那么如何在伦理操作体系理论指导下做出符合主要利益相关者的伦理选择呢？

以养猪户和普通民众对生猪养殖行为的看法为例。格雷门认为，不同群体对同一个行为有不同的道德价值判断。通过调研，格雷门发现，"普通民众和养猪户对'自然'的理解存在差异"④。比如，对于普通民众来说，自然性就是让猪"有走出去的可能性""洗个泥巴浴"，但对养猪户来说，让猪出门并不现实，他们只能以扩大猪圈增加猪的运动空间来替代"有走出去的可能性"。这意味着不同利益相关者对生猪的态度不同，道德价值评价也不同，了

① Bart Gremmen, "A Moral Operating System of Livestock Farming", *Pragmatism*, Vol. 8, No. 2, 2017, p. 45.

② Bart Gremmen, "Ethics Views on Animal Science and Animal Production", *Animal Frontiers*, Vol. 10, No. 1, January 2020, p. 5.

③ Bart Gremmen, "A Moral Operating System of Livestock Farming", *Pragmatism*, Vol. 8, No. 2, 2017, p. 43.

④ Tamara J. and Bergstra and Bart Gremmen and Elsbeth N. , "Stassen Moral Values and Attitudes toward Dutch Sown Husbandry", *Journal of Agricultural and Environmental Ethics*, Vol. 28, No. 2, March 2015, p. 395.

解了这一点，对畜牧业伦理系统中的价值判断就有了基本的掌握，面对多样的伦理选择，各方利益相关者和决策者"必须了解不同公民群体的道德价值观，以便在制定政策、做出决策以及与公众沟通时与他们建立联系"[1]。这将有助于人们做出更合理的伦理选择。

随着社会的发展，畜牧业在人们生活中扮演着越来越重要的角色，人们对畜牧产品的需求也随之扩大。据统计，在过去几十年里全球鸡蛋需求量剧增，然而由于人们无法分辨孵化前"鸡蛋的性别"，为此杀死了数以亿计的日龄雄鸡，这个做法在欧洲备受争议，各国政府正鼓励相关人员寻找替代方案。当前，存在两种可选方案：其一，禁止杀死小动物；其二，通过技术手段判断受精卵的性别。这两种方案都有一定效果，但也难免引发与动物福祉（Animal Welfare）[2]相关的道德困境。多数人认为杀死日龄鸡是非常不人道的，它侵犯了动物权益，违背了动物福祉。当然每个人对食品安全、健康福祉、动物福祉等都有自己的价值判断，多个利益相关者即使根据社会预期共同协商得出的解决办法，也不会被所有人共同认可，每个人对替代杀死日龄雄鸡的办法都有自己的见解，这就造成道德锁定。道德锁定由以下事实造成，"一种做法的出现根源于高效生产系统的发展，而该生产系统受生产者价值观的驱动，而不是针对不同利益相关者的价值观"[3]。道德锁定实际上是指一个生产系统是如何被锁定在道德标准之下的，这一现象的出现也促逼着相关领域的创新发展。例如，上面例子中通过饲养雄性雏鸡产肉或从鸡蛋中取样等方案解决问题。在技术和社会伦理方面，每种选择都有其优势和劣势，要有效地解决这一道德困境，需要引入负责任创新（Responsible Innovation）的伦理框架。负责任创新包含四个方面的主题：预想、反思、规范、响应。"在创新过程中，创新者应**预想**其创新的预期和未来潜在的影响，**反思**其创新的目的、动机和潜在影响，与多个利益相关者讨论创新的**规范**和未来轨迹，并最终通

---

① Tamara J. and Bergstra and Bart Gremmen and Elsbeth N. , "Stassen Moral Values and Attitudes toward Dutch Sown Husbandry", *Journal of Agricultural and Environmental Ethics*, Vol. 28, No. 1, March 2015, p. 397.

② 动物福祉指人类在利用动物时应怀着人道主义的责任意识给予动物以必要的基本生存条件。

③ Bart Gremmen and M. R. N. Bruijnis and V. Blok and E. N. Stassen, "A Public Survey on Handling Male Chicks in the Dutch Egg Sector", *Journal of Agricultural and Environmental Ethics*, Vol. 31, No. 1, January 2018, p. 105.

过参与式和预期式治理**响应**社会需求。"① 在前文提到的两个可选办法中，就是以结构化的方式实现了创新过程中的预想和反思，至于响应方面，其实是让多个利益相关者参与决策，以适应社会需求。

根据畜牧业生产系统中的道德操作体系的三个层次，可以对动物伦理进行一定规范，当遇到道德困境时，负责任创新的四个方面为控制困境提供新思路，需要强调的一点是："无论采用哪种替代方法，都应该维护食品安全和动物福祉等价值观，这对人类来说至关重要。"② 创新在畜牧业生产系统中十分重要，寻找能够解决实质性问题的创新更为重要，此类创新需要更多时间，并且可能需要进行更根本的改变，为此人类还有很长的路要走。

## 二　农业生产系统中的伦理思想

农业对于人类生存的重要性毋庸置疑，没有农业，人类将不得不重回自然，寻找有限的食物和生产资料。然而，从 20 世纪 60 年代以来，随着全球农作物产量的倍增，农业生产中也产生了一系列负面影响。例如，农业造成的生态环境失衡、气候条件变化、自然环境退化、水资源的消耗、水土污染和生物多样性减少等问题。与此同时，消费者开始抱怨一些农产品失去了自然的味道。另外，"栽培品种的遗传基础已经变得非常狭窄，以至于提高质量的育种工作变得困难"③。近年来，人们逐渐意识到必须为工业时代破坏生态系统的农业技术寻找替代品，由此以"自然"为原则的农业创新日益受到重视。

"自然"是个动态、开放的概念，具有多种不同的含义，"自然性是支撑利益相关者道德问题的规范性标记，但它在不同的表象和语境中涉及不同的标准和现象"④。根据自然原则构建一个动态综合框架，对解决农业创新中的

---

① M. R. N. Bruijnis and V. Blok and E. N. Stassen and H. G. J. Gremmen, "Moral 'Lock-In' in Responsible Innovation: The Ethical and Social Aspects of Killing Day-Old Chicks and Its Alternatives", *Journal of Agricultural and Environmental Ethics*, Vol. 28, No. 1, August 2015, p. 956.

② Bart Gremmen and M. R. N. Bruijnis and V. Blok and E. N. Stassen, "A Public Survey on Handling Male Chicks in the Dutch Egg Sector", *Journal of Agricultural and Environmental Ethics*, Vol. 31, No. 1, January 2018, p. 104.

③ P. F. van Haperen and B. Gremmen, and J. Jacobs, "Reconstruction of the Ethical Debate on Naturalness in Discussions about Plant-Biotechnology", *Journal of Agricultural and Environmental Ethics*, Vol. 25, No. 6, November 2012, p. 800.

④ P. F. van Haperen and B. Gremmen, and J. Jacobs, "Reconstruction of the Ethical Debate on Naturalness in Discussions about Plant-Biotechnology", *Journal of Agricultural and Environmental Ethics*, Vol. 25, No. 6, November 2012, p. 799.

生态问题有一定启发，为此格雷门试图将仿生学引入其中。

仿生或仿生技术是"研究自然模型，然后从这些设计和过程中模仿或汲取灵感以解决人类问题的新科学"①，其优点在于，"自然"被视为一种衡量手段，通过自然来判断我们的技术创新在道德上是否正确。然而，仿生学并不是对自然的简单复制，而是对自然的探索和模仿，自然法则是仿生学技术最好的设计基石，自然界是相互联系、彼此相连的，自然界中的每个生物体的活动都有助于整体的健康发展。要探究仿生学在农业生产中的重要作用，需要从四个维度对仿生学概念进行批判性反思。第一，模仿。模仿是以自然为基础，实际上是对自然的概括和完善。第二，自然。"如果把模仿理解为对自然再生产的一种补充，那从逻辑上讲，自然本身不是完美的，而是有缺陷的。"② 所以复制自然是不现实的，要解决这个困境，我们需要引入弱仿生的概念，这有利于认识到仿生技术只能模仿自然。第三，技术。关于仿生技术，必须要弄清楚一个问题：仿生技术不是自然的复制，那仿生技术的本体论状态是什么？第四，伦理问题。仿生学的应用是否会对生态系统带来破坏？这是仿生学运用需要回答的伦理问题。格雷门等人指出："我们必须承认，强仿生学概念具有嵌入自然并与自然生态系统和谐相处的优势。"③ 科学家和决策者越来越相信，农业创新需要伴随着科学和社会之间的对话，这种对话必须符合社会发展的背景和内容。因此，在农业生产系统中引入仿生学技术的前提是不要忽视以往对话和磋商的结果，并将自然看成动态的过程，在农业生产中采取综合的办法。

为了减少农业产业化带来的道德问题，有必要将仿生方法与智能农业技术相结合，将农业生产系统中的组织性纳入到环境中，这在实践应用中可以找到实例。智能农业技术（Smart Farming Technologies）就是通过自我调节、

---

① Vincent Blok and Bart Gremmen, "Ecological Innovation: Biomimicry as a New Way of Thinking and Acting Ecologically", *Journal of Agricultural and Environmental Ethics*, Vol. 29, No. 1, January 2016, p. 204.

② Vincent Blok and Bart Gremmen, "Ecological Innovation: Biomimicry as a New Way of Thinking and Acting Ecologically", *Journal of Agricultural and Environmental Ethics*, Vol. 29, No. 1, January 2016, p. 212.

③ Vincent Blok and Bart Gremmen, "Ecological Innovation: Biomimicry as a New Way of Thinking and Acting Ecologically", *Journal of Agricultural and Environmental Ethics*, Vol. 29, No. 1, January 2016, p. 214.

自我修复以适应气候环境，不会对水土资源带来污染，反而改善其状况，进而实现高产。智能农业技术中的转基因技术是利用生物学形成的一种形式，我们称之为"生物辅助"①。在"生物辅助"过程中，人们使生产者按自然原则进行活动，使其符合伦理道德规范。另一个典型实例是**零排放研究与倡议组织**（Zero Emissions Research and Initiatives，ZERI）咖啡种植系统，99.8%的咖啡作物都被视为废物，需要模拟一个闭环生态系统，在系统中，这些废物可以再次利用：在咖啡废料上种植香菇，将残留物喂给牛和猪，将其粪便转化为沼气和泥浆，利用沼气加热蘑菇的种植棚，并将泥浆用作菜园和咖啡灌木丛的有机肥料，由此构成一个闭环的生态系统。这个实例就是自然和技术有机结合的范例，在一定程度上解答了农业生产系统中的伦理问题。

传统的农作物生产似乎正在通过大规模数字化农业朝着大规模种植的方向进一步推进，在数字化的进程中离不开采用最新的传感技术、数据处理以及控制技术创新而构成精准农业（Precision Agriculture）。通过对精准农业技术要素的评估，有利于我们理解农业生产系统中的道德框架。伴随高精度卫星定位系统的发展，精准农业于20世纪80年代产生。其原理是运用卫星测绘包含土壤类型、养分含量、农作物健康状况等信息的地图，传感技术提供的重要数据使农民能够精准地管理土地，如适量的肥料、农药和水。精准农业具有收集大量信息的优点，并且信息的质量非常高。以前，农民用眼睛和自身经验将农作物生长的各个方面整合到一张图片中，工作量巨大，在精准农业中此任务可交由软件处理模型来承担，因此需要利用传感技术来分析和解释土地资源信息。精准农业中用于处理数据的数据模型可以解释田间植物的虚拟生命周期，增强了维持生命的植物的整体性能。与传统农业的控制技术相比，新的控制技术更好地满足了农作物的生长条件。例如，精准农业控制技术中的自动转向系统可以接管特定的驾驶任务，比如自动转向、高架转弯，这些技术不仅减少了人为失误，而且可实现有效的土地管理，实现精准作业。在荷兰，精准农业技术的广泛运用使得"农民可以将较少的时间和精

---

① Vincent Blok and Bart Gremmen, "Agricultural Technologies as Living Machines：Toward a Biomimetic Conceptualization of Smart Farming Technologies"，*Ethics，Policy and Environment*，Vol. 21，No. 2，September 2018，p. 258.

力投入到'数字'植物的健康和福祉上"①。

### 三　农牧业生产系统中的可持续性问题

可持续发展是任何生产发展过程中都不可回避的问题。然而，可持续发展也会遇到可持续困境，当困境出现时，个人在可持续发展中扮演着什么角色，个人的哪些能力可以为解决可持续困境提供方法论，企业在农牧业生产中应负有什么责任，探究这些问题有助于解决可持续发展困境。

可持续性问题是一个规范性的概念，它并不是描述世界是什么样子，而是描述世界应该是怎么样的。从这个角度看，"将可持续性视为一个困境的问题，原因在于不清楚其规范性能力（Normative Competence）中的'规范性'和行为能力（Action Competence）中的'负责任的行为'到底意味着什么"②。在可持续性问题上，至少存在以下事实：因果关系不确定，多个利益相关者对同一问题有不同的看法，并且价值框架也常常存在矛盾。以自然资源为例，由于不可再生自然资源的有限性，要求当下资源的使用量不能影响未来子孙的发展状况，但一个悖论是"不改变子孙后代的生存条件就不可能满足当代人的需求"③。所以在未知的生产系统和因果关系不确定的条件下，可持续性问题很复杂，也很难解决，由此发展极易落入可持续性困境中。要应对诸如可持续的问题，个人需要具备一定的道德能力和深层次的思维能力，这些技能源于人们在处理可持续性问题中形成的个人能力。为此，格雷门引入德性伦理学的两个基本方面——规范性能力和行为能力。所谓"规范性能力"是指专业人员通过社会规范做出正确决定并以负责任的方式行事；所谓"行为能力"是使自己作为个体与他人一起参与世界中更多负责任行为的能力。"美德"并不是先验的，而是在复杂的实践中和动态性中得到发展和增强的，它是个人在道德实践中具备的修养特征。德性伦理学承认可持续性是存在问题

---

① Bart Gremmen and Vincent Blok, *"Digital" Plants and the Rise of Responsible Precision Agriculture*, New York, London: Routledge, 2018, p. 12.

② Vincent Blok and Bart Gremmen and Renate Wesselink, "Dealing with the Wicked Problem of Sustainability: The Role of Individual Virtuous Competence", *Business & Professional Ethics Journal*, Vol. 34, No. 3, Fall 2015, p. 5.

③ Vincent Blok and Bart Gremmen and Renate Wesselink, "Dealing with the Wicked Problem of Sustainability: The Role of Individual Virtuous Competence", *Business & Professional Ethics Journal*, Vol. 34, No. 3, Fall 2015, p. 7.

的，承认其中的复杂性和不稳定性，要求结合实践来发展个人能力和智慧，以期达到负责任的发展目的。质言之，个人的道德能力对农牧业生产系统中伦理问题的解决有一定指引作用。

与个人相比，企业在农牧业生产系统中也扮演着重要角色，一些大企业在农业生产过程中忽视环境问题，使农业伦理问题凸显，要缓解这一现象，企业有必要审视农业伦理中的创新方法和负责任研究，研究其中存在的挑战和局限，以推进农业伦理更好发展。格雷门指出20世纪在农业发展中出现过度使用农药，损害农作物福祉的现象，这在客观上促使农业生产向着负责任的方向发展，通过渐进式的创新，使得作物向机械化和杂交品种发展，从绿色革命向现代生物技术演进，催生了负责任研究与创新概念的出现，这在一定程度上解决了农业伦理中出现的一些道德问题。但格雷门认为我们还应探究农业发展给负责任研究与创新带来哪些新挑战，通过对挑战进行伦理反思，有助于实现利益相关者的共同价值。格雷门认为农业发展给负责任研究与创新带来了五方面的挑战：其一，即使知道农业会给创新带来影响，但我们不能像放弃不负责任的其他技术产品那样放弃农业产品，农业对人类生存至关重要。其二，农业创新似乎已经为人类提供了一种内在规范，农业具有了"第二"的性质，这给人类的活动范围限定了标准。其三，必须应对多维风险，在农业生产系统中，各个系统是相互联系的，一些生产过程的改变可能会改变农作物自身转变的可能性条件，负责任研究与创新必须做好应对风险的准备。其四，农业生产系统具有模棱两可性，"生物和农业系统具有双重伦理地位：它们既是创新过程的主体，也是创新过程的对象"①。其五，道德责任应该归属于哪一方。在农业生产系统中，要应对五种挑战，需要进一步完善负责任研究与创新背景化概念，将其范围扩大，而且负责任研究与创新主流概念的重点必须转向创新伦理，以便在农业和食品领域得到应用。

格雷门还从诠释学的角度理解可持续性问题，他从七个方面对可持续发展困境提出诠释学意义上的解答，为社会提供一种相互依赖共同合作的新模式，并希望通过七步处理达成共识。第一步是理解自己部门的可持续性规范。

---

① Vincent Blok and Bart Gremmen and Renate Wesselink, "Dealing with the Wicked Problem of Sustainability: The Role of Individual Virtuous Competence", *Business & Professional Ethics Journal*, Vol. 34, No. 3, Fall 2015, p. 5.

第二步是将每个部门对可持续性的解释都归因于其偏见。比如，水电行业宣称水电是"清洁"能源，这就是一种偏见。第三步把对传统的理解视为诠释学的条件之一，这样有利于发展人们对可持续传统的认识。第四步要将洞察力纳入到诠释学中，不仅了解过去的传统，还要将未来融入其中。第五步要调协好整体和特殊的关系，抽象出为人们所需要的价值观。第六步保持开放的心态，多听取他人意见，对事件存有质疑的态度，质疑的艺术就是对话的艺术。第七步是理解。通过诠释学的七步法，每个人"可以检验彼此的意见，而不会试图盲目地反对另一方。这使当事方能够将其冲突保持在一定范围之内，从而可以进行社会层面的学习"①。诠释学方法可以为解决可持续性的问题提供方法论指导，为在可持续发展困境中的个人道德能力提供导向。

## 四　农牧业技术产品命名影响消费者价值判断

农牧业生产方法不仅影响商品的生产过程，还影响消费者对农牧业商品的选择。当消费者对不熟悉的农牧业技术商品做出选择时，由于他们不了解相关的技术知识，这种选择就演变为一种盲目的决定。在这种情境下，商品名称成为消费者最主要的"有形"参考因素。试想一下，我们在超市购买商品时，发现一种新的替代品，在没有导购员介绍、没有网络查询的情况下，我们只能根据商品名称决定是否选择新的替代品。假设名为"新一代辐射"的商品成为替代品，我们可能会因为名称中有"辐射"而想到对人体有害，继而拒绝该商品。由此可见，农牧业商品名称对技术商品的选择有一定影响。格雷门以传统育种、转基因和基因组为例，进一步阐明技术商品名称对消费者态度选择的影响。"'基因组学'这个术语既可以指作为基因组研究的基因组学，也可以指科学的应用，例如基因组辅助育种。"② 基因组生产方法和传统育种方法很相似，即利用基因组与相关性状之间的关系通过有性繁殖来培育新品种，这样会加速培育新品种的进程，因此基因组生产被绿色和平组织大力推广。格雷门通过调查发现，在大多数受访者的知识体系中，"基因"一词是"负面的"，也就是说由于受访者不了解相应技术知识，不了解什么是基

---

① Bart Gremmen and Josette Jacobs, "Understanding Sustainability", *Man and World*, No. 30, July 1997, p. 324.

② Reginald Boersma and Bart Gremmen, "Genomics? That is Probably GM! The Impact a Name Can Have on the Interpretation of a Technology", *Life Sciences*, *Society and Policy*, No. 8, April 2018, p. 2.

因组，当听到有关基因的一些名称时，受访者一般持负面态度。格雷门指出："这是基因操控……基因组这个名字导致了基因操控的分类。"[1] 产品名称会影响专家对技术的解释，消费者对产品的选择，因此对技术产品的命名需要谨慎。那么如何才能减少基因操控现象发生，让非专家做出公正的技术选择，这需要将关注点转移到分类理论和比较理论。

我们通常按类别进行概念分类，把拥有共同特征构造划分为一类，比如将生物分为植物、动物等。事实上，类别特征也是我们对自身知识组织方式的重构，分类使我们能够有效地利用已有的知识，帮助我们理解陌生的新概念。也就是说，当我们面对新概念时，可以快速与已知的相似概念进行匹配。分类理论在一定层面上可以说是教育的另一种方式，通过将自己已有的内部知识迁移到新概念中，帮助人们快速了解新概念，无需外部资源的支持，与知识迁移过程相对应的其实是态度延伸（Attitude Extension）的过程。人们遇到陌生概念后，根据已有知识进行知识分类和迁移，在新认知过程中，对这一新概念的态度也发生改变，"由于态度的延伸过程，人们可以把他们对熟悉概念的既有态度投射到不熟悉的概念上"[2]，有助于人们面对新技术商品时快速做出判断。分类理论的重点是可以解锁通过分类激活的知识，但它也导致一些无法提供解释的情况以及人们被迫仅靠名字行事的情况。

比较理论对人们的态度选择也有影响，对基因组和自然杂交的评估会受到所采用技术的影响。在基因操控下，用传统育种方式对基因组进行评价会更有利，自然杂交方式的评价会更高。在比较理论中，研究者发现对基因组的态度不在于向人们解释清楚它与转基因的区别，重点是解释好它与传统育种的关系。但要做好这一点，并不容易。研究不同的生产方法产生的技术产品名称并不是建议专家只选择一个好听的名字，而是期望专家能准确呈现技术产品生产过程的恰当名称，这个名称旨在增强理解，减少混淆。名称作为承担技术产品传播的有效载体，"既可以成为产生误解的来源，也可以成为一种概念化标签，在形成与技术有关的评价和知识以及围绕这些技术的更大问

---

① Reginald Boersma and P. Marijn Poorvliet and Bart Gremmen, "Naming is Framing: The Effects of a Technological Name on the Interpretation of a Technology", *Journal of Science Communication*, Vol. 18, No. 6, December 2019, p. 4.

② Reginald Boersma and Bart Gremmen, "Genomics? That is Probably GM! The Impact a Name Can Have on the Interpretation of a Technology", *Life Sciences, Society and Policy*, No. 8, April 2018, p. 5.

题等方面发挥着重要作用"①。也就是说,技术产品的命名至关重要,它类同于一篇文章的标题,因此,在为农牧业技术产品命名时应慎重考虑。

## 五 理论评鉴

格雷门从形而上的纯哲学领域转向以农牧业为主的生命科学的伦理方向,体现出格雷门研究的实践指向性。他将伦理概念、观点和方法应用于动植物等生命科学领域,提出不同生产方法对教育程度不同的人有迥异的态度,这提醒专家学者在对技术产品命名时要充分考虑多方利益需求,提供一个能准确诠释技术产品生产过程的合理名称,这不仅要求专家学者谨慎命名,客观上还需要提高消费者的教育程度,以减少消费者因过度关注技术产品的名称而产生对产品本身的误解。

在动物伦理中,一个争论持久的道德问题是杀死日龄雄鸡是否具有合理性,替代办法是否存在,格雷门道德操作系统中的负责任创新这一新兴伦理理念对看待该问题有正面作用,同时为社会贡献了一套道德框架,具有一定的可操作性,成为社会问题和技术伦理有效结合的桥梁。畜牧业生产系统中的仿生学概念,实现了将智能农业技术嵌入自然环境中的农业创新,既体现自然梯度,也表征伦理关怀,仿生技术的农业应用一方面缓解了环境问题,另一方面有效化解了与农业产业化有关的道德困境。但需要注意,仿生只是对自然的模仿,要做好农业创新需要利用数字化技术对农业生产进行精密定位和监测,传统农业需要向大规模数字化农业方向过渡,数字化农业已经成为发展趋势,格雷门的农业创新思想有极强的预见性和导向性。

另外,格雷门指出个人道德能力在可持续性问题中扮演着重要角色,将德性伦理学运用于处理可持续性困境问题框架中,显示出理论超越性。在了解了负责任创新与研究面临的挑战后,需要人们在农业创新中兼顾理论和实践,意识到创新是完善新概念的锁钥。质言之,格雷门农牧业生产系统中的伦理思想内容丰富,涉及面广,有极强的理论创新性和现实指导性。

---

① Reginald Boersma and P. Marijn Poortvliet and Bart Gremmen, "The Elephant in the Room: How a Technology's Name Affects its Interpretation", *Public Understanding of Science*, Vol. 28, No. 2, February 2019, p. 231.

# 第五章　荷兰学派的颠覆性技术伦理研究概况

对高新技术的哲学反思也是荷兰学派的研究特色。杰罗恩·霍温（Jeroen van den Hoven）是信息通信技术领域应用伦理学设计转向的代表人物，他把信息安全、数字伦理、道德负载等问题纳入信息通信技术伦理的核心议题。菲利普·布瑞（Philip Brey）是计算机伦理学领域的重要代表人物，他是第一位对互联网、虚拟现实技术、环境智能、面部识别系统和3D打印等新兴技术的伦理问题进行系统研究的学者。文森特·穆勒（Vincent C. Müller）对人工智能有独到的思考，一方面他对人工智能与认知科学的关系进行了深入思考，另一方面他又着重分析了人工智能的长期风险。

## 第一节　信息通信技术伦理学家：杰罗恩·霍温[①]

杰罗恩·范·登·霍温（Jeroen van de Hoven）[②] 是荷兰著名的技术哲学家和信息通信技术领域应用伦理学设计转向的代表人物。霍温借用能力、价值敏感性设计等方法致力于从理论与实践的角度解决信息通信技术引发的伦理难题，他提出的价值敏感性转移为国际技术系统转移提供了理论框架；较早提出并践行了负责任创新理念，指出负责任创新实质上是一种满足更多责任要求的新功能设计。另外，霍温还分析了科技理工类大学的道德责任与义务，并力图将科技与人文协调起来，他坚信美好生活是技术的终点。

---

[①]　本部分内容以《简论杰罗恩·范·登·霍温信息通信技术伦理思想》为题，发表于《大连理工大学学报》（社会科学版）2022 年第 2 期。此处有略微改动。

[②]　杰罗恩·范·登·霍温，荷兰代尔夫特理工大学终身教授，《伦理与信息技术》杂志主编，应用伦理学在线百科全书联合主编，《信息、计算机与社会》《信息、传播与社会伦理学》杂志编委，《知识》杂志的顾问编辑；欧盟信息通信技术与新媒体专家咨询委员会成员，计算机伦理学与哲学研究会（CEPE）的创始人，国际信息伦理学会（INSEIT）理事会成员，技术哲学荷兰学派的重要代表人物。

## 一　专注于信息通信技术伦理问题研究

从 20 世纪 80 年代末，霍温开始关注计算机、信息和通信技术。彼时，一场由约翰·希尔勒（John Searle）、丹尼尔·丹尼特（Daniel Dennett）、彼得·哈克（Peter Hacker）等哲学家主导的关于人工智能的辩论引起了霍温的兴趣。希尔勒提出的"中文房间"（Chinese Room）思维实验认为，"按照规则对汉字进行再多的符号操作也不能构成对汉语的真正理解：语法不足以表达语义，计算不足以实现意识"①，进而反驳人工智能可以自主思考的观点。虽然这些哲学观点十分有趣且有一定道理，但在霍温看来，其忽略了一个非常重要的观点，即"计算机将彻底改变世界，改变我们思考、工作、沟通和组织自我的方式"②，这一想法激起霍温研究计算机伦理的兴趣。随后霍温在鹿特丹伊拉斯谟大学完成了以《信息技术与道德哲学》（*Information Technology and Moral Philosophy*，1995）为题的博士论文。在这篇论文中，霍温着重探究信息技术引发的道德问题及相关应用伦理学方法。在这之后的十余年中，霍温更加清楚地认识到："计算机……将彻底改变社会，信息通信技术会引发深刻的伦理道德和社会问题，要想应对这些问题，需要新的法律、新的制度和新的思维方式。"③ 信息通信技术方面的理论与实践让霍温更加系统地研究计算机、数字技术带来的伦理道德问题。近年来，他先后编辑出版了《信息技术与道德哲学》（*Information Technology and Moral Philosophy*，2008）（注：不同于其博士论文），《能力方法，技术与设计》（*The Capability Approach*，*Technology and Design*，2012），《负责任的创新第 1 卷：全球问题的创新性解决方案》（*Responsible Innovation Volume 1：Innovative Solutions for Global Issues*，2014），《伦理、价值与技术设计手册》（*Handbook of Ethics*，*Values*，*and Technological Design*，2015），《设计伦理》（*Designing in Ethics*，2017），《在线的恶》（*Evil*

---

① Maedche A.，"Interview with Prof. Jeroen van Den Hoven on 'Why Do Ethics and Values Matter in Business and Information Systems Engineering?'"，*Business & Information Systems Engineering*，Vol. 59，No. 4，2017，p. 297.

② Maedche A.，"Interview with Prof. Jeroen van Den Hoven on 'Why Do Ethics and Values Matter in Business and Information Systems Engineering?'"，*Business & Information Systems Engineering*，Vol. 59，No. 4，2017，p. 297.

③ Maedche A.，"Interview with Prof. Jeroen van Den Hoven on 'Why Do Ethics and Values Matter in Business and Information Systems Engineering?'"，*Business & Information Systems Engineering*，Vol. 59，No. 4，April 2017，p. 298.

*Online*，2018）等著作。

## 二　信息通信技术应用伦理学的设计转向

纵观西方伦理学近一百年的发展历程，大致包含两个阶段：其一，始于20世纪20年代的元伦理学、分析伦理学；其二，始于60年代注重实践和面向生活的应用伦理学。在元伦理学阶段，伦理学家主要从事单纯的理论问题研究，"电车难题"（Trolley Problem）就是这个阶段的经典案例，事实证明重视理论本身发展的元伦理学很难适应时代前行，伦理学必须转向实践问题。

20世纪90年代末，受罗尔斯正义原则的影响，在伦理学领域引发了关于社会与制度设计的讨论。正是在罗尔斯理论的引导下，"社会正义被描述为一种制定和证明我们该如何设计社会基本制度的原则"①。自此之后，涛慕思·博格（Thomas Pogge）、拉塞尔·哈丁（Russell Hardin）、凯斯·桑斯坦（Cass Sunstein）、罗伯特·古丁（Robert Goodin）、丹尼斯·汤普森（Dennis Thompson）等学者将伦理学与设计结合，推动了元伦理学和应用伦理学的进一步发展，发起了应用伦理的设计转向。不仅如此，他们还思考经济条件、技术结构等社会建构因素对伦理学的反作用，旨在使应用伦理学在现实中实现真正的道德变革，但总的来说这一时期的应用伦理学只停留在制度设计层面。

近年来，信息安全、网络隐私、安乐死等现实伦理难题促使伦理学家既关注技术应用问题，也重视设计价值本身的道德底线，旨在实现价值设计与技术的紧密结合，这种现象被称作"应用伦理学的设计转向"②。真正意义上的设计转向与信息通信技术（Information Communication Technology，简称ICT）的快速发展相伴随，ICT伦理学的设计转向主要表现为信息用户的道德需求逐渐变为他们的公民权利，富有道德主张的价值设计驱动着技术研发。此进路为"寻求扩大评价信息技术质量的标准而将一系列的道德、价值和伦理考量纳入其中，并将其转译为设计要求"③。霍温还看到了产品设计中的"非功能性需求"——信息用户的意愿、价值观转移到技术产品设计中的愿望

---

① Van Den Hoven J.，"ICT and Value Sensitive Design"，*Ifip International Federation for Information Processing*，Vol. 233，2007，p. 71.

② Van Den Hoven J. and Miller S.，*Designing in Ethics*，Cambridge：Cambridge University Press，2017，p. 3.

③ Van Den Hoven J."Ethics for The Digital Age：Where Are The Moral Specs？"，in Werthner H. and van Har Melen F. eds.，*Informatics in the Future*，Cham：Springer，2017，p. 66.

日渐强烈。因此，应用伦理学的发展需适应当下技术情境的变化，关注设计本身。

随着 ICT 的进一步发展，人们与数字信息产品交织在一起，新的数字伦理问题也随之产生。如关联开放大数据（BOLD）的应用一定程度上使得我们难以衡量隐私性和透明性这些概念，"BOLD 在分析个人行为中，侵犯个人隐私，使公民人身失范"①。另外，霍温还着重关注了"在线的恶"，由于网络环境的不可预测性以及在这个新环境中法律原则和道德价值观应用的失范，"在线的恶"不断侵蚀传统环境中的亲道德、亲社会行为，当下网络监管缺失问题亟待解决。因此，未来数字伦理将"成为政策制定和实行监管的重要智力资源"②。其中，"技术的设计……对规范人们的网络行为至关重要"③。数字伦理问题的解决直接依赖于 ICT 的价值设计。

霍温会同其他学者提出的价值设计包含三个层次：顶层是元价值；中层是规范、政策、机制和协议等；底层是面向不同技术的具体设计要求。三个层次从理论到实践，从抽象到具体。霍温认为，价值可以塑造设计，价值在创新中居于核心地位。信息技术带来的道德价值冲突可以通过技术设计来解决。应用伦理学的设计转向就是要把形而上的价值诉求具体化为实践的设计要求，并力求找到多种价值的结合点。因此，探究适合的价值设计方法是信息通信技术领域应用伦理学的设计转向的关键之所在。

### 三　信息通信技术应用伦理设计方法

"为了 X 而设计"已成为技术设计领域的通用模式。在霍温的理论中，X 已超越了道德价值观，可以是产品性能等功能属性，也可以是包容、可持续性、责任等非功能属性。让人们的生活变得更美好是每个伦理学家和技术设计者的愿景，如何让这种愿景与技术发展相伴随？采用何种方法实现价值与技术相伴随？这是诸多技术思想家都在思考的问题。

1. 能力方法。20 世纪 90 年代初，经济学家阿马蒂亚·森（Amartya Sen）

① Marijn J. and van Den Hoven J. , "Big and Open Linked Data（Bold）in Government：A Challenge to Transparency and Privacy?", *Government Information Quarterly*, No. 32, October 2015, pp. 363 – 368.

② Mahieu R. and Putten D. V. and van Den Hoven J. , "From Dignity to Security Protocols：A Scientometric Analysis of Digital Ethics", *Ethics and Information Technology*, Vol. 20, No. 3, June 2018, pp. 175 – 187.

③ Cocking D. and van Den Hoven J. , *Evil Online*, Britain：Blackwell, 2018, pp. 87 – 149.

和哲学家玛莎·努斯鲍姆（Martha Nussbaum）首先提出能力方法（Capability Approach），把"发展"视为人类能力的拓展和自由的增进，用来强调"幸福的多维度"，认为人类自己是塑造美好生活的积极因素。随着信息通信技术的发展，能力方法与信息通信技术的结合是一个缓慢发展的趋势。尼古拉斯·加纳姆（Nicholas Garnham）于1997年将能力方法应用于信息通信技术领域，他提出："从功能和能力的角度考量隐藏在信息通信技术背后的权利。"① 随后越来越多的学者开始把能力方法应用到信息通信技术领域。例如，马克·科克伯格（Mark Coeckelbergh）从技术人类变革的诠释学角度，将能力方法应用于信息通信技术与人类增强领域；威廉·伯德索尔（William Birdsall）建议把"能力方法和信息通信技术领域密切协同起来，探索信息通信技术如何能促进特定人类能力的扩展"；马里奥·托博索（Mario Toboso）从"能力方法的核心主题——人类差异性——入手，建议用功能多样性设计取代通用设计"；格伦菲尔德（Helena Grunfeld）强调从长期视角来看技术，他认为："有效利用信息和通信技术，不仅可以使人获得生存能力，而且还能加强可持续生存能力。"② 他们发现能力方法在评估信息通信技术方面有巨大的优势，不仅有助于扩展人类能力，实现人类增强，还有助于人类可持续发展。霍温谈到，二者之所以可以实现结合，是因为信息通信技术不是价值中立的，而是有"意识形态特质"③，在实际应用中需要对技术中的价值进行规范。霍温在格伦菲尔德观点基础上提出"道德和社会价值观应更多地包含在设计中，摆脱传统看价值的视角，探索价值设计的可能性"④，他认为未来能力方法和信息通信技术的结合必将大有作为。并提出一个"能力与技术紧密相连命题"（Capability-Technology-Affinity Thesis），⑤ 意即技术直接决定着人的能力状况。

2. 价值敏感性设计。无独有偶，美国学者巴蒂亚·弗里德曼（Batya

---

① Oosterlaken I. and van Den Hoven J., "Editorial: ICT and the Capability Approach", *Ethics Inf Technol*, Vol. 13, No. 2, March 2011, p. 65.

② Oosterlaken I. and van Den Hoven J., "Editorial: ICT and the Capability Approach", *Ethics Inf Technol*, Vol. 13, No. 2, March 2011, pp. 66 – 67.

③ Oosterlaken I. and van Den Hoven J., "Editorial: ICTand the Capability Approach", *Ethics Inf Technol*, Vol. 13, No. 2, March 2011, p. 66.

④ Cocking D. and van Den Hoven J., *Evil Online*, Britain: Blackwell, 2018, pp. 87 – 149.

⑤ Oosterlaken I. and van Den Hoven J., "Editorial: ICT and the Capability Approach", *Ethics Inf Technol*, Vol. 13, No. 2, March 2011, pp. 65 – 67.

Friedman）和彼得·卡恩（Peter H. Kahn）于 1992 年提出价值敏感性设计
（Value Sensitive Design）。所谓价值敏感性设计，是一种"在设计过程中对价
值进行系统而全面的考虑"[1] 的技术设计方法，它强调在技术设计过程中以价
值为原则，体现人在价值设计中的道德作用。彼时，价值敏感性设计仅仅是
解决"信息与计算机系统设计"中的问题。后经过价值敏感性设计相关支持
者的研究实践，被霍温用来解决信息通信技术研究中的伦理问题。霍温之所
以在信息技术领域应用价值敏感性设计方法，是因为信息技术在发展早期就
出现了伦理问题。当技术领域出现不可避免的伦理困境时，霍温认为做出的
决策应"符合平等原则、人格尊严理念、医学伦理要求"[2]。据计算机和信息
技术相关研究报告显示，软件和计算机系统很容易带有偏见、武断的假设和
设计开发者自己的世界观，这些偏见、假设会以各种方式影响信息用户；有
关法律学者也察觉到社会监管是由计算机代码、软件完成的，未来可能被编
码；另外，从长远来看，软件技术必将代替我们处理海量数据和复杂方案。
例如，针对荷兰在智能电表和电子病历系统案例中的失败教训，霍温认为：
"没有一种技术是价值中立的，一种特定的技术、应用或服务总是可能以牺牲
他人的利益来支持或适应一种特定的美好生活，不管这是否有意为之。因此，
有必要将某些特定的价值观明确化，并评估它们在实践中的实施情况，进而
相应地调整我们的思维。"[3] 如果要想使技术产品具有社会正义、公平和安全
等价值属性，就必须将它设计得能够实现这些意图，而价值敏感性设计"首
先是一种在技术和工程设计中处理现实道德问题的方法，其次它还是在技术
分析时表达道德的方式"[4]。因此，价值敏感性设计是将道德和价值设计到软
件开发产品中的一把钥匙。随着价值敏感性设计意识的增强，设计者在设计
时会遇到不同的价值观，产生价值冲突，这需要"每一种价值观，都必须达

---

① Batya F. and van Den Hoven J. , "Charting the Next Decade for Value Sensitive Design", *Aarhus Series on Human Centered Computing*, October 2015, pp. 1 – 7.

② Nagler J. and van Den Hoven J. , "An Extension of Asimov's Robotics Laws", in Helbing D. ed. , *Towards Digital Enlightenment Essays on the Dark and Light Sides of the Digital Revolution*, Cham: Springer, 2018, p. 44.

③ Van Den Hoven J. , "Value Sensitive Design and Responsible Innovation", in Richard O. and John B. eds. , *Responsible Innovation*, New York: John Wiley & Sons, Ltd. , 2013, pp. 75 – 83.

④ Vermaas P. E. and van Den Hoven J. , "Designing for Trust: A Case of Value-Sensitive Design", *Knowledge, Technology and Policy*, Vol. 23, No. 3 – 4, September 2010, pp. 491 – 505.

到一个最低限度，以满足道德义务"①。霍温认为，信息用户的需求，公民的价值观和社会群体所关心的公共问题已成为信息通信技术领域发展的驱动器。从信息通信技术的发展历程来看，价值敏感性设计已发展成为以信息通信技术研发中的公民价值权利为基础，以技术和伦理需求为研发思路的全新设计方法。

　　信息通信技术不仅在研发设计中考量价值，还应该在应用中特别是国际合作的技术应用中考量不同国家的价值观。当下技术系统在国际广泛流动的同时，信息产品分配不公、数字鸿沟加深等问题日益凸显，这不仅阻碍了技术系统的转让，还可能产生价值冲突。霍温指出："要想解决市场不平等和分配不公，首先需要从原则上进行规范。"② 霍温在罗尔斯理论基础上提出："信息应被视为基本产品，罗尔斯的正义原则也应涵盖这一基本产品。"③ 霍温基于价值敏感性设计理论和对不同国家技术系统转让过程的实证研究，提出了"价值敏感性转移（Value Sensitive Transfer）框架"④。这一框架很好地解释了价值观在多元文化和不同国家之间影响转移的作用。信息通信技术的在线发展成为刺激各国发展电子政务的动力，发达国家向发展中国家提供电子系统技术，但"系统的国际转移应考虑公共价值、本国文化、宪法法律等价值因素，系统技术的整体目标在各国文化发展中可能是相似的，但价值观的差异会影响有关设计和实施的决策"⑤。显然，霍温将信息通信技术研究扩展到国际，发现国际上依然存在系统产品与社会价值观的融合，这再次揭示设计者对系统产品蕴含的价值观负责的重要性。霍温认为："要想权衡价值之间的冲突，文化变革应成为技术进步的重要组成部分。"⑥ 专业的系统设计者

---

① Van Den Hoven J. and Vermaas P. E., *Handbook of Ethics, Values, and Technological Design Sources, Theory, Values and Application Domains*, Cham：Springer, 2015, pp. 3 – 112.

② Van Den Hoven J. and John W., *Information Technology and Moral Philosophy*, New York：Cambridge University Press, 2008, p. 377.

③ Van Den Hoven J. and John W., *Information Technology and Moral Philosophy*, New York：Cambridge University Press, 2008, p. 386.

④ Ahmed M. A. and Janssen M. and van Den Hoven J., "Value Sensitive Transfer vst of Systems among Countries：Towards a Framework", *International Journal of Electronic Government Research*, Vol. 8, No. 1, March 2012, p. 27.

⑤ Ahmed M. A. and Janssen M. and van Den Hoven J., "Value Sensitive Transfer vst of Systems among Countries：Towards a Framework", *International Journal of Electronic Government Research*, Vol. 8, No. 1, March 2012, p. 27.

⑥ Van Den Hoven J. and Doorn N., *Responsible Innovation 1：Innovative Solutions for Global Issues*, Cham：Springer, 2014, p. 195.

不仅要提供技术手段，还要注意解决社会价值冲突，并考虑用物质文化和技术产品来表达价值观，更重要的是技术产品并不是一种脱离用户和社会价值而独立发展的产物。技术产品和系统设计者可以承担道德和社会价值，继而实现这些价值并为此负责。从这种意义上来说，能力方法、价值敏感性设计方法、价值敏感性转移框架实质上是一组方法，它们做到了"沟通的透明和原则的清晰表达"①。

#### 四　信息通信技术中道德责任的设计与负载：负责任创新

从技术史的角度看，创新通常与道德、责任不相关。在技术创新中，人们更在意新技术实现了何种新功能而较少考虑其伦理后果。DDT、石棉等就是很好的技术案例。为了实现更好的技术、更好的生活这个目标，国际技术哲学界提出了负责任创新（Responsible Innovation）理念。

价值选择是一种由思想所决定的行为活动，不同的价值判断使人们做出不同的价值选择，集体主义者的价值判断使其优先考虑他人和集体的共同利益，功利主义者的价值判断使其只顾及个人应得利益，而技术伦理人员的价值判断则应建立在对技术负责的立场上，负责任创新正是系统设计人员的责任。因此，在霍温理解的负责任创新概念中，他将信息技术人员作为责任主体。霍温以网络应用开发中的自由网络开发者为例，对负责任创新作了阐释。霍温指出自由网络开发者属于信息技术或计算机职业人员，从事该领域的设计者有一定的专业技能，他们设计出来的产品具有一定的社会功能，同时也可能危及其他用户的信息安全，因此自由网络开发者成为信息技术领域的负责任主体，这意味着"自由网络开发者应该在网站设计和开发过程中，为安全和良好的设计而努力，……他们应该开发完整的、一致的、更安全的网络应用程序和系统，并将系统和应用程序的后果及潜在危害考虑在内，以面向未来的方式承担责任"②。为了更好地界定主体责任，霍温进一步分析出道德、角色、因果、法律、元任务和社会等六种责任，为自由网络开发者分析恶意行为产生的原因及应对措施奠定了基础，让负责任创新在信息通信技术中得

① Van Den Hoven J. , "Computer Ethics and Moral Methodology", *Blackwell*, Vol. 28, No. 3, July 1997, p. 243.

② Ahmed M. A. and van Den Hoven J. , "Agents of Responsibility-Freelance Web Developers in Web Applications Development", *Information Systems Frontiers*, Vol. 12, No. 4, July 2010, pp. 415 –424.

以贯彻实施。

霍温把负责任创新的核心理念界定为："允许我们比以前承担更多义务和承担更多责任。"[①] 负责任创新是一种让设计主体承担更多责任要求的新功能设计。也就是说，"负责任创新"是一种间接地表达作为责任主体的人"有责任，或者可以被追究责任或被要求承担责任的语境"[②]。负责任创新既要对技术产品的功能性要求负责，又要对其道德价值等非功能性要求负责，还意味着"有责任将技术引入社会"[③]。因此，不能把"负责任创新"看作单纯意义上的创新或者是单纯增加一些新功能的行为。

从负责任创新的应用来看，它通过"设计或创新较好地解决了道德超载难题"[④]。例如，假定在 T1 时刻不允许我们同时兼顾两个或多个道德责任，但我们可以在 T1 时刻通过创新来实现世界场景的变革，从而在稍后的 T2 时刻兼顾多个道德责任，我们有义务在 T1 时刻进行创新。在这里，霍温把创新诠释为一种二级道德义务：使世界发生变化的义务。通过创新改变世界，从而使我们能够比没有创新时更多地履行一级道德义务（安全、隐私等）。创新是允许我们做以前不能做的事情，允许我们思考以前没有思考过的事情，允许我们以新的方式做熟悉的事情。负责任创新是以承担更多的道德义务来降低失败几率，并以此来改变世界。需要说明的是，创新本身并不是负责任的，但创新主体是要承担责任的。因此，"所有负责任的创新都体现了某种价值设计，但并非所有的价值设计都是负责任的创新"[⑤]。解决道德超载问题的价值旨归是促进道德进步，那么负责任创新是怎样做到道德进步的？道德超载意味着行为人只能履行部分道德义务，而负责任创新则可以带来二级道德义务，从而克服在两种道德义务中选择的难题，即允许行为人同时履行两项道德义

---

[①] Van Den Hoven J., "Value Sensitive Design and Responsible Innovation", in Richard O. and John B. eds., *Responsible Innovation*, New York: John Wiley & Sons, Ltd., 2013, p.82.

[②] Van Den Hoven J., "Value Sensitive Design and Responsible Innovation", in Richard O. and John B. eds., *Responsible Innovation*, New York: John Wiley & Sons, Ltd., 2013, p.81.

[③] Koops B. J. and van Den Hoven J., *Responsible Innovation Volume 2: Concepts, Approaches, and Applications*, Cham: Springer, 2015, p.101.

[④] Van Den Hoven J., "Value Sensitive Design and Responsible Innovation", in Richard O. and John B. eds. *Responsible Innovation*, New York: John Wiley & Sons, Ltd., 2013, p.77.

[⑤] Maedche A., "Interview with Prof. Jeroen van Den Hoven on 'Why do Ethics and Values Matter in Business and Information Systems Engineering?'", *Business & Information Systems Engineering*, Vol.59, No.4, May 2017, p.299.

务，消除为履行一项道德义务必然要以剥夺另一项义务为代价的情况。当然，道德进步的实现，需要首先对创新本身的认知进行思维转变：创新义务意味着虽然不能保证成功，但我们有义务创新。

负责任创新在自主控制信息系统中得到成功实践。近年来，随着自主技术在诸多领域的推广应用，产生了由"责任鸿沟"引发的一些系统事故。这势必要求设计者在道义上对设计出的产品负责，进而遵循负责任创新理念。霍温借用费舍尔（John Martin Fischer）和拉维佐（Mark Ravizza）的"指导控制"概念，提出"自主系统控制"① 的概念。自主系统控制需要人类在信息技术开发应用中对自己的行为加入理性控制，承担道德责任。另外，负责任创新为全球气候问题的解决提供了理论方案，如果"以一种负责任创新的精神状态去探究气候问题"②，地球气候僵局问题是可以被解决的。联合国签署的《变革我们的世界：2030 年可持续发展议程》也提到，在全球性问题面前，各参与国要根据知识技能、主客观等因素在全球建立一个覆盖面广的环境保护网络，也就是说，在应对这些全球性问题时，更需要整体全局思维，秉持负责任的态度进行解决。

## 五 重视科技理工类大学的道德义务

人工智能和自主信息系统的兴起、大数据的使用与隐私保护、纳米材料的安全与风险防范、基因编辑与医疗保健、能源需求的增加与气候变化等相关热点伦理问题只是技术发展过程中显现的部分问题，霍温认为应对这些问题时，科技理工类大学可以发挥重要作用。科技理工类大学既是科学知识产生、技术重大突破的重要机构，也是培养有道德意识的科学家和工程师的摇篮。霍温在关于伦理与技术关系的最新研究中指出，工程和应用科学领域的高等教育机构在应对技术带来的伦理挑战时，同样会出现与此相关的伦理议题。因此，大学科研人员应坚持"为社会服务的科学研究，应以负责任的态度来解决问题"③。霍温等学者从两个方面阐释了科技理工类大学的伦理责任：

① De F. S. and van Den Hoven J., "Meaningful Human Control over Autonomous Systems: A Philosophical Account", *Frontiers in Robotics and Ai*, Vol. 5, No. 15, February 2018, pp. 1 – 14.

② Asveld L. and van Den Hoven J., *Responsible Innovation Volume 3: A European Agenda*, Cham: Springer, 2017, p. 126.

③ Taebi B. and van Den Hoven J. and Bied S. J., "The Importance of Ethicsin Modern Universities of Technology", *Science and Engineering Ethics*, No. 25, December 2019, p. 1627.

第一，重视学术研究人员以及大学与产业合作伙伴间创新合作的伦理道德；第二，培育新一代的工程师和科学家遵守学术规范、恪守职业道德、有负责任创新的情怀，以便他们有能力应对人类未来面临的挑战。[①]

为有效解决大学中遇到的伦理问题，米勒（Seumas Miller）等学者提出"现代大学的适当规范性概念"（appropriate normative conception of the modern university）[②]，这个概念的提出以社会制度的目的性规范理论为基础。也就是说，大学应被视为通过联合活动为社会提供集体产品的组织，他们提供的基本集体产品应该以社会制度的目的性规范理论为基础，这种观念为进一步研究、解决伦理价值问题奠定基础。霍温基于米勒等学者的观点，进一步探索在科技理工类大学中怎样让学生了解相关问题？大学课程编排中如何有效解决伦理问题？霍温提出，让伦理道德的相关课程参与到工程课堂中来，提出"综合工程学课程"的新路径。"重大而紧迫的现实问题的解决，需要依托多学科、跨学科的融合，而不是一个学科、一本杂志或一本书能解决的。此外，许多解决方法是系统的解决方法，这些方法是利用价值和规范来解决社会技术问题。"[③] 也就是说，解决社会技术问题的方法既包括技术科学、工程科学，也包括社会科学、人文伦理学等学科的方法。综合工程学课程正是由不同领域的专家和科研团队组成技术小组进行授课，教育更多设计管理人员处理技术中的道德问题。

## 六　秉持"美好生活是技术的终点站"的理念

信息通信技术已成为一种构造性技术，它塑造着我们的言语，影响着我们的认知和行为等。信息通信技术的发展客观上要求将价值观嵌入技术产品中，这同样是系统开发人员的道德责任，但实际上技术的发展难免伴随着伦理问题的产生。网络的普及为"恶"在网上传播提供了全新的方式，这一现象被霍温称为"在线的恶"，我们"试图用过去的法律制度来规范未

---

① Taebi B. and van Den Hoven J. and Bied S. J. ，"The Importance of Ethics in Modern Universities of Technology"，*Science and Engineering Ethics*，No. 25，December 2019，p. 1625.

② Taebi B. and van Den Hoven J. and Bied S. J. ，"The Importance of Ethics in Modern Universities of Technology"，*Science and Engineering Ethics*，No. 25，December 2019，p. 1628.

③ Maedche A. ，"Interview with Prof. Jeroen van Den Hoven on 'Why do Ethics and Values Matter in Business and Information Systems Engineering?'"，*Business & Information Systems Engineering*，Vol. 59，No. 4，May 2017，p. 300.

来的技术"①，在网络这种特定的环境中，"人们行为的本质和后果将变得不透明，这会削弱我们对道德的理解和决策能力"②。霍温用"道德迷雾"（moral fog）来解释"在线的恶"。人们做出恶之事不是因主观之恶，而是受客观环境特征或权威人物的影响而产生恶的后果。所以，个人的道德水平和理解能力更多受他人和环境影响，这要求在网络环境中，首先对"价值观的本质以及它们是如何实现的进行一些评估"③。信息的公开、透明不可避免引来隐私泄露等问题，为解决技术中的伦理问题，霍温提出"前置式伦理"，将信息通信技术中的产品在设计出来之前，在产品出现伦理问题之前就列出一系列伦理清单，打开信息通信技术设计开发的黑盒，让前置伦理发挥积极作用。

在霍温看来，技术不只是伦理问题产生的根源，技术还可以促进道德进步。通过技术的创新承担更多道德义务，促进道德价值观的完善；伦理道德也可成为技术发展的源泉，从需求的角度考虑伦理和价值观，对需求进行功能分解，关注道德的"非功能性"特征，使技术产品更恰当地体现道德要求。技术伦理学的真正意义在于使技术合乎人类社会发展、合乎人之为人的道德发展，在创新技术发展的同时传播社会价值观。随着信息通信技术的发展，一些人甚至技术哲学家开始恐惧技术，认为技术是引发战争的技术，呈现出技术悲观主义色彩。霍温秉持"美好生活是技术的终点站"④的观点，认为技术不仅是生存的手段，还是一种生活方式，技术的价值旨趣在于让生活变得更美好。为此，霍温认为技术与伦理道德的恰当关系是做好技术与伦理的双向互动。

## 七 理论评鉴

因在信息通信技术伦理方面的卓越成就，霍温2009年获得了世界科技伦理学奖（World Technology Award for Ethics）和IFIP信息通信技术与社会奖，并曾多次与IT行业的SUN、IBM和Getronics等国际巨头合作。从霍温的兴趣

---

① Van Den Hoven J., "Ethics for The Digital Age: Where Are The Moral Specs?", in Werthner H. and van Har Melen F. eds., *Informatics in The Future*, Cham: Springer, 2017, p. 65.

② Cocking D. and van Den Hoven J., *Evil Online*, Britain: Blackwell, 2018, p. 87.

③ Cocking D. and van Den Hoven J., *Evil Online*, Britain: Blackwell, 2018, pp. 148 – 149.

④ Van Den Hoven J., "ICT and Value Sensitive Design", *Ifip International Federation for Information Processing*, Vol. 233, 2007, p. 70.

转化和研究历程中可以看到，他的研究兼具理论性和务实性。霍温早期的学术背景是道德哲学的理论研究，随后因察觉计算机将彻底改变人们的生活而将自己的哲学理论研究转向信息通信技术研究领域，继而走向应用伦理学的设计转向。

霍温在信息通信技术伦理学方面成绩斐然，他不止于用道德方法来验证道德判断，更致力于研究道德理论在隐私安全、专家系统依赖、数字鸿沟等问题上的应用，这体现了霍温研究思想的务实性。霍温是欧盟的价值敏感性设计的主要倡导者和践行者，他在"为价值而设计"的基础上发展了价值敏感性设计方法，将价值考量融入技术的价值判断中，能有效检验、避免技术设计中出现的不确定性伦理问题，这对信息通信技术的控制和有效处理设计中可能遇到的道德问题等方面具有一定的先导性。霍温还是负责任创新理念的提出者（之一）和践行者，负责任创新是技术创新、企业社会责任和伦理道德的有机结合，有利于实现工程科学、社会人文科学等多学科紧密合作，不仅促进科学文化和人文文化的协同发展，还对我国科技发展创新中注重企业社会责任有一定的借鉴意义。

从价值敏感性设计、负责任创新等议题的理论构建与实践过程来看，霍温的技术伦理思想有待进一步完善。其一，霍温强调技术设计要嵌入道德价值，让合情合理的道德价值存在于产品设计中，但如何保证技术与价值之间的平衡，使得技术设计者能设身处地地为信息用户着想？也就是说负责任创新理念贯彻过程中，存在责任过度、责任有限和责任主体不明等困境。其二，虽然价值敏感性设计已经由计算机领域拓展到信息通信技术这一高新技术领域，但就目前来看，应用领域没有发生实质变化，这也是价值敏感性设计面临的一个挑战。

从霍温在荷兰学派的学术影响力来看，他曾任 3TU（代尔夫特理工大学、埃因霍温理工大学和特文特大学）技术－伦理研究中心主任（现为 4TU 技术－伦理研究中心），他还是荷兰负责任创新研究委员会的创始人。他在担任 3TU 技术－伦理研究中心主任时，将价值敏感性设计、负责任创新和伦理并行研究，确立为研究中心的三大主题，这进一步奠定了荷兰学派在国际技术哲学界的地位。近年来，他以研究信息通信技术为基点开启了高新技术应用伦理的设计转向，引发了荷兰学者对"伦理学中的设计"问题的持续关注。另外，值得一提的是霍温还是 3TU－5TU 科技伦理联盟（后发展为 4TU－8TU 科技伦理联盟）的发起者和推动者，为中荷技术哲学的交流互动搭建了平台。

## 第二节　计算机伦理学的重要代表人物：菲利普·布瑞

菲利普·布瑞（Philip Brey）①，荷兰特文特大学哲学系教授，计算机伦理学领域的重要代表人物。布瑞提出了以现实问题为导向的建构性技术哲学，他是第一位对互联网、虚拟现实技术、环境智能、面部识别系统和 3D 打印等新兴技术的伦理问题进行系统研究的学者。布瑞在新兴技术的伦理评估、人工智能和机器人伦理道德、计算机安全与可靠性、揭示性计算机伦理方法等方面作出了突出贡献。

### 一　两种经验转向及其之后的技术哲学

众所周知，技术哲学在 20 世纪八九十年代至 21 世纪初迎来了"经验转向"。在布瑞看来，所谓"技术哲学经验转向"，更准确地说是两种经验转向：以社会为导向的经验转向和以工程为导向的经验转向。第一次经验转向始于 20 世纪八九十年代，当时越来越多的哲学家打破了传统的一些假设和方法，开始关注具体的技术和问题，试图发展语境性的、少决定论的、多描述主义的技术理论，并开始对现代技术采取一种更务实和平衡的态度。以社会为导向的经验转向旨在理解技术对人类和社会生活环境的影响，代表人物有新海德格尔主义哲学家休伯特·德雷福斯（Hubert Dreyfus）、韦伯·比克、特雷弗·平齐，他们以具体技术的演进为研究对象，克服了以整体技术为研究对象的传统技术哲学的缺陷。第二次技术哲学的经验转向发生在 20 世纪 90 年代和 21 世纪初，主要目标是理解工程实践、评估工程产品，这一理论的进步之处在于它认识到技术哲学应关注技术本身，而非其社会后果。在 21 世纪初，这一研究路径由拥有理工背景的哲学家和对哲学感兴趣的工程师开启，研究主题为工程设计过程的结构、工程知识的本质、工程科学的方法论结构等。

---

① 菲利普·布瑞，荷兰特文特大学哲学系教授，现为国际伦理学与信息技术学会主席，技术与工程科学哲学中心主任，特文特大学远程信息处理和信息技术中心（CTIT）的杰出成员，技术哲学协会、伦理与信息技术国际协会等执行理事。曾任国际技术哲学学会（SPT）主席，4TU 技术－伦理研究中心主任（2013—2017），著有《认识论与科学哲学的认知转向》《环境智能中的自由和隐私》《隐私在工作场所的重要性》等。

不论是以社会为导向的技术哲学还是以工程为导向的技术哲学，布瑞都将它们归为"反思性技术哲学"。这类技术哲学注重研究技术及其对社会的影响，但它停留在研究、分析、评价人与社会关系状况的学术性活动领域，并没有积极寻找解决实际问题的方法。因此，布瑞认为当下需要构建一种"建构性技术哲学"，其目标是寻找行动的答案。也就是说，建构性技术哲学的任务是："通过发展哲学思想和方法，以指导和改变社会中那些对技术的发展、管理和使用负责的行动者的做法。"① 这一技术哲学研究模式以时代问题为着眼点，提出建构性的可行的解决方案。从一定层面上说，建构性技术哲学是对技术设计过程积极干预并力求做出一定改变的哲学，反思性技术哲学则是被动参与社会的哲学。当然，这并不表明"反思性技术哲学"会被"建构性技术哲学"取代，相反二者各有研究优势，只有在相互借鉴中发展，形成建构性兼反思性的方法，技术哲学才会日益繁荣。

在阐释技术哲学两次经验转向的同时，布瑞还注意到技术哲学拓展的新领域，即始于 20 世纪七八十年代的应用技术伦理学，这一研究出现在应用伦理学与职业伦理学共同兴起的时代。一方面，以工程师为代表的职业伦理学——工程伦理学兴起；另一方面，围绕高新技术的伦理学，如围绕克隆技术、纳米技术、环境科学、神经科学和计算机科学与技术等方面的伦理学兴起。其中，计算机伦理学是应用伦理学研究中的一个重要领域。"计算机和信息技术为传统哲学问题的解决指明了新方向，为哲学推理提供了新工具和新概念，也提出了理论与实践上的新问题，这些问题在传统哲学框架中是无法解决的。"② 计算机技术涵盖数据模块化、计算机科学的本体论、软件工程、信息管理系统、计算机模拟和仿真技术、人机交互、智能环境等具体技术维度。随着计算机技术的广泛应用，计算机伦理问题也必将随之凸显。

## 二　计算机伦理学中的隐私与安全问题

随着计算机技术的发展与应用，隐私与数据安全问题成为计算机伦理

---

① Philip Brey, "From Reflective to Constructive Philosophy of Technology", *Journal of Engineering Studies*, Vol. 6, No. 2, April 2014, p. 129.

② Philip Brey and Johnny Hartz Søraker, "Philosophy of Computing and Information Technology", in Anthonie Meijers ed., *Philosophy of Technology and Engineering Sciences*, The Netherlands: Elsevier 2009, p. 1341.

学的首要问题。特别是在一些人性化服务的过程中，很容易出现个人信息泄露问题。比如超市会员卡、积分卡等，可能会收集、处理，甚至恶意传播个人信息数据和其他重要信息，极易导致隐私泄露等伦理问题发生。随着计算机网络技术的发展，人们越来越多地在企业对消费者和企业对企业的交互环境中使用电子信息技术，而电子信息技术又在不断监控和记录个人信息，这些信息的传播早已超出了个人的控制，而且普通人根本意识不到这类问题。那么我们该如何界定隐私？布瑞认为："隐私是个人控制对其个人事务访问的权利。"[①] 在这个定义的基础上，布瑞把隐私分为三种类型：其一，未经授权的认知访问，这是一种对个人信息的不当获取或窥探；其二，未经授权的物理访问，这会产生对私人事务的直接干预并对其造成干扰；其三，知情控制，是对私人生活、个人事务进行全面的控制，有时也称为"监控"。同时，布瑞又将私人事务在隐私权的基础上分为五个层面："人体、个人空间与客体、个人信息的承载者、个人行为以及社会行为（主要指语言交流）。"[②] 对这些隐私种类进行划分，有利于确定不同隐私权利保护应遵循的不同原则。

隐私权是一项大多数人所重视的基本权利，所以隐私保护必须成为技术设计和使用过程中应考虑的基本伦理尺度。布瑞认为："充分的隐私保护意味着从以主动监管为重点的程序性义务的隐私保护转向以反应性制裁为基础的隐私保护，在这种保护下，不合理的隐私侵犯将受到严厉的惩罚。"[③] 要做好这点，需要把隐私保护作为技术设计的一项主要原则。具体可以通过两种方式来实现：其一，在技术中构建隐私保护功能，让个人掌控自己的隐私；其二，营造尊重隐私的氛围，并遵循隐私保护程序。既然隐私已成为人们的一项基本权利，因此，需要制定隐私法、确定隐私保护的基本原则来促进对隐私保护的法律化和程式化。例如，经济合作与发展组织（OECD）就提出了限制收集原则、限制使用原则、数据质量、安全保障、开放性原则、个人参与

---

① Philip Brey, "The Importance of Privacy in the Workplace", in S. O. Hansson and E. Palm eds., *Privacy in the Workplace*, Fritz Lang, 2005, p. 105.

② Philip Brey, "The Importance of Privacy in the Workplace", in S. O. Hansson and E. Palm eds., *Privacy in the Workplace*, Fritz Lang, 2005, pp. 105 – 106.

③ Jeroen Terstegge, "Privacy in the Law", in Milan Petković and Willem Jonker eds., *Security Privacy and Trust in Modern Data Management*, Berlin Heidelberg：Springer, 2007, p. 19.

和责任等隐私法的具体原则，来确保隐私法的公正透明，为隐私保护提供法律保障。另外，布瑞认为还可以通过对技术的强制执行来保护隐私。数字版权管理（Digital Rights Management，DRM）就是一个很好的例子，"DRM 可以通过授予的权利来使用数据内容进而实现内容保护"①。通过保护内容提供者的版权并控制传播内容来避免非法复制和传播用户信息。

　　计算机（网络）伦理的主要问题还包含数据安全问题。关于计算机（网络）安全的伦理问题主要表现为网络病毒入侵、钓鱼网站、非法窃取信息、计算机专业人士道德责任感不强等问题。针对以上安全问题，布瑞提出"生物识别技术"②。该技术是根据个人的生理或行为特征进行身份识别或验证。生物识别技术的应用减少了计算机网络世界中的匿名、假名事件，保障了技术安全。计算机（网络）安全保护实质上是数据保护，为此布瑞认为人们可以通过对数据进行加密来保护数据安全。比如，通过可扩展标记语言（Extensible Markup Language，简写为 XML）来实现数据安全。XML 签名和 XML 加密是可扩展标记语言的主要特征。XML 签名是通过对任意数据应用数字签名操作获得的数字签名，这种功能在分布式多方环境中非常重要，在这种环境中，只要对文档进行更改和添加，就需要对文档进行签名，这在一定程度上保证了多方的知情权，实现数据的相对安全。

　　对计算机（网络）中的隐私和安全问题进行伦理分析，既可以帮助计算机专业人员和用户认识、解决伦理问题，又为使用信息技术制定伦理政策和指导方针提供借鉴。此外，在计算机伦理学中，"不仅信息系统的使用需要伦理反思，而且信息系统的设计也需要伦理反思"③，在计算机（网络）伦理审查中，发现问题就要用伦理方法解决问题，运用计算机伦理方法进行伦理反思。

①　Milan Petković and Willem Jonker，"Privacy and Security Issues in a Digital World"，in Milan Petković and Willem Jonker eds.，*Security Privacy and Trust in Modern Data Management*，Berlin Heidelberg：Springer，2007，p. 7.

②　Philip Brey，"Ethical Aspects of Information Security and Privacy"，in Milan Petković and Willem Jonker eds.，*Security Privacy and Trust in Modern Data Management*，Berlin Heidelberg：Springer，2007，p. 33.

③　Philip Brey，"Disclosive Computer Ethics"，*Computers and Society*，Vol. 30，No. 4，December 2000，pp. 10 – 16.

### 三　计算机伦理学的研究方法

计算机伦理学是新兴技术伦理学的重要组成部分。由于计算机等新兴技术处于快速发展中，故新兴技术伦理问题具有不确定性。虽然新兴技术因其不成熟性易引发重大伦理问题，但因新兴技术与特定的产品联系更紧密，在一定程度上使其对相关产品的伦理分析成为可能。什么是计算机伦理学？吉姆·摩尔（Jim Moor）在《什么是计算机伦理学？》中指出，计算机伦理的核心目标是制定政策来指导个人和群体在使用计算机技术方面的行动。布瑞在肯定这一定义的基础上，还主张："应包括其他涉及计算机技术的实践层面，如计算机技术的开发或管理。"[1] 从布瑞对计算机伦理学的目标定义来看，计算机伦理学归属于应用伦理学分支。计算机伦理学的学科范围不应局限于个人或集体使用计算机的狭窄层面，还需涵盖发展、规划、管理、宣传计算机技术。早在1985年吉姆·摩尔就已经认识到，随着计算机技术的出现和应用，它在实践中会产生新的价值观，客观上需要重构旧有价值观。无独有偶，荷兰学者霍温在提到计算机伦理学时，也认为需要将现有的道德理论应用到研究的实践中。这些主张都秉持一个基本原则：计算机系统及软件在道德上不是中立的和决定性的，它们有促进或抑制特定道德价值和行为规范的倾向，为使技术促进道德和行为规范，技术设计者需要将价值观内嵌入技术体系中来，形成"内嵌式的价值"，进而保证技术符合人们的共同价值，减少技术伦理问题的产生。

"内嵌的价值方法主要关注道德价值"[2]，即关注设计过程中的道德嵌入。那么在设计计算机及相关技术时，应重点关照哪些道德价值？或者说哪些道德价值需内嵌到计算机技术中来？布瑞在分析计算机伦理方法时提出"公平、自治、隐私"等多种价值是计算机技术所必需考量的道德原则。在此基础上，布瑞进一步提出关于计算机伦理学的两种研究方法："揭示性计算机伦理"（disclosive computer ethics）和"预期技术伦理"（anticipatory technology ethics）。

所谓揭示性计算机伦理，它是"一种破译计算机系统、应用和实践中所

---

[1]　Philip Brey, "Method in Computer Ethics: Towards a Multi-Level Interdisciplinary Approach", *Ethics and Information Technology*, Vol. 2, No. 2, June 2000, p. 125.

[2]　Philip Brey, "Values in Technology and Disclosive Computer Ethics", in Floridi L. ed., *The Cambridge Handbook of Information and Computer Ethics*, Cambridge: Cambridge University Press, 2009, p. 6.

嵌入的道德规范的一种方法"①。它是嵌入式价值方法的一部分，揭示性计算机伦理的目的并不是要澄清已经引起道德争议的计算机技术的操作应用，而是要揭示那些看似道德中立，实则对技术有抑制作用的道德规范，是揭示那些道德上不透明的操作应用（类似打开技术黑箱）。布瑞提到因为计算机技术的操作和适用环境过于复杂，外行人很难理解，普通用户也看不到，使得计算机系统在设计和使用时，一些道德属性未被设计者发现。揭示性计算机伦理的目的就是识别这种道德上不透明的行为，描述和分析这些操作应用，以便将它们纳入公众视野，并反思其中任何有问题的道德特征，使计算机技术透明化，这也是计算机伦理工作的一部分。揭示性计算机伦理方法注重揭示不透明的道德实践，这种方法专业性强、分析过程复杂，它是一种"跨学科、多层次"② 的方法。之所以称其为"多层次"的方法，是因为该研究需要在不同的阶段、不同的层次间进行。具体来说揭示性计算机伦理方法有这样三个层次：首先是揭示层次，这是揭示性计算机伦理研究的初始阶段。在这个层次上，需要从多个道德价值观的角度研究不透明的计算机系统和计算机操作应用，研究计算机操作应用是否倾向于提升或贬低相关价值，以及如何提升或贬低相关价值；其次是理论层面，这在揭示性计算机伦理研究中处于核心地位，也是相当基础的一个研究步骤，目的是从特定的技术或实践中归纳总结进而形成理论体系；最后是应用层面，这一阶段是前两个阶段综合性的运用，是道德理论以具体形式应用于信息揭示层面的体现。在理论阶段，计算机伦理研究似乎只需要具有哲学专业知识的哲学家就可以进行，但在揭示阶段和应用阶段并不如此简单。信息的公开揭示需要相当多的专业技术知识，尤其是社会科学方面的知识，以便分析计算机系统如何运作，揭示计算机系统如何依赖于人类的社会体制，因此，理想情况下揭示性计算机伦理研究不仅需要计算机科学家、哲学家，更需要社会科学家，必要时还需要多领域专家的合作。可见，揭示性计算机伦理是计算机伦理学中一个非常重要的研究方法，它不同于传统的应用伦理学研究方法，只关注道德理论的制定和应用，却忽视技术系统和实践的内在规范性。一旦将"公平、自治、隐私"等多种

---

① Philip Brey, "Method in Computer Ethics: Towards a Multi-Level Interdisciplinary Approach", *Ethics and Information Technology*, Vol. 2, No. 2, June 2000, p. 125.

② Philip Brey, "Values in Technology and Disclosive Computer Ethics", in Floridi L. ed., *The Cambridge Handbook of Information and Computer Ethics*, Cambridge: Cambridge University Press, 2009, p. 10.

价值嵌入揭示性计算机伦理研究方法中，揭示性计算机伦理方法极有可能被应用于伦理学的其他领域，得到社会道德规范的广泛认可。

新兴技术的不确定性意味着其伦理后果的不可控性，因此，提前预测其产生的伦理后果就显得极其重要。当代新兴技术伦理领域存在三种预测伦理的方法：技术伦理评估方法、技术伦理情景方法和 ETICA。[①] 针对这些方法的不足，布瑞提出自己设想的新兴技术伦理方法：预期技术伦理方法。预期技术伦理方法是将伦理分析与各种具有前瞻性的预测和技术研究相结合，技术研究主要包括情景分析、趋势预测、德尔福面板（Delphi panels）、水平扫描等技术种类。"当一项技术仍然是可塑的，在其发展和社会嵌入方面仍有很大的选择余地时，新兴技术的伦理道德预示着早期干预的前景。"[②] 在技术应用之前先进行详细的伦理分析，较大程度上避免了因评估失误带来的技术不确定性因素的发生，对未来技术的适用范围和可能产生的社会影响进行合理预测，防范社会风险的发生。预期技术伦理方法主要是从技术、人工物和应用层次三个层面进行伦理分析。首先，在技术层主要分析技术的整体性特征、技术内部的特征及技术各个子类的特征，进而分析这些技术特征可能会产生的伦理问题。比如，基因工程或核能的发展是否违反生命尊严和自然秩序。当一项技术受到伦理上的质疑时，就需要对该技术的继续研发持谨慎态度。其次，人工物的分析，分析人工物的特征以及其潜在的应用风险和道德争议。如智能手机通过存储用户的位置信息，使用户隐私受到威胁，或者如汽车为人类带来便利的同时，也产生温室气体。最后是应用层次，应用层次关注人工物和技术使用的特定方法、程序，"应用程序是使用或配置人工物或过程的一种方式"[③]。例如，服务机器人就是一款应用程序，这一层次的道德问题主要与利益相关者的权利和道德水平有关，利益相关者的道德水平可能受人工物和技术的使用状况的影响。在三个层面的伦理分析之后，布瑞提出预测的几个阶段：设计反馈阶段、责任分配阶段和政府制定政策阶段。将评估反馈

---

① ETICA 即"尚在研发中的信息和通信技术应用的伦理问题"（Ethical Issues of Emerging ICT Applications，简称 ETICA）是一个欧盟研究项目。

② Philip Brey，"Ethics of Emerging Technology"，in S. O. Hansson and Philip Brey，eds.，*Methods for the Ethics of Technology*，Rowman Rowman and Littlefield International，2017，p. 2.

③ Philip Brey，"Anticipatory Ethics for Emerging Technologies"，*Nanoethics*，Vol. 6，No. 1，April 2012，p. 8.

的结果落实到设计操作中，并将道德责任落实到设计师、用户和政府等利益相关者身上，对预测的结果提出建设性的策略和建议。计算机技术在今后的发展中，可以借鉴新兴技术伦理的方法。诚然，这两种方法（揭示性计算机伦理方法和预期技术伦理方法）有待进一步完善。比如，预期技术伦理方法过度依赖未来的技术预测，一定程度上包含着不确定性，但它可以通过技术伦理的发展逐步完善，在分析技术伦理问题的同时权衡价值冲突，为技术伦理研究提供更多发展空间。

### 四　计算机伦理学课程设计

计算机技术在教育方面的作用日益凸显，如今在荷兰的大学、部分中学，以及一些其他教育机构中，计算机伦理学作为一门课程被广泛开设。布瑞系统研究了教育系统中的计算机伦理问题，重点阐述了在计算机伦理教育和计算机伦理政策中的计算机伦理问题以及解决措施。在高等教育中，考虑到信息技术在当前职业选择中占有非常重要的地位，高校应该在学校教育课程中开设计算机技术课程，并教育学生合理合法地管理和应用信息技术；在高校政策中，针对一些师生目前已经出现的由于不规范使用信息技术而引发伦理问题的现象，学校教育机构应及时制定一些规范师生管理和使用信息技术的政策。布瑞认为，当下在高等教育中，出现了四种社会道德问题："高等教育中计算机的价值转移问题，学术自由问题，平等和多样性问题，学生和教职工遇到的伦理问题。"[1] 这些问题的具体表现是什么，如何解决计算机伦理问题在教育系统中的难题，布瑞提出了自己的见解。

以计算机为媒介的教育可能会导致师生关系的异化，客观上造成师生之间的学徒制界限模糊，在一定程度上冲击学术价值的转移进程。在高等教育中，学术自由是百家争鸣的前提，表达不同意见一直是学术自由和言论自由的核心，但如果师生因担心自己的言论受到计算机通信方的监测而阻塞交流观点，那会阻碍言论自由和学术自由。因此，要想保护教育中的学术自由，需要平衡师生免受监测的需要与促进言论自由和学术自由的需要。当学校教育引进计算机系统后，对社会平等性和多样性提出了严峻挑战。计算机系统

---

① Philip Brey, "Social and Ethical Dimensions of Computer-Mediated Education", *Journal of Information Communication & Ethics in Society*, Vol. 4, No. 2, 2006, p. 91.

难以做到对多样性的全面尊重，尤其是面对不同性别的计算机操作主体，计算机软件也难以做到性别区分，这样在使用信息技术时，就会产生伦理问题。要解决这一社会问题，教职工要注意使用那些不包含性别偏见的教学方法和工具，学生要注意实践操作时的计算机素养。在跨国教育层面，语言多样性尤为重要，注意谨慎选择跨国教育工具。另外，在线学习时，要建立安全的学习平台，确保师生在互信的基础上进行交流。在高等教育中还要注重对学生的计算机道德教育，首先使学生对计算机相关问题有自我认知，这就涉及计算机的社会和人文研究（social and humanistic studies of computing，简称SHC）以及计算机的社会应用研究（applied studies of societal aspects of computing，简称 ASC）。SHC 是由相关学者对计算机的社会和人文科学以及它们在社会中的作用进行研究。SHC 可以定义为一种理论研究或非应用研究，研究各种形式的信息技术是如何形成和影响社会环境的各个方面。ASC 则是指一组现有的研究方法，二者相互联系，彼此促进。在高等教育中开设这两类课程有重大实践意义，首先，信息技术正在影响着社会中的每一个领域，经济、政治、教育、卫生医疗、媒体传播等社会图景，这些都在通过信息与通信技术实现变革；其次，ASC 课程有特殊的社会需求，特定职业中的问题只能通过专门课程来解决。一门理想的计算机伦理学课程应该涵盖两个目标：一是促进对计算机领域主要伦理问题的理解，二是为有抱负的专业人士提供工具，让他们在处理计算机伦理问题方面承担自己的专业责任。由于计算机技术正处在发展完善阶段，网络世界还不是一个有序的社会，一些伦理问题还没有被人类认识，这需要在建设计算机伦理课程的过程中，社会各方共同合作，相互协调分工，让学校成为计算机伦理教育的主阵地。

## 五　为人类福祉而设计

技术可以塑造社会，技术本身又是由社会塑造的，这是技术哲学界习以为常的认知。布瑞曾提到良善的社会可以通过一系列价值观和理想观念来定义，一个良善的社会有其良好的社会内在价值，技术的影响可以被分析为有助于或削弱这些价值的实现。关于技术如何塑造社会，存在着两种极端的观点：技术中性论和技术决定论。技术中性论认为，技术产品本身在结果方面是中性的，只是它们在特定环境中的使用决定了其不同的社会后果。以锤子为例，它可以成为木工的工具，也可以成为杀人的武器。显然该论点认为，技术本身没有错误，但使用技术时的动机不同，技术带来的社会影响就可能截然不同。技术决定论认为技术产品独立于其使用的社会环境，只由技术本身决定，这种观点显然是有失公允的，技术的社会影响不仅取决于所使用的技术产品，还取决于所使用技术产品的用途和使用中的社会环境。布瑞基于对这两种技术观点的系统分析，提出："技术产品具有产生社会影响的力量，因为它们在特定社会环境中的引入和使用往往会产生一定的社会后果，前提是产品可以从其高度专门化的功能中获益。"[1] 技术可以刺激、诱导事件的产生，也可以抑制、约束事情的发生，技术正是根据本身的因果关系来塑造社会的。自计算机成为大众技术以来，对其产生的社会影响一直褒贬不一，需要明白，对计算机不同评价的背后，是不同的价值体系。计算机政策的制定是由社会和文化利益所决定，计算机对社会和文化带来了巨大影响，它在信息获取、传播、交流、经济贸易、文化共享、社会融合等方面做出了突出贡献。为使社会的美好价值在计算机技术中得到体现，不仅需要了解技术中应蕴含的美好价值，更需要设计者为人类福祉而设计，让人类技术与福祉相伴。

设计师应该为什么样的福祉而设计？布瑞提出五种技术的内在价值：福祉、公平、自由、民主、可持续。他谈到为福祉而设计是可能的，这需要在设计上做出更多的努力，为人类福祉而设计不仅是设计消费品，也应该为公共基础设施设计。技术产品的公平指的是在分配和提供社会初级产品时不存在社会偏见，应考虑使用用户的不同文化信仰和价值观，包容性设计有利于实现社会公平。自由可以成为技术产品的内在价值，是使设计出的技术消除人们不必要的约束，使包括残疾人员的弱势群体也可以自由使用其技术的价值观。可持续性主要针对设计的可持续产品，既要节能，又要嵌入可持续的生命周期价值。

那么，为人类福祉而设计何以可能？布瑞分析评价了四种设计方法，提到它们各有不足，建议将这四种方法组合起来形成一个全面的福祉设计方法。首先是唐纳德·诺曼（Donald Norman）在 2005 年提出的"情感设计方法"

---

① Philip Brey，"The Strategic Role of Technology in a Good Society"，*Technology in Society*，Vol. 2，No. 2，February 2017，p. 4.

（emotional design），情感设计方法是使用设计唤醒用户情感体验方法的总称。这种设计方法在设计技术产品时超越了产品本身的功用，将积极愉悦的情感体验融入产品设计中，关注用户对产品的情感体验以及与产品使用相关的情感意义。但是布瑞认为情感设计方法的使用范围有限，只集中于直接的情感体验，不能全面体现情感对技术产品的积极意义，因而不能成为全面的设计方法。能力方法（capability approaches to design）是指为了达到幸福的状态，人们必须拥有一套追求幸福的能力。人们有不同的价值概念，客观上需要不同的能力素质，玛莎·努斯鲍姆（Martha Nussbaum）在 2000 年提出十个基本能力，有生活能力、身体健康能力、情感能力、实践理性能力、游戏能力、归属能力、对环境的控制能力等，虽然拥有一套能力方法不一定拥有幸福，但能力方法是获得幸福的必要条件。布瑞评价这一方法时指出，能力是去情境化的现象，正因如此，能力方法似乎很难考虑到能力的使用环境以及拥有能力的人的特殊价值和特征，这使能力方法的片面性缺陷得到放大。积极心理学方法（positive psychology approaches）是由鲁滕贝格（Ruitenberg）和戴斯梅特（Desmet）提出，这种方法是指设计出能够激励人们参与有意义的生活实践的产品，提高生活满意度，并在行为上做出一些积极的改变。但这种方法仍处于初级发展阶段，它关注的是相对孤立的个人的行为和心理，它在开发长期明确的目标策略、美好生活的设计方法和概念框架等方面做得远远不够。第四个设计方法是雷卡斯（Leikas）根据维特根斯坦（Ludwig Wittgen-stein）提出的生命的规则（form of life）概念架构出以生命周期作为设计焦点的基于生命（周期）的设计（Life-Based Design），它包含四个阶段：生命形式分析、概念设计和设计要求、适应生命的设计、创新设计。这一方法较前三个相比有强大的优势，但也存在一个潜在的弱点，它的着眼点主要是改进现有的生命形式，而似乎不包括发展新的生命形式，并且在改善现有的生命形式方面也体现出保守的一面。基于以上分析，布瑞总结道："可能需要将这四种方法结合起来，才能设计出全面的幸福设计方法。"[①] 将情感设计方法注重产品体验，能力方法的能力塑造，积极心理学方法中的有意义的生活实践

---

① Philip Brey, "Design for the Value of Human Well-Being", in J. van den Hoven and P. Vermaas and I. van de Poel eds., *Handbook of Ethics, Values, and Technological Design*, Dordrecht: Springer, 2015, p. 381.

以及基于生命周期的设计中改进现有的生命形式等优点统一起来，也许是未来技术实现为人类福祉而设计的关键。技术在社会中扮演重要角色，社会的良好风尚也依赖良善价值观的塑造，设计者们在社会中要利用综合的技术设计方法实现技术的良性发展，成就潜能的自己。

## 六　理论评鉴

布瑞在经典技术哲学基础上提出建构性技术哲学，开辟出经验哲学转向的新路径，具有极大的批判创新性。他立足于传统技术哲学研究范式，汲取传统范式的合理之处，突破批判范式的羁绊，研究探索出技术哲学的应用伦理学新领域，为技术如何改变社会、让技术产品在设计过程中融入负责任因素等实用性方面提供理论导向，为技术哲学在应用伦理方面开拓新路径。对技术而言，要想技术的发展顺应社会实践的需要，它必须离开学术壁龛，成为一个真正的社会行动者，建构性技术哲学的兴起，有利于荷兰技术哲学的开拓和创新。正是秉持着解决技术产品对社会产生的消极后果的信念，布瑞在计算机伦理学领域重点研究计算机技术产生的隐私和安全问题，并通过技术手段来消解其衍生的负面影响，具有极强的现实操作性。随着信息技术的发展，个人隐私在无处不在的互联网发展中逐渐受到挑战，布瑞提出的隐私保护法和营造隐私保护案例氛围对实现计算机领域的隐私保护有巨大作用。XML 对计算机伦理中的安全问题有强大的保护作用，但 XML 签名是否会影响实际工作效率，如何高效地做到工作中不扯皮、不推诿成为日后应用中不可忽视的问题。计算机伦理学就是一门对计算机技术进行伦理分析，同时用计算机伦理学方法制定政策指导计算机技术良性发展的学科。技术设计不是盲目的过程，内含设计师有目的的和有远见的智慧，设计师和利益相关者的创新意识和信念直接对计算机技术的发展有正面作用，布瑞提出通过揭示性计算机伦理方法来促进多方面专家的协调合作，这是现代理论家和技术研究者的社会责任，对计算机伦理领域的繁荣兴盛有加速作用。在学校教育中，计算机课程作为新开设的应用型课程，更需要注意隐私问题和操作工作，布瑞创造性地提出开设 ASC 和 SHC 课程，二者相互联系，使全校师生在健康有序的计算机网络下学习，只有在学校教育上走好关键一步，日后作为计算机技术研发主体的开发者才会有更高的专业素质和负责任信念。另外，布瑞继承旨在让技术创造美好生活的设计理念，提出

"为人类福祉而设计"的号召，着重阐述了设计何以可能这一实际问题，为技术塑造美好生活提供理论方法，具有崇高的技术愿景。综上所述，布瑞的计算机伦理思想具有批判继承、创新指向的鲜明特征，不论是对本国还是对世界技术哲学发展都有贡献和价值。

## 第三节　人工智能哲学的重要研究者：文森特·穆勒[①]

文森特·穆勒（Vincent C. Müller）[②] 因对颠覆性技术（特别是人工智能）的研究而闻名。在对人工智能哲学的研究中，穆勒认为当前人工智能哲学有了新发展，主要存在两方面的变化：一是人工智能与认知科学渐趋分离，二是人工智能的长期风险研究日益重要。特别是在人工智能的长期风险研究中，穆勒指出，人工智能使人类面临着诸如失业风险、隐私风险和安全风险等方面的问题。基于此，穆勒强调应对人工智能进行政策引导，尤其是要将法律和伦理分开考量，分别制定政策，以规避风险、合理应用，最终实现人工智能的健康发展。穆勒认为，人工智能在未来将发展成"超级智能"，但"超级智能"的低概率高影响风险也随之而来。对此，"控制超级智能"将是必然之举。

### 一　人工智能哲学的新发展

当前，新一轮科技革命正蓄势待发，各国纷纷进行颠覆性技术创新以抢占先机。从国际大环境看，颠覆性技术创新聚焦于一些关键领域，人工智能便是其中之一。当人工智能的研究人员去探索人工智能时，他们认为从哲学角度审视人工智能，是发展人工智能的必要一环，穆勒也表明人工智能哲学将对人工智能的发展发挥指导作用。基于人工智能哲学的发展现状，穆勒指出："人工智能哲学实际上已经发生了一些新变化，并且主要体现在两个方面，即：人工智能与认知科学相分离以及人工智能的长期风险在哲学研究中

---

[①]　本部分内容曾以《论文森特·穆勒的人工智能哲学思想》为题，发表于《佛山科学技术学院学报》（社会科学版）2021年第3期。

[②]　文森特·穆勒是埃因霍温理工大学的技术哲学教授，利兹大学的大学研究员和伦敦的 Alan Turing 研究所的图灵研究员，以及欧洲认知系统学会和"伦理，法律和社会经济问题"euRobotics 专题组主席。近年来，穆勒的研究聚焦于心灵、语言与计算哲学以及信息与计算伦理。

日益受到关注。"①

关于人工智能与认知科学的关系研究。在传统观点中，人工智能与认知科学之间恰似一枚硬币的两面。20 世纪 80 年代，约翰·豪格兰德（John Haugeland）提出："有效的老式人工智能（GOFAI），认为对符号表征的句法处理足以实现智能。"② 如果认知是基于符号表征的计算过程，那么"计算可以被认知科学发现，然后由人工计算系统中的人工智能实现"③。在 GOFAI 之后，穆勒指出，现在认知不再必须作为算法符号处理而存在，认知科学涉及"具身化理论""动态理论"等，并且它趋向于寻找自己的发展道路，而不再附属于人工智能。

关于人工智能长期风险的哲学分析。人工智能作为颠覆性技术，其应用和发展必然会对社会产生多样的颠覆性影响，其中，人工智能所带来的长期风险更是在哲学研究中引起广泛关注。在这里，长期风险主要包含两个方面。一方面，人工智能的应用使人类当前正面对着一系列风险挑战，这些现有的风险对人类的影响时间较久，就此而言，人工智能的风险是长期的。另一方面，人工智能的发展使人类未来将面临新的风险挑战。尽管一些人工智能在现实应用中并未完全暴露出其风险，但由于新兴技术尚不完善，随着人工智能的发展，新的风险将接续出现，这也意味着人工智能的风险是长期风险。总之，穆勒认识到人工智能风险的长期性，认为应该综合考量人工智能的现有风险与潜在风险。

## 二　人工智能与认知科学的新关系

穆勒指出，当前人工智能哲学新发展中的一个主要变化就是，由于人工智能和认知科学的发展，二者的关系呈现新变化。同时，穆勒认为，我们如何看待人工智能的发展前景、如何看待人工智能与认知科学的新关系，取决于我们如何看待自己制造的技术产品和人类自身，因为这些问题涉及技术功

---

① Vincent C. Müller, "New Developments in the Philosophy of AI", in Vincent C. Müller ed., *Fundamental Issues of Artificial Intelligence*, Switzerland: Springer, 2016, p. 2.

② Vincent C. Müller, "Interaction and Resistance: The Recognition of Intentions in New Human-Computer Interaction", in Anna Esposito, et al. eds., *Toward Autonomous, Adaptive, and Context-Aware Multimodal Interfaces, Theoretical and Practical Issues*, Berlin Heidelberg: Springer, 2011, p. 2.

③ Vincent C. Müller, "New Developments in the Philosophy of AI", in Vincent C. Müller ed., *Fundamental Issues of Artificial Intelligence*, Switzerland: Springer, 2016, p. 2.

能和人类认知。因此，"当我们重新审视二者之间的关系时，这在一定程度上意味着重新审视技术产品与人类之间的关系"①。

传统的"计算主义者"认为，认知是对表征的计算，它可以在任何自然的或人工的计算系统中进行。认知科学通过其理论应用发现了自然的认知系统是如何工作的，而人工智能的工程学科则测试了认知科学的假设并将其用于发展人工认知系统的过程中。② 在这种传统观点中，人工智能和认知科学具有共同假设的哲学分析，二者相互联系，这一观点引起了人们对人工智能的哲学和理论探索兴趣。但就目前来看，这一旧共识的大多数观点都受到了强烈的冲击：③ 认知并不是计算；计算是数字的；表征对于计算至关重要；有生命或是无生命主体间的区别已无关紧要；等等。

就人工智能的发展历程来说，在经过 1967 年至 20 世纪 70 年代初期的萧条停滞期后，人工智能不断走向蓬勃发展。此外，加上认知科学在当前的新发展，这两方面的因素使穆勒认为"当前的人工智能似乎已经终结了同认知科学间的特殊关系"④，二者不再紧密结合。当前，穆勒指出认知主义找到了重组的方法，特别是当它涉及人工智能或人工认知系统的论题时，穆勒还特别以人工通用智能进行说明：⑤ 如果我们一开始就假设智能主体是在给定的环境中通过选择正确行为来实现其目标的主体，那么更智能的主体可以在更多的环境中实现其目标——这一考量提供了智能的一般衡量标准。因此，可以通过机器学习技法（machine-learning techniques）来实现人工通用智能，机器学习技法实质上就是在给定某些输入集的情况下优化输出。尽管原始模型中有类似于智能主体具有无限计算能力这样的不真实的假设，仍然有大量项目意欲创建智能主体。在这里，穆勒指出了"行动选

① Vincent C. Müller, "Introduction: Philosophy and Theory of Artificial Intelligence", *Minds and Machines*, Vol. 22, No. 2, June 2012, p. 68.

② Vincent C. Müller, "New Developments in the Philosophy of AI", in Vincent C. Müller ed., *Fundamental Issues of Artificial Intelligence*, Switzerland: Springer, 2016, p. 2.

③ Vincent C. Müller, "Introduction: Philosophy and Theory of Artificial Intelligence", *Minds and Machines*, Vol. 22, No. 2, June 2012, p. 68.

④ Vincent C. Müller, "Is There a Future for AI without Representation?", *Minds and Machines*, Vol. 17, No. 1, July 2007, p. 102.

⑤ Vincent C. Müller, "20 Years after the Embodied Mind—Why Is Cognitivism Alive and Kicking?", in Blay Whitby and Joel Parthmore eds., *Re-Conceptualizing Mental "Illness": The View from Enactivist Philosophy and Cognitive Science-Aisb Convention 2013*, Hove: Aisb, 2013, p. 47.

择"问题（Problems of"Action-Selection"），具体而言，智能主体解决了"行动选择"问题即"接下来我应该做什么"的问题，这是"建模－计划－行动"的结果，也就是基于主体的认知主义的结果。但在穆勒看来，当前许多智能主体根本不进行"行动选择"，例如耦合具身化系统中的被动动态助行器（the passive dynamic walker），它是一种不需要任何电子控制设备就可以行走的微型机器人，其行走取决于行走的路表状况和助行器的机械参数，并不需要助行器做出"行动选择"，这就与认知主义并无关联。而且，在对人工认知系统的探讨中，穆勒对经验论题、实践工程论题和概念论题做出判断:① 具身认知的经验论题完全为真，实践工程论题基本为真，而概念论题可能为假。这三个论题在逻辑上是各自独立的，就此而言，人工智能与认知科学是相互独立的。

此外，在对玛格丽特·博登（Margaret Boden）《机器思维：认知科学的历史》（*Minds as Machine：A History of Cognitive Science*）一书的书评中，穆勒更是直言："认知科学死了，认知科学万岁!"② 在穆勒看来，认知科学摒弃了原有的发展模式，逐渐开辟出新的发展路径，它以认知心理学为主要形式，并与人工智能分离，而人工智能也已成为一门成功的工程学科，在很大程度上没有任何关于认知的探索。③

## 三　人工智能的长期风险

穆勒认为当前人工智能哲学的另一个主要新变化就是，人工智能哲学日益重视对人工智能的长期风险研究，并且他做出了大量分析。其中，穆勒分别从就业、隐私和军事等方面指出，人工智能使人类面临着失业风险、隐私风险和安全风险。

人工智能可能激化未来全球范围内的失业问题。人工智能对就业的影响，一方面，人工智能会提供新的就业机会；另一方面，人工智能又会使劳动者

---

① Vincent C. Müller, "20 Years after the Embodied Mind—Why Is Cognitivism Alive and Kicking?", in Blay Whitby and Joel Parthmore eds. , *Re-Conceptualizing Mental "Illness"：The View from Enactivist Philosophy and Cognitive Science-Aisb Convention 2013*, Hove：Aisb, 2013, p. 48.

② Vincent C. Müller, "Margaret a Boden, Minds as Machine：A History of Cognitive Science", *Minds and Machines*, Vol. 18, No. 1, January 2008, p. 124.

③ Vincent C. Müller, "Margaret a Boden, Minds as Machine：A History of Cognitive Science", *Minds and Machines*, Vol. 18, No. 1, January 2008, p. 124.

失业。在人工智能对失业的影响这一问题上，尽管人们对此持悲观、中立和乐观三种态度，但都认为人工智能会造成大批劳动者失业。在穆勒看来，其一，由于人工智能的发展，智能机器人进入生产和生活领域，会不断排挤劳动者。例如，在健康护理行业中，护理机器人代替了大量的人类护理人员。其二，由于颠覆性技术是能够破坏和替代现有技术的全新技术，其发展和应用必然需要新的技能，在人工智能领域内，劳动者若不按人工智能的技术新要求提高劳动水平，就将不幸成为失业者。其三，工业自动化取代了人的自然力，数字自动化取代了人的思想或信息处理，由于人工智能使信息技能自动化，目前劳动力市场上出现了"工作两极分化"或就业结构"哑铃状"：高技能的技术性工作需求量大、工资高，低技能的服务性工作需求量大、工资低，但中等技能要求的工作（即绝大多数工作），由于具有相对可预测性且有固定规则，因此最有可能被自动化所取代，从事这些工作的劳动者大多会失业。穆勒总结道："人工智能最终是否会导致失业，取决于技术发展和社会反应。"① 随着人工智能的发展，摆脱时间与空间的局限，人工智能在未来可能会加剧全球范围内的失业问题，人类面临着失业风险。

人工智能增加了对个人进行数据收集和利用信息操纵行为的可能性。随着新兴技术的发展，人们的生活愈发信息化、数字化。一般来说，目前的数据都以数字化方式进行收集和储存，然后经传感技术转化为新的信息和数据。例如，人脸识别系统借助大数据分析和人工智能算法，通过对照片或监控系统中的人脸进行识别，从而实现对个人信息的搜索和分析。因此，从这个角度来说，人工智能极大地增加了数据收集、数据分析和监视的可能性。而当前，越来越多的商业企业开始利用人工智能的这一效应，对顾客的信息进行访问，以实现自己的经济利益。此外，"监视中的人工智能问题不仅涉及对数据的收集和关注的方向，还包括使用信息来操纵行为"② 。虽然操纵行为由来已久，但在基于大数据分析的人工智能系统中，操纵行为有了新的发展。由于国家、企业和私人个体对个人信息和数据的掌握，用户很容易受到欺骗，进而阻碍自主理性的行为选择。总之，人工智能及其应用在很大程度上可以

① Vincent C. Müller, "Ethics of Artificial Intelligence and Robotics", in Edward N. Zalta ed. , *Stanford Encyclopedia of Philosophy* (Summer 2020; Palo Alto: CSLI, Stanford University), 2020, p. 10.

② Vincent C. Müller, "Ethics of Artificial Intelligence and Robotics", in Edward N. Zalta ed. , *Stanford Encyclopedia of Philosophy* (Summer 2020; Palo Alto: CSLI, Stanford University), 2020, p. 6.

对人类进行监视，个人面临着隐私风险。

人工智能在军事中的应用使得安全风险增加。其一，借用斯派洛（Rob Sparrow）所假设的案例：① 机载自动武器系统在人工智能的指导下，仍会有意轰炸已表明投降意愿的敌军。穆勒指出，人工智能应用于战争之中，战争机理随之发生变化，存在各种不确定因素。同时人工智能尚未成熟，存在着较高的误判机率，军事安全得不到保障。其二，自主武器的使用，可能会提高战争爆发机率和战争破坏程度。就小范围的影响而言，一架装载爆炸物的小型无人机就能够搜索、识别、追杀一个部队的人类。那么能够自动识别和攻击目标的常规巡航导弹，会在更大范围内造成破坏，特别是在人口稠密的地区，人们的生命安全受到更大的威胁。其三，由于各国政治力量和人工智能发展水平不同，一方可以不受惩罚地攻击另一方的不对称性冲突已经存在。这种不对称性冲突，无论是发生机率抑或是破坏程度都较之以前有所提高，特别是对被攻击一方而言，人民的生命安全受到威胁。"可以说，主要的威胁不是在常规战争中使用此类武器，而是在非对称冲突中或由包括罪犯在内的非国家公民使用。"②

作为颠覆性技术的人工智能无疑给社会带来了新的发展和变革，其中，穆勒着重对人工智能及其发展所带来的风险挑战进行了分析。以人工智能对就业、隐私和安全的消极效应分析为例，穆勒揭示了人工智能所带来的社会问题、伦理问题和安全问题。

## 四　人工智能的政策干预

由于人工智能给人们的日常生活带来许多威胁，不少人都主张禁止使用人工智能，特别是在致命自主武器系统（LAWS）这一领域，人们普遍反对人工智能的应用。不同的是，穆勒提出了"调节规范而非禁止"③ 的口号。针对人工智能所带来的问题与挑战，穆勒强调各国政府和国际组织有责任规范人工智能及其应用，通过政策引导推进人工智能的健康发展及合理应用。

---

① Simpson Thomas W. and Müller Vincent C. , "Just War and Robots' Killings", *Philosophical Quarterly*, Vol. 66, No. 263, April 2016, p. 304.

② Vincent C. Müller, "Ethics of Artificial Intelligence and Robotics", in Edward N. Zalta ed. , *Stanford Encyclopedia of Philosophy* (Summer 2020; Palo Alto：CSLI, Stanford University), 2020, p. 12.

③ Simpson Thomas W. and Müller Vincent C. , "Just War and Robots' Killings", *Philosophical Quarterly*, Vol. 66, No. 263, April 2016, p. 321.

尽管已经认识到政策制定的重要性，但穆勒同时指出，政策的实际制定及执行存有一定难度，人工智能政策很有可能与经济政策等相矛盾。在政策制定时，一个重要的现实影响因素就在于政策制定的对象以及主体的构成。例如政府往往倾向于将决策委托给专家，而非更深入地吸收社会相关利益者，[①] 这就可能导致在政策指导下的人工智能仍然可能引起民众反抗。因此，以"负责任创新"（RRI）的研究口号为鉴，像人工智能这类颠覆性技术的政策制定要充分考量社会相关利益者的情绪和建议。此外，穆勒强调，在政策制定时应将法律和伦理分开考量，因为我们通常认为这两方面在逻辑上是独立的：[②] 某些特定合法行为仍然可能是不合伦理的，而某些特定合乎伦理的行为仍然可能是非法的。政策或规则同样如此，如果我们接受了伦理规范，也并不意味着存在或应该存在法律规则，反之亦然。就此而言，在制定人工智能的相关政策时，穆勒建议采取法律和伦理分析两个步骤。例如，基于人工智能在军事领域中的风险分析，穆勒以 LAWS 为例，对规范人工智能提出了系列政策建议。

基于法律考量的 LAWS 政策。一是建立国际 LAWS 技术标准机构。LAWS 对国际人道法相称原则的遵守首先应出于道德和政治判断，然后才是技术规范。同时，全球技术发展的现实又要求成立国际标准机构来建立和维护这些规范。二是建立国家 LAWS 技术标准和许可机构。建立国内技术规范标准，并将国家或超国家监管机构合并，使这些机构负责发放许可证并管理生产商。三是将战争罪行的法律条文扩展到 LAWS 的非法使用。在建立国际和国家标准机构后，就需要法律约束来强制遵守。同时，法律应该扩展到 LAWS 的非法使用，在这里，非法使用包括：部署不合标准的 LAWS、使用不合标准的 LAWS、故意不当或严重过失使用 LAWS。四是与常规战争相比，LAWS 效应更优时才允许被部署。当 LAWS 符合国际人道法的相称原则，且在战争中给人民带来的风险小于常规战争给人民带来的风险时，才可部署 LAWS。五是仅在有令人信服的军事理由时才允许使用 LAWS 进行杀戮。由四可知，只有符合国际人道法，才可部署 LAWS，而要在战争中使用 LAWS，则需有令人信服

---

① Vincent C. Müller, "Ethics of Artificial Intelligence and Robotics", in Edward N. Zalta ed., *Stanford Encyclopedia of Philosophy* (*Summer* 2020; *Palo Alto: Csli, Stanford University*), 2020, p. 4.

② Vincent C. Müller, "Legal VS. Ethical Obligations-A Comment on the EPSRC's Principles for Robotics", *Connection Science*, Vol. 29, No. 2, June 2017, p. 138.

的军事理由。① 总之,穆勒基于法律维度的人工智能政策建议,兼顾国内国际的考量,包含法律的制定完善与遵守。

基于伦理考量的 LAWS 政策。就战争中是否可使用 LAWS 这一问题,大多数人持反对态度,也有基于结果论的人持支持态度。而穆勒基于正义战争理论所假定的权利的非总体结构,在伦理维度表明了 LAWS 使用的允许性。② 在这里,穆勒引入了"容忍度"(tolerance level)的规范性概念,它实际指的是伦理上规范的技术的可靠性程度。在实践中,容忍度通常与一个系统执行其功能的特定条件相关,③ 并且设定容忍度需要解决风险伦理的一系列问题。在以上规定之下,穆勒做出论述:④ 在 LAWS 中,杀手机器人的可靠性是针对各个任务分别定义的,因此,杀手机器人应当是以充分的可靠性来执行其功能的工程系统。在设计杀手机器人时,容忍度的要求之一就是需要定义杀手机器人仅在攻击合适的目标时应达到一定的可靠性程度,而在伦理方面最重要的关注点就在于攻击目标的选择。杀手机器人若在目标选择时出现了偏差,就可能导致最严重的后果,即无辜的人在战争中受到攻击。因此,穆勒建议,必须首先确定 LAWS 的容忍度,并且仅在经过全面的测试和检查之后才能使用 LAWS。

总之,穆勒对人工智能的政策建议是针对人工智能的风险而提出的,目的是尽可能通过政策引导来减少人工智能所带来的风险。

## 五　人工智能的未来进展

在穆勒看来,目前关于人工智能未来的讨论主要存在三个方向:⑤ 一是基于技术进步,人工智能将实现新发展,这一方向与机器超越人类智能的"奇点"概念相关。二是未来人工智能将抛弃传统形象,特别是通过拒绝表征、强调主

---

① Müller Vincent C. , "Simpson Thomas W. Killer Robots: Regulate, Don't Ban", *Blavatnik School of Government Policy Memo*, November 2014, p. 3.

② Simpson Thomas W. and Müller Vincent C. , "Just War and Robots' Killings", *Philosophical Quarterly*, Vol. 66, No. 263, April 2016, p. 302.

③ Simpson Thomas W. and Müller Vincent C. , "Just War and Robots' Killings", *Philosophical Quarterly*, Vol. 66, No. 263, April 2016, p. 307.

④ Simpson Thomas W. and Müller Vincent C. , "Just War and Robots' Killings", *Philosophical Quarterly*, Vol. 66, No. 263, April 2016, p. 310.

⑤ Vincent C. Müller, "Introduction: Philosophy and Theory of Artificial Intelligence", *Minds and Machines*, Vol. 22, No. 2, June 2012, pp. 68 – 69.

体的具身化以及对属性的"出现"。三是人工智能在其他领域获取新发展。一种方法是从神经科学开始,着力于动力学系统,并试图在认知系统中建模更多的基本工程。其他方法则是颠覆"主体"的概念,并在更广泛的系统中发现智能。三个方向的讨论体现着人工智能不断革新发展的趋势,并且穆勒认为,人工智能取得的大部分进步都可以归因于速度更快的处理器和更大的存储量。

在智能机器的推动下,人工智能会达到人类的智能水平,发展成为"高级机器智能"(high-level machine intelligence, HLMI)。在未来,人工智能又会超过人类的智能水平,进一步发展成为"超级智能"(super intelligence)。为了进一步揭示未来人工智能的发展进度,穆勒面向550名人工智能专家开展了关于人工智能未来进展的问卷调查。最终,该问卷调查所得出的结果是:"高级机器智能"在2040—2050年左右实现的可能性为50%,在2075年实现的可能性为90%。在此后的30年内,"高级机器智能"将进一步发展成为"超级智能"。① 此外,专家们还认为人工智能的这种发展对人类来说是"坏"或"极坏"的可能性为30%左右,穆勒设计这一问题的目的,是想假设"高级机器智能"生成后,从长远来看,人工智能对人类的总体影响是积极的还是消极的。穆勒强调,"超级智能"将在未来几十年实现,这已经成为人工智能发展的必然趋势。相应地,随之而来的风险更是不可忽视。尽管问卷调查的结果显示人工智能的发展带给人类消极影响的概率仅在30%左右,但仍需要人类去研究。穆勒打了个比方:"如果将要登机的飞机有3%的可能性会发生故障,那这将是人们下飞机的充分理由。"② 传统上,人类往往在高概率低影响的风险上花费了大量资源,但在穆勒看来,关注低概率高影响的风险可能更为合理。因此,穆勒指出:"如果产生高级智能,这将对人类产生重大影响,特别是影响着人类控制自身在地球命运的能力。对人工智能的失控对人类而言是重大风险,是人类的存在性风险。"③ 这一存在性风险就是指"超级智能"可能会导致人类物种灭绝。

---

① Vincent C. Müller and Nick Bostrom, "Future Progress in Artificial Intelligence: A Survey of Expert Opinion", in Vincent C. Müller ed., *Fundamental Issues of Artificial Intelligence*, Switzerland: Springer, 2016, p. 553.

② Vincent C. Müller, "Risks of General Artificial Intelligence", *Journal of Experimental & Theoretical Artificial Intelligence*, Vol. 26, No. 3, June 2014, p. 298.

③ Vincent C. Müller, "Risks of General Artificial Intelligence", *Journal of Experimental & Theoretical Artificial Intelligence*, Vol. 26, No. 3, June 2014, p. 298.

　　面对未来"超级智能"的风险，应该怎样对待"超级智能"？对此，穆勒又分析了"控制超级智能"的问题：① 从狭义上讲，"控制问题"是指一旦人工智能系统变为"超级智能"，那么我们人类应该如何继续控制它。这里涉及，我们应将其限制在各种"盒子"内，还是应对其某些方面做出硬性规定，抑或是防止它忽略人类意图……从广义上讲，"控制问题"是指我们如何才能确保人工智能系统对人类而言是积极意义上的系统，这时常被称为超级智能的"价值对齐"（value alignment），后来梅内尔（Hadfield Menell）将其正式定义为"协同反向强化学习"（cooperative inverse reinforcement learning）。控制超级智能的难易程度很大程度上取决于从人类控制的系统到超级智能系统的发展速度，这引起了人们对具有自我完善能力的系统的特别关注。穆勒还认识到，未来超级智能系统极有可能会产生人类无法预料的负面效应，这对"控制超级智能"而言是一个极大挑战。而且更糟的是，当人工智能超过人类的智能水平，"这似乎暗示着，即使我们对它有了丰富的认识，但它仍然是深不可测、不可控制的"②。

## 六　理论评鉴

　　近年来，穆勒将研究视点聚焦于颠覆性技术（尤以人工智能为重点），并取得了丰硕的研究成果。他在人工智能哲学上的贡献主要在于：首先，针对当前人工智能哲学发生的新变化，穆勒对其中两个主要变化进行了分析。其一，随着人工智能与认知科学的发展，穆勒指出二者逐渐分离，不再是一枚硬币的两面。其二，人工智能的风险在哲学研究中日益受到关注，对于此问题，穆勒主要分析了人工智能给人类带来的失业风险、隐私风险和安全风险。继而，穆勒基于对人工智能风险的分析，主张对人工智能进行政策干预以实现人工智能的健康发展。其中，穆勒强调政策规范应充分考虑社会相关利益者的情绪和建议并将法律维度和伦理维度分开考量。最后，穆勒对人工智能的未来发展进行展望，指出人工智能在发展的同时也将给人类带来风险，穆勒对此的态度为"控制超级智能"。但同时他也认识到，实际上，"控制超级

---

　　① Vincent C. Müller, "Ethics of Artificial Intelligence and Robotics", in Edward N. Zalta ed. , *Stanford Encyclopedia of Philosophy*（Summer 2020；Palo Alto：CSLI, Stanford University）, 2020, p. 17.

　　② Vincent C. Müller, "Risks of General Artificial Intelligence", *Journal of Experimental & Theoretical Artificial Intelligence*, Vol. 26, No. 3, June 2014, p. 300.

智能"对人类来说也是一项挑战。总之，穆勒对人工智能哲学的研究已经呈现出清晰的逻辑进路。

然而，纵观穆勒对人工智能的哲学研究，穆勒尚未从价值维度对人工智能的发展目标做出规范，如穆勒的研究并未涉及人工智能是否可发展成为具有人性化、公平性、安全性等价值的人工智能。在人工智能给人类带来巨大风险挑战的情况下，建构什么样的人工智能实际上是人工智能哲学中的必要一问，在一定意义上也是人工智能研究的出发点和落脚点。对待这一问题，除了基于人工智能技术本身，更应该从公众、政府、国际社会等角度去探索人工智能的建构方向，使人工智能造福人类。此外，在穆勒的现有研究成果中，也存在可商榷之处。

在人工智能的政策规范问题中，穆勒强调在政策制定时应将法律和伦理分开考量。诚然，人们通常认为法律和伦理各有其独立性，但这样的政策在引导人工智能发展时，法律和伦理间的矛盾冲突并未得到根本解决，因为当一项人工智能技术在基于法律考量的政策引导下进行应用时，它仍有违背伦理的可能性，反之亦然。因此，无论是在人工智能的哲学研究中，还是在人工智能的实际应用中，我们需要去探索如何尽可能地使人工智能政策实现法律与伦理的有机结合。

关于人工智能的未来发展，根据穆勒的调查问卷结果，被调查者基本上对人工智能的发展持乐观态度。这主要体现在，一是人们基本认为人工智能未来会发展为"超级智能"，只不过在实现时间上存在着不同看法；二是仅有30%左右的被调查者认为人工智能的未来发展对人类将产生"坏"或"极坏"的影响。针对这一调查问卷及结果，需要认识到的是，穆勒设置的调查对象是550位人工智能及相关领域的专家，这使得该调查具有一定的专业性，但同时也使得基于该调查的研究缺乏一定的完整性，特别是忽视了群众、决策者等人的多样化态度。从这一角度讲，穆勒基于该调查所做的研究具有较强的人工智能专业性，但同时也具有一定的狭隘性。此外，穆勒提出要"控制超级智能"，并强调这对人类而言也是一种挑战，而在当前穆勒还未进一步说明如何"控制超级智能"的问题。因此，在笔者看来，穆勒未来可就"控制超级智能"做出进一步研究，以完善当前论题。

# 第六章　国际技术哲学家对荷兰学派
# 技术哲学的评鉴

不论是从国际技术哲学学会（Society Philosophy of Technology，以下简称 SPT）、年会及会刊（*Techné*）等维度审视荷兰技术哲学的崛起，还是从技术哲学家卡尔·米切姆（Carl Mitcham）和保罗·杜尔宾（Paul T. Durbin）对荷兰学派的技术哲学的整体评鉴来看，荷兰学派的技术哲学已经走在了世界前列。

## 第一节　从 SPT 会议考察荷兰学派的技术哲学演进①

20 世纪 90 年代中叶以来，技术哲学的研究主题在"经验转向""设计过程转向""情境伦理学转向"和"建构主义的价值论转向"中演进和转换。各国技术哲学家通过聚焦具体技术（工程）案例、打开技术黑箱、分析技术设计过程、掌控技术使用情境、建构技术－社会的价值论体系等举措来研究技术。20 余年来，国际技术哲学的发展以经验转向为研究范式，以"情境技术"为"体"，以"技术－人""技术－社会/自然"为"翼"，在"转向"中发展和建构自身。

国际技术哲学学会（SPT）是当前国际技术哲学研究的重要组织机构。从 1976 年成立以来，它已走过四十多年的发展历程，在这四十多年里，技术哲学有了长足的发展，技术哲学作为一门学科分支已得到学界的认可。2015 年对 SPT 而言是特别的一年，第 19 届 SPT 会议在中国沈阳召开，这是首次在欧美以外的国家举办。本章节试图分析 1995 年以来的 SPT 会议议题，探析技术

---

① 本部分曾以《"转向"语境中的当代技术哲学：SPT 会议议题 20 年研究》为题，发表于《洛阳师范学院学报》2017 年第 1 期。本节稍有改动。

哲学的理论内核和发展脉络，详细描绘荷兰学派的技术哲学在这段历程中的兴起。之所以选取 1995 年作为研究起点，还因为 SPT 会刊 *Techné* 创刊于是年。

## 一　国际技术哲学学会简介

国际技术哲学学会（SPT）是鼓励、支持、促进技术哲学发展的一个重要国际组织，成立于 1976 年，起初它与美国技术哲学学会密切相关。SPT 奉行"致力于技术的多元化探索"的宗旨，主要由 SPT 会议和 *Techné* 会刊两部分组成，其会员来自各专业领域的技术研究者。

从 SPT 出版物 *Techné* 的发展历程来看：① *Techné* 创刊于 1995 年秋，起初名为《技术与哲学协会电子季刊》（*Society for Philosophy and Technology Electronic Quarterly*），2000 年后更名为《技艺：技术与哲学协会杂志》（*Techné*：*The Journal of the Society for Philosophy and Technology*），一年刊出三期。及至 2003 年又更名为《技艺：技术与哲学研究》（*Techné*：*Research in Philosophy and Technology*）。尽管 SPT 会刊几经更名，但是在 2010 年前 *Techné* 一直由弗吉尼亚理工大学以电子期刊的形式发行。为提升会刊的影响力，自 2010 年后 *Techné* 已由哲学文献中心出版。

从目前 SPT 的领导成员看：② SPT 现任主席为彼得·沃玛斯，来自荷兰代尔夫特理工大学哲学系。*Techné* 主编为柯克·贝斯默（Kirk Besmer）、阿什莉·休（Ashley Shew），他们分别来自美国的贡萨加大学（Gonzaga University）哲学系和弗吉尼亚理工大学（Virginia Tech）文理学院。

从 SPT 会议来看，其举办始于学会创立之初。早在 1975 年、1977 年，杜尔宾就在美国东部的特拉华大学（University of Delaware）举办过两届 SPT 会议，随后停办。及至 1981 年西德技术哲学家拉普（Rapp F.）在巴特洪堡大学（Bad Homburg University）再次举办学会的国际会议，这应该算是第一次正式会议。③ 随后，两年一次会议成为惯例，并且会议在西欧和美国两地间轮

① Tijmes P., "Preface to the Anniversary Special Issue", *Techné*, Vol. 14, Winter 2010, p. 1.

② SPT, "The Society for Philosophy and Technology", July 7, 2016, http://www. SPT. org/about-SPT/.

③ Ihde D., "Philosophy of Technology（And/Or Technoscience?）：1996 – 2010", *Techné*, Vol. 14, Winter 2010, p. 1.

流举办。比如，1985 年在荷兰的特文特大学召开。1989 年在法国波尔多（Bordeux）举办。1991 年在美国波多黎各（Puerto Rico）举办。1993 年在西班牙北部瓦伦西亚（Valencian）的佩妮斯科拉（Peniscola）举行第 8 届学会会议。① 会议的举办地从起初仅在美国到欧美轮流举办，及至中国参与举办，历经了从区域化向国际化的转变（1995 年以来的会议详见表6.1）。

**表6.1** 　　　　　　　　　　　　**1995 年至今的 SPT 会议**

| 年份/d 届数 | 地点 | 主题 |
| --- | --- | --- |
| 1995/9th | 美国霍夫斯特拉大学 | 技术革命的实用主义路径 |
| 1997/10th | 德国杜塞尔多夫大学 | 技术哲学的进展 |
| 1999/11th | 美国圣何塞州立大学 | 技术空间 |
| 2001/12th | 英国阿伯丁大学 | 自然与技术 |
| 2003/13th | 美国犹他州帕克市 | 技术与全球社会 |
| 2005/14th | 荷兰代尔夫特理工大学 | 技术与设计 |
| 2007/15th | 美国南卡罗莱纳州查尔斯顿市 | 全球化与技术 |
| 2009/16th | 荷兰特文特大学 | 会聚技术，改变社会 |
| 2011/17th | 美国北德克萨斯大学 | 技术与安全 |
| 2013/18th | 葡萄牙里斯本科技大学 | 信息时代的技术 |
| 2015/19th | 中国东北大学 | 技术与创新 |
| 2017/20th | 德国达姆施塔特工业大学 | 人工物的语法 |
| 2019/21th | 美国德州农工大学 | 技术与权力 |
| 2021/22th | 法国里尔市（线上） | 技术想象 |

## 二 近 25 年 SPT 会议议题分析

表6.1 呈现的是1995 年以来，近 14 届 SPT 会议举办时间、地点和主题。从表中展现的 SPT 会议举办地来看，美国举办 6 次，德国、荷兰举办 2 次，英国、葡萄牙、中国、法国各一次，这在一定程度上反映着上述国家技术哲学研究的活跃度。以荷兰为例，从 1997 年第 10 届 SPT 会议起，荷兰技术哲

---

① Durbin P. , "Philosophy of Technology: In Search of Discourse Synthesis", *Techné*, Vol. 10, Winter 2006, p. 123.

学研究者开始活跃于 SPT 会议、*Techné* 会刊等国际技术哲学学会的相关组织。

1995 年 6 月，第 9 届 SPT 会议在美国纽约霍夫斯特拉（Hofstra）大学召开，会议议题为"技术革命的实用主义路径"（Pragmatic Paths to Technological Revolution）。希克曼（Hickman L.）、皮特（Joseph C. Pitt）等学者商讨了技术哲学何去何从的问题。希克曼将美国实用主义哲学传统和分析哲学结合起来，提出实践哲学是使技术哲学超越分析哲学达到实用主义路径的技术革命。皮特从"哲学方法论、技术和知识的转换"层面上分析了技术哲学的发展应当立足于现实问题。从研究主题来看，本次会议基于美国实用主义传统。从会议讨论的子议题来看，本次会议是一次回顾性的大会，1995 年是 SPT 发展史上的重要节点，当时主要的技术哲学家分别就技术哲学的发展现状做出了回顾性的综述，成果刊发于是年的 *Techné*。荷兰技术哲学在国际技术哲学界崭露头角，荷兰学者提交会议的论文和相关议题受到与会者的极大关注。

1997 年 9 月，第 10 届 SPT 会议在德国杜塞尔多夫（Düsseldorf）大学召开，会议主题为"技术哲学的进展"（Advances in Philosophy of Technology）。会议从技术进展的概念阐释，技术与科学、工程的关系，技术与伦理以及技术与社会四个维度，来分析技术哲学的新进展。由于本次会议召开的时间和德国哲学大会的时间重合，直接导致德国技术哲学代表性人物的缺席，这让 SPT 创始人杜尔宾耿耿于怀，曾在多个文本中提及此事。本次会议最大的亮点在于荷兰技术哲学的异军突起，与会论文中有一半是由荷兰学者提交的，并且先后有十位荷兰学者做了大会发言。缇姆斯（Pieter Tijmes）曾对这次会议上荷兰技术哲学研究者的表现做出了评析，并分别对代尔夫特理工大学、埃因霍温理工大学、瓦赫宁根大学和特文特大学的技术哲学研究概况进行了系统评价。[1] 在本次会议上，工程实践哲学、产品创造过程的方法论分析、打开农业科技的黑箱、可持续的哲学分析、技术知识、政治参与、技术哲学的经验转向等新进展成为讨论的热点议题。从本次会议与会者的国度来看，荷兰已经成为国际技术哲学的研究重镇，技术哲学的荷兰学派已经形成。从技术哲学近 15 年的发展现状来看，其主要研究进路没有超脱本次会议的主要议题，因此，这是一次前瞻性的会议。

---

[1] Tijmes P., "Preface：Dutch Chandeliers of Philosophy of Technology", *Techné*, Vol. 3, Winter 1997, p. 1.

1999 年夏，第 11 届 SPT 会议在美国加利福尼亚州硅谷的圣何塞州立大学（San Jose State University）召开，会议主题为"技术空间"（Technological Spaces）。会议从"空间的社会组织和电子景观设计""认知科学遭遇驱逐""工程的空间与空间的工程""便携式文明和城市突击车"等方面探析了各层面的技术空间问题。一方面，现代技术不断拓展城市空间，增大城市规模，成为城市存在和发展的基石；另一方面，现代技术人工物又不断"填充"有限空间，成为制约现代城市进一步发展的桎梏。技术空间问题成为"技术－社会"关系体系中的重要议题。

2001 年 7 月 9—11 日，第 12 届 SPT 会议在英国阿伯丁大学（University of Aberdeen）召开，会议主题为"自然与技术"，与会者从"技术与自然、高技术伦理学、技术哲学思想的分析"[①] 等几个方面进行了商讨。高新技术时代，传统哲学中的"人与自然"的关系再次成为技术哲学家关注的重要议题，并由此引申出"人与技术"的伦理关系问题，如，生物技术、基因技术、计算机技术等高新技术伦理问题。另外，在本次会议上，美国学者皮特对"技术哲学研究基础"的分析和荷兰学者克洛斯对"技术人工物功能理论"的分析也引起了与会者的讨论。分析"技术自身"之体，探究"技术－自然""技术－人"关系之翼的研究纲领已初步显现。

2003 年 7 月 7—9 日，在美国犹他州帕克市召开了第 13 届 SPT 会议，会议议题为"技术与全球社会"，与会者从技术政治学、技术伦理学、技术本体论、技术认识论、技术价值论等方面探讨了技术与社会的关系。[②] 技术的价值负载问题开始成为国际技术哲学研究者关注的重要议题，人的意向性、技术设计哲学、设计伦理等问题应运出场，这些问题成为"技术－人"关系体系中的重要议题。荷兰学者关注的"结构－功能""结构－意向性""设计哲学""设计伦理""人工物哲学"等议题也成为国际技术哲学研究的显性课题。

2005 年 7 月 20—22 日，第 14 届 SPT 会议在荷兰代尔夫特理工大学召开。在"技术哲学经验转向"的背景下，设计哲学、工程哲学开始成为技术哲学研究的中心，研究者开始更多地从具体技术案例的研发设计向度进行技术研

---

① 陈凡、朱春艳、胡振亚：《技术与自然：国外技术哲学研究的新思考》，《自然辩证法研究》2002 年第 10 期。

② 陈凡、朱春艳、邢怀滨：《技术与全球社会》，《哲学动态》2004 年第 10 期。

究。与会者从设计本体论（设计本身的安全性、可持续性等）、设计认识论（反思设计过程）、设计价值论（设计伦理、人自身的设计等）及设计与社会、政治的关系等维度探讨了技术哲学的研究问题。技术哲学研究转向设计过程哲学。① 全方位的技术设计问题开始成为技术哲学的研究重心，"经验转向"和"设计过程转向"的特质日益明确。以"3TU 技术－伦理研究中心"（现为 4TU 技术－伦理研究中心）为内核的荷兰技术哲学研究机构成为国际技术哲学界最有影响力的研究中心之一。

2007 年 7 月 8—11 日，第 15 届 SPT 会议在美国南卡罗莱纳州的查尔斯顿市召开，② 会议议题为"全球化与技术"。全球化现象本质上是一场以发达国家为主导的经济运动，这场经济运动与技术密切相关。与会者从"全球化的哲学理解及批判""技术的文化多样性与全球化""全球化与信息技术伦理""技术与社会公正、信任、福利"等方面商讨了全球化与技术的关系。③ 技术改变了世界格局，世界正在被技术抹平，"技术与全球化"的关系问题成为"技术－社会/自然"体系中的重要议题。

2009 年 7 月 7—10 日，第 16 届 SPT 会议在荷兰特文特大学召开，"会聚技术，改变社会"是本次会议的主旨。会议将问题聚焦于信息技术、生物技术、纳米科学与技术和认知技术（NBIC）等新兴科技群，分析了它们间的技术融合及其社会影响。④ 例如，再生医学的发展依托纳米生物技术的融合，人类增强和电子人技术，环境智能技术等。简言之，本次会议的兴趣点在于会聚技术的哲学、社会和伦理方面的探索，有显著的"情境伦理学转向"。

2011 年 5 月 26—29 日，第 17 届 SPT 会议在美国德克萨斯大学（University of Texas System）召开。⑤ 与会者对信息通信技术、食品技术、碳排放问题、生物医学工程、技术与美好生活、媒体技术、军事技术等十余个关涉"技术与安全"的相关主题进行了讨论。除此之外，技术哲学未来、工程哲学、设

① 陈凡、朱春艳、赵迎欢、田鹏颖、马会端：《技术与设计："经验转向"背景下的技术哲学研究》，《哲学动态》2006 年第 6 期。

② 马会端、陈凡：《国际技术哲学研究的动向与进展》，《自然辩证法研究》2008 年第 6 期。

③ 马会端、陈凡：《国际技术哲学研究的动向与进展》，《自然辩证法研究》2008 年第 6 期。

④ Universiteit Twente, "SPT 2009: Converging Technologies, Changing Societies", October 19, 2009, http://www. utwente. nl/bms/wijsb/archive/archive%20activities/SPT2009/.

⑤ 朱勤：《技术与安全：第 17 届国际技术哲学学会（SPT）会议综述》，《自然辩证法研究》2011 年第 8 期。

计哲学、技术史等常规问题也得到了讨论。在本次会议上，技术伦理问题成为技术哲学研究的核心议题。例如，荷兰学者布瑞提出"预期技术伦理学"，试图事先规避新兴技术的潜在负效应。另外，在本次会议上，与会者认为技术安全问题必须与技术政策和实践管理结合在一起，突显出"社会建构主义的价值论转向"。

2013 年 7 月 4—6 日，第 18 届 SPT 会议在葡萄牙里斯本科技大学（Universidade de Lisboa）召开，"信息时代的技术"成为本次会议的主题。会议主要商讨了信息与媒体技术的经济、政治、文化、社会和伦理意蕴。数字网络和计算机技术在扩大人类科技活动和责任领域的同时，也引发了关涉全球化影响的新问题，拓展了公共文化领域中的信息经济。技术哲学面临的挑战是：反思人类自身境遇的改变，对由技术产生的困惑提出新的思考方式。[1] "经验转向""情境伦理学转向""社会建构主义的价值论转向"等成为信息与媒体技术研究的重要维度。

2015 年 7 月 3—5 日，第 19 届 SPT 会议在中国沈阳东北大学召开，"技术与创新"成为本次会议主题。来自全世界的 150 余位从事技术哲学研究的专家学者与会，会议主要围绕"科学、技术、工程与创新""技术、创新与设计""创新现象学""技术、制度与社会创新""创新哲学与创新方法论""技术、创新与经济学""创新、安全与风险"等议题展开。[2] 作为与会者，笔者感受最深的是，本次会议很重要的一个议题就是中西技术哲学的比较，尤其是比较技术哲学的东北学派和美国、荷兰等西方国家在技术哲学研究上的异同。

2017 年 6 月 14—17 日，第 20 届 SPT 会议在德国达姆施塔特工业大学（Technische Universität Darmstadt）召开。这次会议主题为"人工物的语法"（Grammar of Things），意指从工艺、技艺、技术人工物以及技术与社会系统的角度探讨技术人工物与技术人工物、技术人工物与人、技术人工物与人和社会之间现有的、应有的组合构成规则及蕴含的伦理价值问题。另外，在此次会议中，"人工智能及信息技术""技术纪（Technoscene）[3] 与人类纪（An-

① Universidade de Lisboa, "18th International Conference of the Society for Philosophy and Technology", June 8, 2013, http://www.labcom.ubi.pt/sub/evento/487.

② 《第 19 届国际技术哲学会议在东北大学召开》，http://neunews.neu.edu.cn/campus/news/2015－07－06/37266.html，2015 年 6 月。

③ "技术纪"意指人类历史是由技术规定的。

thropocene)①""技术与城市""技术的后现象学""技术责任伦理"等相关议题也得到了进一步的关注和商讨。

2019年5月20—22日，第21届SPT会议在美国德克萨斯州的德州农工大学（Texas A&M University）成功召开，会议以"技术与权力"（Technology and Power）为主题，探究了现代社会的权力运作因技术的介入而发生的深刻变革，整个社会都已纳入技术的监控和控制之下。本次会议的主要议题涵盖了"技术与政治""技术与经济""技术的社会结构""技术与创新""技术与伦理""技术与信息""新兴农业技术与环境"等相关领域及问题。

2021年6月28—30日，第22届SPT会议在法国里尔召开。受疫情影响，本次会议在线上召开。会议以"技术想象"（Technological Imaginaries）为主题，技术想象体现在技术本身以及规范、社会和文化实践中，它们通常体现在科学（或非科学）的文本、声音和图像中。技术想象不是盲目的幻想，它是创新、发明、实施和使用技术的核心。技术想象的概念将技术置于一个更广阔的世界中，这个世界不但由自然和物质构成，也包括语言、图像、思想、制度、符号、直觉和梦想。

1995年前后，SPT主要成员杜尔宾、拉普、米切姆、费雷（Frederick Ferre）、皮特、伊德等学者对1995年之前的技术哲学进行了评述。拉普分析了欧洲大陆技术哲学的发展，他认为："技术哲学虽然仍旧是一门边缘学科，但它已得到高等院校和学术团体的认可。"② 伊德认为，与其他同期成立的学会组织相比，"SPT的发展是相对缓慢的"，从研究视野看，"SPT关注的范围狭窄"。③ 米切姆在其著作《通过技术思考》中历时性地回顾了技术哲学的发展脉络，厘定出"工程的技术哲学"和"人文的技术哲学"。费雷从"技术负载人的情感"出发，分析了"技术对环境的冲击"等问题。笔者认为，1976—1995年可视为SPT发展史上的第一个阶段，此阶段技术哲学的研究中心是美国、德国，技术哲学研究处于技术批判范式和技术社会建构的交替阶段，没有明确的理论内核、研究范式和指导纲领。1995年至今，可视为SPT

---

① "人类纪"指人类所生活的这个地质时期，在这个时期人类及其技术实践活动已经成为决定地球环境的关键要素。

② Rapp F. , "Philosophy of Technology After Twenty Years, A German Perspective", *Techné*, Vol. 1, Fall 1995, p. 2.

③ Ihde D. , "Philosophy of Technology", *Techné*, Vol. 1, Fall 1995.

发展历程中的第二阶段，此阶段技术哲学的研究中心是美国、荷兰，技术哲学在这 20 多年间，拥有了自身的理论内核（技术设计和技术价值）、新的研究范式（技术哲学经验转向）和指导纲领（情境"设计 - 伦理"分析）。比较分析 20 余年以来的 SPT 会议议题，可以发现当前国际技术哲学围绕"技术分析""技术设计""技术伦理""技术与自然""技术与社会"等议题展开，形成了以分析技术自身为主体，以研究技术与社会/自然的关系和研究技术与人的关系为双翼的研究纲领。

### 三　学科建设中的技术哲学

从西方哲学的发展史来看，它大致经历了古代本体论哲学、近代认识论哲学和以"存在主义""实证主义""语言分析""实用主义"等为主体的现代哲学。前面两阶段的哲学可大致划归为本体论、认识论。而现代哲学由于其涉及问题繁多，流派庞杂，笔者试图用"工具主义"哲学标识现代西方哲学。如果将现代西方哲学界定为"工具主义"哲学，这个"工具"包含语言、知识、意志、情感等因素。那么作为人类改造自然界的技术人工物，也应成为哲学思考的重要议题。从这个意义上讲，技术哲学拥有学科语境上的必要性和合法性。如果将"一体两翼"作为技术哲学的学科纲领，那么所谓的"体"指的是"技术"本身，而所谓的"翼"指的是"技术 - 人"和"技术 - 社会/自然"。此处言及的"体""翼"是经验转向下的"体""翼"，是"情境技术"之"体"，是"情境技术 - 使用/设计群体""情境技术 - 技术建构中的社会"之"翼"。

从 1877 年卡普的《技术哲学纲要》问世至今，技术哲学的发展已有近一个半世纪，但时至今日技术哲学在严格意义上仍不能被称为一门学科。2006 年杜尔宾在其著作中写到，"从 SPT 35 年的发展历程看：技术哲学经历了脱胎于科学哲学，研究域的拓展（分散）（the Field Refuses to Jell），试图建立一门学科"[①] 三个阶段。杜尔宾认为包括米切姆、米卡洛斯（Michalos A.）、施雷德 - 弗莱切特（Shrader-Frechette K.）和瓦托夫斯基（Wartofsky M.）在内的前四任 SPT 学会主席，以及邦吉（Bunge M.）、马格里森（Margolison J.）、阿加西（Agassi

---

① Durbin P., "Philosophy of Technology: In Search of Discourse Synthesis", *Techné*, Vol. 10, Winter 2006, p. 11.

J. )、伯恩（Byrne E. ）等学者完成了第一步工作，① 促使技术哲学从科学哲学中分离出来。皮特、伊德、温纳、芬伯格、希克曼、费雷和杜尔宾等人完成了第二步工作，② 拓展了技术哲学的问题域。伯格曼、约翰逊、莱特、克里姆斯基（Krimsky S. ）、汤普森（Thompson P. ）等学者以及整个荷兰学派共同完成着第三个阶段，③ 目前技术哲学尚且走在学科建设之路上。与此同时，中国技术哲学在自然辩证法体系中明确呈现为学科分支，始于1999年陈昌曙的《技术哲学引论》。质言之，不论是国外，还是国内，技术哲学都行走在学科建设的进程中。

20世纪70年代以降，随着技术批判范式的消解，技术哲学的研究进路历经多次转向。首先现象学、实用主义、社会建构论等方法顺次引入技术哲学，随后技术实践语境占据技术哲学研究的主导地位。纯粹形而上学的技术思考遭遇学界排斥（理论上也没有重要的突破），理论与经验并行的二元方法成为国际技术哲学研究的主流。及至20世纪末21世纪初，经验转向成为20余年来技术哲学演进中最突出的特质。就技术哲学的研究方式而言，过去20余年，技术哲学由理论批判的静态分析转向技术社会学、技术设计哲学、技术伦理学、建构主义的价值论等的动态过程研究。就技术哲学的发展进路而言，米切姆认为当前技术哲学正面临着三大转向：经验转向、政策转向和交叉学科转向。④ 就中国技术哲学的建制化而言，国内学者陈凡将研究问题划归为五类：技术哲学思想史研究、一般技术哲学研究、具体技术哲学研究、不同流派的技术哲学研究和不同国家的技术哲学研究。⑤ 在SPT会议引领下，各国研究者已经在比较中融通，在比较中建构技术哲学的理论内核和研究纲领。

### 四 荷兰学派的技术哲学已经走在国际前沿

分析20余年以来SPT会议议题的变迁，技术哲学的研究主题在"经验转向""设计过程转向""情境伦理学转向"和"社会建构主义的价值论转向"

---

① Durbin P. , "Philosophy of Technology: In Search of Discourse Synthesis", *Techné*, Vol. 10, Winter 2006, p. 11.

② Durbin P. , "Philosophy of Technology: In Search of Discourse Synthesis", *Techné*, Vol. 10, Winter 2006, p. 11.

③ Durbin P. , "Philosophy of Technology: In Search of Discourse Synthesis", *Techné*, Vol. 10, Winter 2006, p. 12.

④ 陈凡、成素梅：《技术哲学的建制化及其走向》，《哲学分析》2014年第8期。

⑤ 陈凡、成素梅：《技术哲学的建制化及其走向》，《哲学分析》2014年第8期。

中演进和转换。从美国、荷兰、德国等西方国家到日本、澳大利亚等非西方国家，各国技术哲学家纷纷通过聚焦具体技术（工程）案例、打开技术黑箱、分析技术设计过程、掌控技术使用情境、建构技术–社会的价值论体系等举措来研究技术。因此，我们可以这样认为：国际技术哲学发展的 20 余年，是以经验转向为研究范式，以"情境技术"为"体"，以"技术–人""技术–社会/自然"为"翼"，在"转向"中发展和建构自身的。进一步分析来看，此过程中展现出的"体""翼""范式""元问题"等技术哲学议题都与荷兰学派的技术哲学紧密联系在一起。

纵观过去的 20 余年，荷兰已经成为技术哲学的研究重镇。从 20 余年来 SPT 的管理者来看，杰罗恩·霍温、菲利普·布瑞、彼得–保罗·维贝克和彼得·沃玛斯等荷兰学者曾先后担任 SPT 主席。从国际技术哲学重要会议的举办来看，不论是 SPT 会议多次在荷兰举办，还是与 SPT 会议交替举办的"fPET 哲学、工程与技术国际论坛"由荷兰学者倡导设立，都揭示了荷兰学派技术哲学的国际影响力，也在一定程度上表明荷兰学派的技术哲学已经走在了世界前列。

2012 年 11 月，在北京召开的"fPET – 2012 哲学、工程与技术国际论坛"① 和 2015 年 7 月在沈阳召开的第 19 届 SPT 会议，表明中国技术哲学的研究已经引起国际技术哲学协会的重视。这两次国际会议的举办，对中国技术（工程）哲学的发展具有重要意义，这将是中国技术哲学全面与国际技术哲学对话的开始。

## 第二节　技术哲学的过去与未来：卡尔·米切姆<br>评鉴荷兰学派

卡尔·米切姆是国际知名技术哲学家，国际技术哲学学会（SPT）的发起者、SPT 发展的重要推动者，1981—1983 年他曾担任首任 SPT 主席。他与罗伯特·麦基（Robert Mackey）合作主编的《哲学与技术》（1972，1983）及合著的《技术哲学文献目录》（1973，1985），是学术界公认的技术哲学的重大成果；他的专著《通过技术思考》（1994），被认为是"集当代技术哲学之

---

① 何江波、张海燕：《哲学、工程与技术国际论坛（fPET – 2012）综述》，《自然辩证法通讯》2013 年第 4 期。

大成的著作"。

在 2015 年举办的第 19 届 SPT 会议上，米切姆对技术哲学的过去与未来作出了简要介绍。① 米切姆认为，技术哲学在西方的演进，已历经三代的发展，并开始逐步走进第四代（详见表 6.2 西方技术哲学演进划界）。

表 6.2　　　　　　　　　　　　西方技术哲学演进划界

| 技术哲学演进历程 | 代表人物 | 关注的议题 |
|---|---|---|
| 第一代 | 卡普（Ernst Kapp, 1808—1896）<br>马克思（Karl Marx, 1818—1883）<br>德绍尔（Friedrich Dessauer, 1881—1963） | 人体器官的投影<br>人体器官的延伸<br>人类解放的工具 |
| 第二代 | 奥特加（José Ortegay Gasset, 1883—1955）<br>海德格尔（Martin Heidegger, 1889—1976）<br>埃吕尔（Jacques Ellul, 1912—1994）<br>马尔库塞（Herbert Marcuse, 1898—1979） | 将注意力从经济学和政治学转移到日常生活中，特别注意技术-物质文化中的人类生活世界的各种问题，以期重新界定思考范围 |
| 第三代 | 尤纳斯（Hans Jonas, 1903—1993）<br>杜尔宾（Paul Durbin, 1933—2019）<br>伊德（Don Ihde, 1934—　）<br>伯格曼（Albert Borgmann, 1937—　）<br>芬伯格（Andrew Feenberg, 1943—　）<br>西拉德-弗莱切特（Kristin Shrader-Frechette, 1944—　）<br>温纳（Langdon Winner, 1944—　）<br>米切姆（Carl Mitcham, 1941—　） | 在一定意义上接受技术，并伴有去泛化的趋势<br>开始关注特殊技术 |
| 第四代 | 荷兰：克洛斯（Peter Kroes）、梅耶斯（Anthonie Meijers）、阿特胡思（Hans Achterhuis）、斯威尔斯特拉（Tsjalling Swierstra）、沃玛斯（Pieter Vermaas）、布瑞（Philip Brey）、维贝克（Peter-Paul Verbeek）<br>美国：罗伯特·弗洛德曼（Robert Frodeman）、霍布鲁克（J. Britt Holdbrook）、布里格（Adam Briggle）弗罗里迪（Luciano Floridi）马奎斯（Viriato Soromenho-Marques） | 荷兰技术哲学日益增加的影响力<br>工程哲学的兴起<br>政策转向<br>全球化 |

① ［美］卡尔·米切姆：《藏龙卧虎的预言，潜在的希望：技术哲学的过去与未来》，王楠译，《工程研究-跨学科视野中的工程》2014 年第 6 期。

第一代的代表人物是马克思、卡普和德绍尔等，他们着重从工具意义上讨论技术，探讨技术与人体器官的原始关联性，以及技术在何种意义上是人类解放的工具。第二代的代表人物是奥特加、马丁·海德格尔、雅克·埃吕尔、马尔库塞等，他们呼吁人类要注意技术在将人类从自然束缚中解放出来的同时，又创造出新的约束方式。第三代的代表人物是汉斯·尤纳斯、保罗·杜尔宾、唐·伊德、艾尔伯特·伯格曼、安德鲁·芬伯格、西拉德－弗莱切特、兰登·温纳、米切姆等，他们在一定意义上接受现代技术，并试图在解放与约束之间找到理解技术的新方向。值得一提的是，第三个阶段的技术哲学家开始关注特殊的技术。例如，芬伯格关注远程教育技术，尤纳斯着重关注核能技术和生物医学技术。

米切姆认为，当下技术哲学正步入第四个阶段，这个阶段技术哲学的代表群体是荷兰学派。米切姆认为当前技术哲学的发展呈现出如下四个特点：其一，荷兰技术哲学的影响力日益增强；其二，工程哲学兴起；其三，政策转向；其四，全球化。这些特点在一定程度上框定了第四代技术哲学的发展方向。为什么米切姆如此高度地评价荷兰技术哲学，背后又有怎样的理论基础和现实根基呢？

米切姆认为"荷兰人是天生的技术哲学家"[①]，他从四个方面回答了上述问题。首先，荷兰独特的地理环境和高度发达的工农业。荷兰又称"尼德兰"意为"低地国家"，1/4 的领土低于海平面，1/4 的土地海拔不足 1 米，如果没有三角洲的拦海大坝工程，荷兰人将无法生存，从这个意义上讲，荷兰更依赖于技术人工物。同时，荷兰是一个工业化高度发达的国家，从农业、工业到智能制造业等都位居世界前列，2018 年其全球创新指数排名第二。独特的地理环境和发达的工农业让荷兰人更加务实，也更善于对技术人工物进行哲学思考。例如，克洛斯、梅耶斯、阿特胡思等荷兰学者率先提出技术哲学的经验转向并作出详细的案例说明。因此，荷兰人的技术哲学立足于对现代技术的丰富性和复杂性所做出的经验上的充分描述。

---

① ［美］卡尔·米切姆：《藏龙卧虎的预言，潜在的希望：技术哲学的过去与未来》，王楠译，《工程研究－跨学科视野中的工程》2014 年第 6 期。

其次，荷兰人提出的技术哲学经验转向、技术人工物两重性等问题，都与工程哲学的出现密切相关。由代尔夫特理工大学倡导的"哲学、工程与技术论坛"（fPET），已成为国际技术哲学界的常态化会议，并与 SPT 国际技术哲学学会的年会形成互补。

再次，荷兰人对高新技术及其伦理问题的关注走在世界前列。当下，以会聚技术为代表的新兴融合技术及其伦理问题，已成为技术哲学研究的重点。荷兰哲学家提斯札灵·斯威尔斯特拉认为，新兴科技伦理最终必然会成为全球新兴科技伦理，成为我们共同关注的议题。

最后，第四代新生力量中荷兰学者位居重要位置。例如，担任施普林格出版社《工程哲学与技术哲学》丛书主编的沃玛斯、施普林格《工程技术哲学》系列丛书主编伊博·波尔、施普林格《风险理论手册》主编萨宾·罗瑟和《伦理与信息技术》杂志主编杰罗恩·霍温，都是荷兰学派的重要代表人物。另外，从 20 余年来 SPT 的管理者来看，杰罗恩·霍温、菲利普·布瑞、彼得 - 保罗·维贝克和彼得·沃玛斯等荷兰学者都曾先后担任 SPT 主席。从国际技术哲学重要会议的举办来看，不论是 SPT 会议多次在荷兰举办，还是与 SPT 会议交替举办的"fPET 哲学、工程与技术国际论坛"由荷兰学者倡导设立，这都显示了荷兰学派的技术哲学的国际影响力，也在一定程度上表明荷兰学派的技术哲学已经走在了世界前列。

此外，荷兰 4TU 技术 - 伦理研究中心的布瑞、维贝克等对第三代技术哲学的重要分支——温纳的技术人工物的政治学研究、伊德的后现象学的技术哲学等，既进行了批判，又进行了拓展。基于以上方面的考量，米切姆得出这样的结论："荷兰人已经建立了世界上最强的技术哲学家共同体，他们不再执着于技术的负面社会效应或文本诠释学；而是将关注点置于技术专家和工程师们实际上的所作所为，以及技术与美好生活的关系上。"[①]这个转变深化和加强了技术哲学的经验转向，不论是对面向社会的社会建构论进路对人工物自身、技术知识的关注，还是对面向工程的情境技术设计、使用的伦理决策等问题的更深刻理解，都促进了伯格曼所倡导的通过积极方式的检验来说明技术扮演了善的角色。

---

① ［美］卡尔·米切姆：《藏龙卧虎的预言，潜在的希望：技术哲学的过去与未来》，王楠译，《工程研究 - 跨学科视野中的工程》2014 年第 6 期。

## 第三节　技术哲学话语体系的寻求：保罗·杜尔宾
## 简评荷兰技术哲学①

2006 年，奥尔森（Olsen, J. K. B.）和赛林格（Selinger, E.）在其访谈性著作《技术哲学：五个问题》中，采访了 24 位当代著名技术哲学家，该书系统阐述了当代哲学家们对技术哲学的认知，杜尔宾就是其中之一。杜尔宾是国际技术哲学学会（SPT）的发起者和重要参与者，他在国际技术哲学界具有重要影响力。

杜尔宾在其著作《技术哲学话语体系的寻求》中对荷兰技术哲学作出了系统评鉴。在荷兰技术哲学的第一部分，杜尔宾借用了特文特大学彼得·缇姆斯关于荷兰技术哲学纵览的论文中对荷兰技术哲学进行的总体性评价。文中这样表述："荷兰历史上有一位伟大的哲学家——巴鲁赫·德·斯宾诺莎。当下，荷兰有许多技术哲学家。"② 譬如，从 1997 年在德国杜塞尔多夫举办的 SPT 会议来看，与会者中"近半数来自荷兰科技理工类大学的哲学系。这些大学的哲学系有共同的价值追求和历史使命：从事技术哲学方面的研究"③。坦白讲，虽然荷兰今天的技术哲学在世界技术哲学界有重要影响力，但是尚未出现斯宾诺莎那样的享誉世界的大哲学家。对斯宾诺莎来说，打磨和抛光镜片是他谋生的职业，哲学只是业余爱好。斯氏的职业暗喻：他在用自己打磨的镜片透视人生与世界之善，今天荷兰大学里的技术哲学家们秉持斯氏的精神，以技术哲学为终生事业，探究止于至善的技术。

缇姆斯纵览荷兰的技术哲学之余，分别介绍了荷兰四所大学（代尔夫特

---

① 保罗·杜尔宾，美国当代知名技术哲学家，国际技术哲学学会（SPT）的发起者和重要参与者。自 20 世纪 70 年代初至 21 世纪前十年，杜尔宾活跃于国际技术哲学界近四十年。从学术流派看，杜尔宾的技术哲学有显著的"实用主义"特质；从关注的问题看，他以研究技术社会问题为导向；从学科拓展的向度看，他将工程伦理和社会责任纳入技术哲学体系；从研究的方法看，他立足技术哲学史梳理技术哲学发展脉络，展望技术哲学的未来；从价值旨趣看，他奉行更好的技术共创美好未来。本部分系译稿，部分内容有较大删减和调整。原文出处：Durbin, Paul, "Philosophy of Technology: In Search of Discourse Synthesis", *Techné*, Vol. 13, No. 2, Winter 2006, pp. 177 – 190.

② Tijmes, Pieter, "Preface: Dutch Chandeliers of Philosophy of Technology", *Techné*, Vol. 3, Fall 1997, p. 1.

③ Tijmes, Pieter, "Preface: Dutch Chandeliers of Philosophy of Technology", *Techné*, Vol. 3, Fall 1997, p. 1.

理工大学、埃因霍温理工大学、特文特大学和瓦赫宁根大学）的技术哲学概况及它们的研究特色。

代尔夫特理工大学的技术哲学接近卡尔·米切姆所说的工程哲学。随着技术哲学的蓬勃发展，代尔夫特大学的技术哲学工作者坚持将设计作为工程活动的精髓，对技术产品的研发设计进行哲学思考是他们的研究专长。总体来看，代尔夫特理工大学的技术哲学研究者追随弗里德里希·拉普的观点，强调对现代技术过程特征的理论结构和特定方法进行方法论乃至认识论分析。代尔夫特理工大学的技术工作者认为，道德规范出现在产品设计与研发情境中，因此，对设计活动的哲学思考对于讨论技术的后果也至关重要。换句话说，工程实践是代尔夫特理工大学技术哲学研究的中心。这种设计哲学意味着对决定论或技术社会建构主义解释的条件和假设的批判性评估。质言之，对设计阶段的研究是代尔夫特理工大学的专长，设计被认为是解决现实世界中控制和操控技术问题的关键。

技术设计工程活动也是埃因霍温理工大学研究的核心。但是，他们的哲学兴趣与代尔夫特理工大学的技术哲学有所区别。在埃因霍温理工大学，"技术科学的哲学与方法论集中于对创造产品的过程的方法论分析"[①]。在这种方法分析中，他们处理了决策过程中科学、技术、经济、政治、法律及审美等各因素间的相互作用。这种跨学科的设计方法正处在快速发展中，也受到国际技术哲学界的普遍认同。埃因霍温理工大学的研究者从事与特定产品有关的具体项目研究。例如，基于斯特林循环的制冷设备、包装机等。与此同时，质量功能展开法（Quality Function Deployment）是一个他们感兴趣的特定主题。对这一主题的研究应成为一种在技术实现与社会期望之间找到协调一致的手段。另外，埃因霍温大学的研究者认为应当把具体的案例研究作为生产过程中选择理论的前提。

在特文特大学，包括技术哲学在内的各类哲学学科隶属于技术文化哲学的范畴。特文特大学的技术研究着重于"技术的时事"分析，旨在阐明技术文化的现实旨趣，并处理由新兴技术的引入而导致的个人和集体的问题与困境。这些问题涵盖从社会关系和生活方式、人类的可能性和欲望，到身体和

---

① Tijmes, Pieter, "Preface: Dutch Chandeliers of Philosophy of Technology", *Techné*, Vol. 3, Fall 1997, p. 2.

自然的体验。在与经典技术哲学的持续讨论和对其的谨慎反对中，他们希望为他们的发现提供更多的背景信息。诸如，芒福德的"巨型机器"、埃吕尔的"技术空间"、海德格尔的"座架"等概念仅用于启发式使用，而不是作为先验概念使用。从这个意义上讲，特文特哲学家喜欢谈论技术哲学的经验转向。从哲学的角度来看，可以区分两条主要路线：技术经验的诠释学和技术的社会哲学。在诠释学的视域下，他们关注的是人工物的调节作用以及技术产生的隐喻和表征。在社会哲学的视角下，他们研究了技术与政治之间的关系。另外，稀缺性是技术文化的构成特征，具有特殊的作用。近年来，特文特大学的研究者聚焦于对医疗技术、可持续技术、纳米技术和信息技术的融合。

农牧业特色的学科基础是瓦赫宁根大学哲学反思的舞台。在这里，农业和环境科学是其研究的主要视点。瓦赫宁根大学的技术哲学涵盖四个议题：其一，打开农牧业领域的科技黑箱；其二，可持续发展概念的哲学分析；其三，技术知识；其四，政治参与。就第一个主题来说，在瓦赫宁根大学，农业科学家根据农民的类型、特定的景观和消费者的行为对作为农业生活方式的实践做出了贡献。鉴于技术专家在某种意义上是"秘密的革命者"，瓦赫宁根大学的研究者希望打开农业科技的黑盒子。就第二个主题来说，他们认为，可持续性是解决农业技术再生产及其他所有矛盾问题的关键。就第三个主题技术知识而言，在现代社会中，知识不再局限于传统的大学实验室及飞利浦、壳牌等这样的大公司，而且还来自外部。就第四个主题而言，政治参与复杂网络控制和操控技术的规模是该计划的核心。瓦赫宁根大学技术哲学研究的一个显著特征是，从更广泛的社会分析开始反思，他们以此为出发点来分析实践和制度中技术和伦理方面的相互关系。

在杜尔宾看来，荷兰技术哲学和北美技术哲学有深刻的渊源。汉斯·阿特胡思编写的《美国技术哲学：经验转向》就是最好的例证。阿特胡思主编的这部著作是荷兰特文特大学哲学系评价美国技术哲学家的论文集，他在书中对美国技术哲学进行了系统介绍，编写该书的另一个重要目的就是为该书的副标题"经验转向"辩护，进一步来说是为 20 世纪 90 年代末荷兰技术哲学家提出的"技术哲学经验转向"辩护。该系列书籍的总编美国技术哲学家唐·伊德这样评价《美国技术哲学：经验转向》："读者通过引言可以把握到，书中列出的美国技术哲学家有别于经典技术哲学家（例如，马丁·海德格尔，汉斯·尤纳斯和雅克·埃吕尔等）的'先验'观点，他们以更加具体和务实的视角对技术进行了详细考察。"① 这也印证了编辑该书的重要目的——突出技术哲学的经验转向。

在《美国技术哲学：经验转向》中，特文特大学的缇姆斯等六位荷兰学者分别对艾尔伯特·伯格曼（蒙大拿大学）、休伯特·德雷福斯（加利福尼亚大学伯克利分校）、安德鲁·芬伯格（圣地亚哥州立大学）、唐娜·哈拉维（加州大学圣克鲁斯分校）、唐·伊德（纽约州立大学石溪分校）、兰登·温纳（伦斯勒理工学院）六位美国技术哲学家的学术观点进行了系统评价。

缇姆斯撰写了对伯格曼技术思想的评鉴。缇姆斯认为伯格曼的"装置范式"是社会革新的因素，它作为诊断现代技术社会（潜在）弊端的工具，比海德格尔的方法更有优势。伯格曼的方法，可以帮助我们理解有吸引力的技术在我们的社会中的地位以及原因。② 总的来说，缇姆斯对伯格曼的思想进行了公正合理的评价，并且他还向读者们展现了伯格曼的分析/现象学方法是相对于海德格尔对技术（大写技术）的"本体论"表征的进步。

作为计算机和信息系统相关领域的学者，菲利普·布瑞评鉴了休伯特·德雷福斯的思想。德雷福斯是美国计算机技术领域的评论家，他把这些技术统称为人工智能。就德雷福斯研究的基本问题与技术哲学间的关系来说，毫无疑问，他的研究视点在于以计算机技术为代表的前沿技术。布瑞认为德雷福斯的学术贡献在于："他最早从事人工智能哲学的相关研究，德雷福斯通过扩大诸如海德格尔、梅洛－庞蒂（Merleau-Ponty）和胡塞尔等现象学家工作的适用范围，逐渐完善和拓展了他对人工智能的哲学评判……例如，德雷福斯的主要关切点之一是阐明人类体验世界的各种方式。"③ "人工智能最新进展的许多灵感都可以追溯到德雷福斯的工作。德雷福斯是将海德格尔和梅洛－庞蒂等思想家的思想引入人工智能领域的第一人。诸如特里·威诺格拉德（Terry Winograd）和费尔南多·弗洛雷斯（Fernando Flores），菲利普·阿格雷（Philip Agre）和戴维·查普曼（David Chapman）等人工智能研究人员的工作都受到

---

① Achterhuis, Hans, ed., Robert P. Crease trans., *American Philosophy of Technology*: *The Empirical Turn*, Indianapolis: Indiana University Press, 2001, p. viii.

② Achterhuis, Hans, ed., Robert P. Crease trans., *American Philosophy of Technology*: *The Empirical Turn*, Indianapolis: Indiana University Press, 2001, p. 14.

③ Achterhuis, Hans, ed., Robert P. Crease trans., *American Philosophy of Technology*: *The Empirical Turn*, Indianapolis: Indiana University Press, 2001, p. 39.

了德雷福斯思想的明确启发。许多其他人工智能研究人员，甚至包括……反对者马文·明斯基（Marvin Minsky，人工智能之父）和约翰·麦卡锡（John McCarthy）都承认，德雷福斯的批评影响了他们自己的研究。"① 在布瑞看来，哲学家完全可以参与到新兴技术的共构中来。就像他评价德雷福斯所说的那样："德雷福斯就是活生生的证据，证明哲学家的确可以在实践中对科学技术进行评鉴。"② 布瑞认为，哲学家们甚至可以对科学技术（如，计算机科学与技术）的实践方式产生积极影响。

《美国技术哲学：经验转向》的主编汉斯·阿特胡思评价了安德鲁·芬伯格的技术哲学思想。阿特胡思首先驳斥了芬伯格的早期著作："芬伯格的第一本书中有关卢卡奇及其批判理论的许多内容都对经典文本进行了细致解读，并沉迷于与其他解释者的争论。"③ 然而，阿特胡思几乎不加批判地接受了芬伯格后来的著作——《可选择的现代性》和《质问技术》中的论点。阿特胡思认为，把握芬伯格技术哲学创新方法的关键是"初级工具化"和"次级工具化"概念之间的区别。阿特胡思指出：工具化的第一个层次对应于古典技术哲学对现代技术的观点，也对应于常识性的技术概念和技术专家本身的概念。这一层次涉及芬伯格所说的"技术对象和主体的功能构成"，除了"现代技术可能获得的所有社会含义"外，还涉及"现代技术的含义"。④ 但是阿特胡思和芬伯格都对另一图景感兴趣："对技术的最新研究和经验转向使我们看到，初级工具化只是现代技术的一部分……为了有一个实际的技术系统或设备，次级工具化是必要的。技术必须与支持其功能的自然、技术和社会环境相融合。"⑤ 阿特胡思根据芬伯格《质问技术》的最后一行得出以下结论："芬伯格从理论上区分工具化两个层面的现实意义在于，它暗示了未来的可能性技术。""技术不是我们必须选择或反对的命运，而是对政治和社会创造力

① Achterhuis, Hans, ed., Robert P. Crease trans., *American Philosophy of Technology：The Empirical Turn*, Indianapolis：Indiana University Press, 2001, p. 61.

② Achterhuis, Hans, ed., Robert P. Crease trans., *American Philosophy of Technology：The Empirical Turn*, Indianapolis：Indiana University Press, 2001, p. 61.

③ Achterhuis, Hans, ed., Robert P. Crease trans., *American Philosophy of Technology：The Empirical Turn*, Indianapolis：Indiana University Press, 2001, p. 66.

④ Achterhuis, Hans, ed., Robert P. Crease trans., *American Philosophy of Technology：The Empirical Turn*, Indianapolis：Indiana University Press, 2001, p. 88.

⑤ Achterhuis, Hans, ed., Robert P. Crease trans., *American Philosophy of Technology：The Empirical Turn*, Indianapolis：Indiana University Press, 2001, p. 90.

的挑战。"①

勒内·蒙尼克（Rene Munnik）评鉴了唐娜·哈拉维（Donna Haraway）的"社会主义者、女权主义者和反种族主义者"②的政治哲学。更准确来说，蒙尼克主要关注了哈拉维的"电子人"主题，该主题是"对政治问题处于危险之中的人类学状况的描述"③。在蒙尼克看来，"电子人的出现……标志着哲学人类学的一个根本性转折……"④哈拉维语境中的"电子人"更多的是一个隐喻，喻指现代技术参与人类生命的存在。但是蒙尼克却以"重症监护室中活着，但死了一半的人"来具体化了电子人，如果事实证明电子人能够制造出非常强大的电子人，那也就不足为奇了。

维贝克评价了纽约州立大学石溪分校的终身教授兼哲学系系主任唐·伊德的技术思想。维贝克认为："伊德是两个方面的先驱。首先，他是美国最早的以技术为哲学反思主题的哲学家之一；其次，他从后现象学的视角解析技术。"⑤

斯密茨（Martijntje Smits）对哲学家兰登·温纳的观点进行了总结，并在一定程度上对其思想进行了批评。斯密茨将温纳的核心思想概述为：所有技术人工物都具有政治意义，没有政治中立的技术。斯密茨对温纳的批评主要在于，"温纳对某种民主的承诺与大多数大型技术系统中体现的政治相矛盾"⑥。关于大型技术系统与民主制背道而驰的最后承诺是模糊而抽象的。⑦斯密茨认为："温纳所做的工作是在技术哲学之间寻找一条中间路线和社会建构主义，他清楚地指出找到中间路线的必要性。但是，他在'人工物/创意'

---

① Achterhuis, Hans, ed., Robert P. Crease trans., *American Philosophy of Technology: The Empirical Turn*, Indianapolis: Indiana University Press, 2001, p. 92.

② Achterhuis, Hans, ed., Robert P. Crease trans., *American Philosophy of Technology: The Empirical Turn*, Indianapolis: Indiana University Press, 2001, p. 107.

③ Achterhuis, Hans, ed., Robert P. Crease trans., *American Philosophy of Technology: The Empirical Turn*, Indianapolis: Indiana University Press, 2001, p. 107.

④ Achterhuis, Hans, ed., Robert P. Crease trans., *American Philosophy of Technology: The Empirical Turn*, Indianapolis: Indiana University Press, 2001, p. 102.

⑤ Achterhuis, Hans, ed., Robert P. Crease trans., *American Philosophy of Technology: The Empirical Turn*, Indianapolis: Indiana University Press, 2001, p. 119.

⑥ Achterhuis, Hans, ed., Robert P. Crease trans., *American Philosophy of Technology: The Empirical Turn*, Indianapolis: Indiana University Press, 2001, p. 165.

⑦ Achterhuis, Hans, ed., Robert P. Crease trans., *American Philosophy of Technology: The Empirical Turn*, Indianapolis: Indiana University Press, 2001, p. 166.

的文章中也表明，实际上走这条中间道路是多么的棘手。""温纳假设直接民主是一个没有问题的准则，他暗示以这种方式行使的政治权力实际上是善意的，而忽略了在这些实践中如何实际行使权力的问题。"① 在《技术与政治》（1986）中，温纳呼吁每当我们准备建立一个新的大型技术企业时都应深思熟虑并通过相应的法律立法。这并不是说直接民主是"事实上的善意"。普通公民比不民主的技术精英更值得信赖。这使我们回到约翰·杜威，他对某种直接民主的类似诉求并不能确保在每次民主实践中都产生有益的结果，因此把社会技术问题交给普通大众处理还是比交给技术精英更好。

质言之，《美国技术哲学：经验转向》一书以一种温和的批评方式，评鉴了近几十年来美国部分技术哲学家的著作（研究主题同荷兰学派相关研究有关）。这表明荷兰的技术哲学（至少在特文特大学）与美国的工作密切相关，这种"相关"涵盖研究主题、研究方法和研究进路等。然而，正如缇姆斯所指出的那样，其他荷兰大学的技术哲学在某种意义上可能更具有原创性。例如，在科学、技术和社会领域，彼得·克洛斯、维贝克等就是其中的卓越代表。

杜尔宾在评鉴缇姆斯的哲学纵览时，指出："缇姆斯对荷兰技术哲学的概述存在两方面的偏差。其一，他仅将纵览局限于科技类大学，局限于技术应用的哲学。事实上在这些科技类大学之外，荷兰还有一些大学在从事技术哲学研究。其二，他还忽略了那些从事科学、技术和社会领域工作的相关研究者，这些研究者并没有声称自己是在做技术哲学，但是他们的工作对荷兰技术哲学的建立、发展和演进是极其重要的。"② 在荷兰非科技类大学中，马斯特里赫特大学对技术哲学最为重视，但它包含于跨学科的 STS 之中。

此外，科学、技术与现代文化研究院（WTMC）是荷兰重要的技术哲学研究平台，该组织的研究人员来自哲学、社会学、心理学、历史学等不同学科。这些研究人员中有相当一部分受过自然科学和技术科学的教育。WTMC 隶属于马斯特里赫特大学、阿姆斯特丹大学和特文特大学。另外，该组织还与格罗宁根大学、莱顿大学和瓦赫宁根大学达成了协议，这进一步拓展了该

---

① Achterhuis, Hans, ed., Robert P. Crease trans., *American Philosophy of Technology*：*The Empirical Turn*, Indianapolis：Indiana University Press, 2001, pp. 166 – 167.

② Achterhuis, Hans, ed., Robert P. Crease trans., *American Philosophy of Technology*：*The Empirical Turn*, Indianapolis：Indiana University Press, 2001, p. 167.

研究院的研究领域。WTMC 涉及五个核心问题，对这些问题的解答有助于应对现代社会与现代文化的弊病：（1）科技在社会转型中扮演着什么角色？如何从经验上、理论上研究并阐明这些角色？（2）科学与技术如何在实质上和组织上受到社会和文化交织的影响？（3）如何在科学、技术与生产和再生产的文化之间划定界限，以及如何使这些界限可见或不可见？（4）关于科学技术的规范性问题是如何形成的，对这些问题的处理方式意味着什么？（5）如何在不诉诸普遍存在的认识论范式的情况下，分析现代文化发展，尤其是科学与技术地位分析的合法化，而这本身就是理性化过程的结果。

在杜尔宾看来，评鉴荷兰技术哲学还应包括荷兰工程师、哲学家、参议员艾格伯特·舒尔曼，他参加了一些 SPT 会议。他的观点是宗教的，传承于荷兰改革哲学学派，其思想深受埃吕尔的影响。2005 年 7 月，代尔夫特理工大学主办了第 14 届 SPT 会议，在这次会议上荷兰技术哲学工作者与来自世界各地的哲学家聚在一起商讨代尔夫特学派关注的问题以及特殊的研究方法。

另外，杜尔宾着重评价了维贝克的学术思想。基于对维贝克的《物能做什么：对技术、主体和设计的哲学思考》（2005）的分析，杜尔宾认为维贝克的学术观点和代尔夫特学派有许多共同点。著名的技术哲学家伯格曼也曾对维贝克的《物能做什么》进行了系统评价。"物能做什么"的三个部分反映了技术哲学的三个阶段。第一个阶段由该学科的创始者海德格尔和雅克·埃吕尔定义，大约从 1925 年延续到 1955 年。随后是大约 20 年的休止期。在美国，经杜尔宾、米切姆等学者的组织和努力，70 年代初技术哲学逐步发展为一门独立的学科。在美国这个群体中最有影响力的哲学家是兰登·温纳、唐·伊德、克里斯汀·西拉德 - 弗莱切特和安德鲁·芬伯格。第二阶段技术哲学超越了学科范式的混乱，并建立了诸如思想流派和规范文本之类的东西。从更广泛的意义上讲，它确立了"技术"作为当代文化的术语，或者至少作为一项定义。该阶段现已结束，并与包括维贝克在内的第三代重叠。维贝克的著作对他的前辈们进行了细致且批判性的讨论，并在这些讨论的基础上发展了一个独创性的研究进路。在结尾部分，维贝克利用他在前两部分中阐述的立场和概念，勾勒出人与技术人工物的原始关系。维贝克认为人们专注于技术装置的功能或意义，而失去了对技术装置本身的关注。正确设计的装置必须满足的标准是透明度（以便可以理解该装置）和参与能力（因此其在我们生活中的存在将是充满活力的）。人与现实的相互作用和相互影响是不言而喻的。维贝克希望超越这种普遍现象，进入"更加激进的现象学视角，在该视角中，主体和客体不仅相互缠绕，而且彼此构成"①。这种立场要么是相当直接的现实主义，要么是不一致的。假定一个人的身体构造可以分解为其组成部分，即其主观和客观要素。然后我们回到某种现实主义中，或假设体质构造无法对其要素进行分析。那么，它作为一种体质构造是不可见的，它也就不再是真正的所谓体质构造了。"维贝克倾向于前一种解释，并且为了避免或多或少的幼稚观点，他诉诸康德物自体作为客体和主体的锚点。"② 但是，这不是什么新的或激进的观点，如果维贝克放弃他所说的"超验结构"，也不会对他的理论造成任何损失。杜尔宾认为维贝克更像他所说的"代尔夫特式技术哲学家"。

在杜尔宾看来，荷兰学者倾向于将自己的分歧与美国的分歧相提并论，但他认为荷兰学派提供了一种与美国技术哲学家相似的观点。也许杜尔宾将特文特哲学研究者对美国技术哲学的反思纳入本篇，有荷兰学派研究接近美国技术哲学之嫌，但是正如杜尔宾在其著作的第十三章中所描绘的那样，这种模式似乎也适用于德国和西班牙。

从杜尔宾对荷兰技术哲学的分析看，他框定了从 20 世纪 90 年代到 21 世纪初前十年荷兰技术哲学的发展现状。质言之，杜尔宾的这种描述基本符合荷兰学派技术的哲学研究概况。

---

① Achterhuis, Hans, ed., Robert P. Crease trans., *American Philosophy of Technology*: *The Empirical Turn*, Indianapolis: Indiana University Press, 2001, p. 112.

② Achterhuis, Hans, ed., Robert P. Crease trans., *American Philosophy of Technology*: *The Empirical Turn*, Indianapolis: Indiana University Press, 2001, p. 164.

# 第七章　荷兰学派技术哲学"思""路"①

技术人工物的两重性问题、技术伦理的二元划分和技术－社会研究模式的确立等二元化问题已然成为时下技术哲学研究的重要视点。结构－功能、结构－意向性的"二元组成"是从技术设计的视角来打开技术黑箱的必由之路；设计伦理和使用伦理的"二元分割"，使得技术伦理研究包括动态嵌入和事后规范两个向度；技术－社会"二元依存"模型的建构，使得技术研究从脱域回归至返域的境遇中来。

二元问题是一个古老的哲学问题，它在哲学发展史上饱受争议和批评。然而，从当前国际技术哲学的研究进展，尤其是技术哲学荷兰学派的研究现状来看，二元化问题已然成为技术哲学研究中不可回避的问题。"二元组成"的技术人工物两重性趋向于一种分离的研究策略；"二元分割"的技术伦理表现为设计伦理和使用伦理的二元分离；"二元依存"的技术－社会研究模式趋向于一种依附的研究策略。

## 第一节　技术人工物的"二元组成"问题

克洛斯和梅耶斯于 1998 年前后提出技术人工物的两重性问题。早期克洛斯将技术人工物的两重性规定为：技术人工物具有物理结构与技术功能双重属性（如图 7.1 技术人工物、结构与功能的关系）；近年来克洛斯又重新将技术人工物的两重性规定为：物理结构与意向性双重属性（如图 7.2 技术人工物两重性关系图所示）。物理结构－技术功能的"二元组成"是从工程师的视角切入来展开的，而物理结构－意向性的二元划分则更多的是技术研究者所

---

① 本部分内容曾以《技术哲学研究中的二元化问题探析》为题，发表于《长沙理工大学学报》（社会科学版）2015 年第 1 期。2015 年第 6 期人大复印《科学技术哲学》全文转载。

采用的一种划分。莱德分析得出,常规设计情景下技术人工物的物理结构 – 技术功能关系问题的解构是采用功能分解的方法来完成的。[①] 而国内学者潘恩荣认为,设计中更重要的创造性设计情境下技术人工物的物理结构 – 技术功能问题的解答理应通过类函数模型的第三方策略来完成。[②] 笔者认为,结构 – 功能关系问题可从认知科学的角度来解答。技术人工物的两重性划分,使得技术研究者着手于技术人工物结构和功能方面的研究,这为技术哲学研究的下行研究提供了可行性。

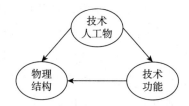

**图7.1 技术人工物、结构与功能的关系[③]**

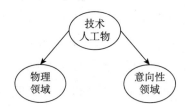

**图7.2 技术人工物两重性关系图[④]**

从后续荷兰学派的研究成果和研究策略来看,物理结构 – 技术功能、物理结构 – 意向性成为当前荷兰技术哲学研究的理论基点。首先,荷兰学者关注的技术伦理主要指设计伦理,对设计和设计伦理的关注就是在技术人工物的两重性划分之上提出的。其次,克洛斯等人力图建构的技术 – 社会模型本身也是深受技术人工物的两重性影响。最后,克洛斯在《技术人工物:心智和物质的创造物》中提出了"混合体"的概念,这个概念最初就是用来形象

---

① G. J. de Ridder, *Reconstructing Design*, *Explaining Artifacts*: *Philosophical Reflections on the Design and Explanation of Technical Artifacts*, Ph. D. dissertation, Delft University of Technology, 2007.

② 潘恩荣:《技术人工物的结构与功能之间的关系》,博士学位论文,浙江大学,2009 年。

③ Peter Kroes, *Technical Artefacts*: *Creations of Mind and Matter—A Philosophy of Engineering Design*, Dordrecht: Springer, 2012, p. 38.

④ Peter Kroes, *Technical Artefacts*: *Creations of Mind and Matter—A Philosophy of Engineering Design*, Dordrecht: Springer, 2012, p. 41.

地描述技术人工物具有两重性，意指技术人工物是物理结构与技术功能的混合或物理结构与意向性的混合。从这些后续研究成果和研究策略可以分析出，当前技术哲学荷兰学派的理论基础就是技术人工物的两重性。

## 第二节　技术伦理的"二元分割"

当代技术哲学家米切姆将"伦理问题"视为技术哲学的研究重心之一。当前技术的发展促逼着应用伦理学的浮现，并在当下技术伦理研究中占据主导地位。荷兰技术哲学研究者也将技术伦理视为自身研究的核心，并组建了技术伦理研究中心。与其他研究流派不同的是，荷兰技术哲学研究者将设计视为掌控技术的关键，从设计视角来探讨技术伦理是荷兰技术哲学研究立足国际技术哲学界的关键之所在。荷兰学派视域中的设计所关注的不仅是螺丝螺帽意义上传统的工程（技术）设计，它还关注生物医学工程、信息技术等高新技术的设计，甚至还关注建筑学等方面的设计。在荷兰设计哲学研究中，与设计并行展开的是伦理，即技术设计－伦理并行研究（如图7.3 设计－伦理所示），而技术设计和设计伦理的展开又依托于技术人工物、结构－功能的二元划分（如图7.4 技术设计和设计伦理关系模型的建构）。

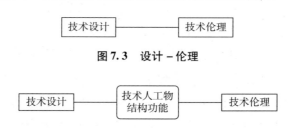

图7.3　设计－伦理

图7.4　技术设计和设计伦理关系模型的建构

单就设计伦理这个向度来说。设计伦理的浮现，使得技术伦理问题出现了一种二元分割，即设计伦理和使用伦理，它们分别依附于技术人工物的设计和使用两个阶段，其对应的主体是设计者（工程师）和使用者（用户）。传统的技术伦理偏重于技术人工物的使用伦理，是一种技术使用的事后规范与反思；而荷兰技术哲学研究者所倡导的设计伦理，是试图从设计的视角掌控技术，使得设计伦理能够有目的地指导设计者设计技术人工物。现实人类的活动情景在技术伦理上表现为：设计伦理对应设计情景和使用伦理对应使用情景。设计者和使用者分别是两种情景的主体，他们与人工物的关系在工程师视界中表现如图7.5所示。

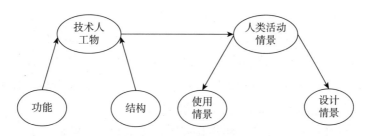

**图7.5　工程师视界中技术人工物的两重性和两种人类活动场景**

从逻辑上看，技术设计伦理和技术使用伦理之间的关系是二元分离的，存在着一个逻辑鸿沟，而现实中技术伦理又往往被视为一个整体，那么二者是如何连接起来的呢？首先，在技术哲学经验转向范式确立之后，大写的技术（T）研究细化为具体技术研究的集合，即 $T = \{T_1 + T_2 + \cdots\cdots T_n\}$，通过对 $T_n$ 的研究来最终达到对 T 的研究。在技术体系中，设计者（工程师）与使用者（用户）往往是两个不同的群体，在现实世界中两个群体在空间、时间上都是分离的。设计者的设计活动置于设计情景中，使用者的使用过程处在使用情景中。依照技术主体的二元分割，技术伦理并行研究中会存在一种分离，即在技术设计中的设计伦理与技术物化为技术人工物后流向社会的使用伦理是两种迥异的伦理形态，这两种伦理形态的负载群体分别是设计者和使用者。设计者设计与创造技术人工物、使用者使用技术人工物满足自身的需求，通过技术人工物这样一个中介，使用者和设计者就跨越时空分离关联在了一起，相应的设计伦理和使用伦理也就被结合在了一起。人为分割技术伦理为设计伦理与使用伦理的目的在于，凸显设计伦理，力图从设计者的层面来完善技术，进而规避技术风险。

在现实的社会实践中，一门具体的技术有其存在周期，即市场需求分析、设计、制造、销售、使用和回收。[①] 在这样一个研发周期中，设计和使用是分析、规避技术风险最重要的阶段。另外，技术存在的各阶段之间是双向交互的关系，设计情景和使用情景通过反馈与负反馈关联在一起，这样设计者就必须将使用者的要求和大众的价值观带到设计进程中来。

---

① 潘恩荣：《技术哲学的两种经验转向及其问题》，《哲学研究》2012年第1期。

## 第三节 技术－社会"二元依存"研究模式的确立

技术作为技术哲学的研究对象通常处在一种脱域的状态，即把技术从社会各要素中析出，这种研究技术的模式可使得复杂问题简单化。然而随着技术与社会间的耦合性越来越高，技术已经不能简单地通过析出来分析，技术－社会研究模式的确立已然成为研究技术的必然走向。

工程学传统的技术哲学家往往是孤立地来谈技术。譬如，当代荷兰技术哲学家克洛斯指出，在其学术历程中，起初研究、分析技术"或多或少的是孤立地分析某一种具体的技术人工物，而没有将其嵌入到更大的技术系统或社会系统中"[1]。克洛斯通过对技术人工物两重性问题的探究，分析出技术人工物是一种"混合体"，它是物理结构和意向性"二元组成"的混合体。克洛斯在其理论中通过分析自然物、社会物和技术人工物的异同，厘定出何为技术人工物，并分析出技术人工物与自然物和社会物的关联："自然物通过为技术物提供固有物理（物质）结构属性而将自然世界和技术世界结合起来"，"社会/意向性世界为技术世界提供了一种设计或实体理念"，[2] 研究技术势必要从技术自身领域过渡到研究自然领域和社会领域。休斯、克洛斯等技术哲学家都试图建构起"技术－社会系统"。比如，在休斯建构的技术－社会系统中就包括许多要素：技术要素（从最初级的技术元件到技术系统）；主体要素（操作者、技师、立法者等）；社会要素（组织机构、法律、规则等）；科学知识的要素（书籍、研究计划等）；自然资源等。[3] 如图 7.6 技术－社会模型示意图所示。从这些构成要素来看，与技术人工物的两重性相比，这个技术－社会系统是一种更为复杂的"混合体"，对于这样一个复杂的混合体至今仍处在一种商讨和建构中。

对于技术－社会模型的建构，克洛斯将其视为他当前所面临的最大挑战，

[1] Peter Kroes, *Technical Artefacts*: *Creations of Mind and Matter—A Philosophy of Engineering Design*, Dordrecht: Springer, 2012, p. 197.

[2] Peter Kroes, *Technical Artefacts*: *Creations of Mind and Matter—A Philosophy of Engineering Design*, Dordrecht: Springer, 2012, p. 197.

[3] Peter Kroes, *Technical Artefacts*: *Creations of Mind and Matter—A Philosophy of Engineering Design*, Dordrecht: Springer, 2012, p. 200.

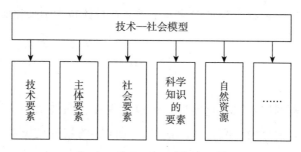

**图 7.6　技术 – 社会模型示意图**

也是他倡导的一门工程技术哲学的关键之所在。从休斯等人提及的技术 – 社会研究模式所包含的内容来看，技术 – 社会模型已不是简单的一种二元"混合体"，它是一个技术 – 社会系统，它包含技术所在场域的各种要素。早在1998 年前后，克洛斯和梅耶斯就提出了技术哲学经验转向的研究模式，布瑞等人将其厘定为"面向工程的经验转向"[1]。比如，克洛斯在论析结构 – 功能关系问题时，通过分析纽卡门蒸汽机案例证明了工程师在解释蒸汽机时不是通过技术结构来解释技术功能。[2] 然而，从 2005 年的人工物哲学研究计划[3]来看，克洛斯在诉求面向工程的经验转向之时，已经开始着手考量技术与社会的关系，也就是说及至 2005 年前后，克洛斯研究视域中的经验转向已经包含面向工程和面向社会两个向度。这在克洛斯的后续研究成果《技术人工物：心智与物质的创造物》中有了更明确的表达。

　　依照克洛斯的理解，技术 – 社会是一个"混合体"（用 H 表示），是一个系统。混合体是一个集合，它包含各种各样的社会要素。从当前学界关注的大要素层面来看，H = ｛经济 + 政治 + 文化 + 社会 + 生态｝。技术哲学研究的经验转向趋势，具体技术 n 诉求的混合体 $H_n$ 是 H 的一个子集，它可能偏重于经济、政治、文化、社会和生态的某一个方面或某几个方面。比如，在交通信号灯这项技术体系中，交通信号灯技术 – 社会模型对应的子集 $H_t$ = ｛各种主体人（司机、行人、交警等）+ 交通指示灯技术 + 行动准则 + 法律法规｝。

---

①　Philip Brey, "Philosophy of Technology after the Empirical Turn", *Techné*, Vol. 14, No. 1, 2010, p. 39.

②　Peter Kroes, "Technological Explanations: The Relation between Structure and Function of Technological Objects", *Techné*, Vol. 3, No. 3, Spring 1998, pp. 18 – 34.

③　Peter Kroes and Anthonie Meijers, eds., *Philosophy of Technical Artefacts: Joint Delft-Eindhoven Research Programme 2005 – 2010*, Eindhoven: Technische Universiteit Eindhoven, 2005.

技术－社会"二元依存"模型的建构是需要在具体技术中来完成的。

# 小　结

从前文分析的技术二元化问题，可以发现在当前技术哲学研究中，存在着这样一种二元划分的研究方法。这些二元问题的划分是技术哲学研究中不可回避的问题，这种二元划分的研究策略也已经开始引导技术哲学的发展。值得一提的是，技术－社会的二元划分比结构－功能、结构－意向性、设计伦理－使用伦理等二元划分更加复杂，时至今日技术哲学家们仍旧没能对技术－社会模型的建构提出一种可行的建议。另外，技术哲学荷兰学派所倡导的这种二元划分，不是一种简单的僵化的划分，相反它们之间是密切关联在一起的。从技术人工物的"二元组成"到技术伦理的"二元分割"再到技术－社会"二元依存"模型的建构，表现出一种互相关联的二元划分。质言之，技术二元划分（组成、分割或依存）或许是一种技术哲学发展的必然走向。

# 第八章　中荷技术哲学的比较与融通

负责任创新、新兴民生技术体系等议题是中荷技术哲学研究者共同关注的一些技术哲学话题，从比较的视角审视这些议题的理论与实践等维度的研究现状，有助于构建中国特色的技术哲学体系。此外，本章还包括笔者运用荷兰技术哲学中的方法——结构－功能法——对技术人工物的"使用发明"进行哲学层面的思考。

## 第一节　比较视域中"负责任创新"研究

"负责任创新"和"负责任研究与创新"是近年来欧美国家提出的一种创新型发展理念，从《负责任创新杂志》（*JRI*）和国内外相关学者的界定看，通常将二者等同。鉴于国内外大多数研究者没有明确区分二者（仅有个别学者作了区分①），是故本书将二者等同论述。负责任创新意味着一种创新发展范式的转换，即从注重技术经济转向科技、人文与社会的协调发展。因此，探究负责任创新这一新型发展理念，对于我们重新思考创新实质、探究创新过程、厘定创新与社会的关系等方面具有重要的理论意义和实践旨趣。

### 一　负责任创新的概念界定

负责任创新源于以会聚技术（纳米科学与技术、生物技术、信息技术和认知科学）为代表的高新技术的兴起，要求我们在创新过程中考虑伦理和社会因素，它力图平衡新兴技术与社会的关系。因此，就其实质来说，负责任创新是一种更规范、更开放的创新理念。虽然国内外不同学者对负责任创新有不同的界定，但总体来看学界普遍认可"负责任创新"是"可持续性发展"在当下的延伸与拓展。就负责任创新的内涵而言，它涵盖"过程说、管

---

① 廖苗：《负责任（研究与）创新的概念辨析和学理脉络》，《自然辩证法通讯》2019 年第 11 期。

理说、创新说、方法说、能力说、行动说、责任说、嵌入说等"①，是一种创新型理念，"是创新共同体以尊重和维护人权、增进社会福祉为价值归旨，以积极承担全责任为方法特征的创新认识和创新实践"②。

基于国内外学者的研究现状，我们大致可以从如下六个方面框定负责任创新。从方法论上看，负责任创新是一种"预测和评估研究和创新的潜在影响和社会期望的方法，目的是促进包容性和可持续的研究和创新的设计"③，它将现有的技术评估、隐私设计和社会技术整合研究等纳入其中。从参与主体看，负责任创新意味着有更多参与者（如研发人员、公众、政策制定者、企业、第三方组织等）"在整个研发和创新过程中共同努力，以便使过程及其结果与社会的价值观、需求和期望更好地保持一致"④。从学科领域看，负责任创新要解决的是学科交叉问题，在大多数情况下，由于负责任创新涵盖多学科多目标，因此要做好负责任创新必须制定好跨学科的解决方案。从方案的具体目标范围看，行动可侧重于负责任创新的主题要素，以及为促进负责任创新吸纳更为综合的方法。从研究主题要素来说，负责任创新涵盖"公众参与、可开放获取、性别平等、伦理、科学教育"（public engagement, open access, gender, ethics, science education）⑤五大支柱。从价值目标来看，负责任创新的终极目标是实现"科技与社会并服务于社会"（Science with and for Society），通过综合行动，促进制度变革，增进利益相关者和相关机构对负责任创新方法的理解。

质言之，纵观国内外十余年的研究状况，大致可从内涵和外延两个向度框定负责任创新。从内涵上来说，负责任创新涵盖五大主题："公众参与、可开放获取、性别平等、伦理、科学教育"（欧盟在"地平线2020"计划中的界定）。⑥从外延上来说，负责任创新既关涉产品研发设计中的流程、组织和管理等方面的创新，又与产品生产、销售和服务过程中的创新相联系。

---

① 刘战雄：《负责任创新研究综述：背景、现状与趋势》，《科技进步与对策》2015年第11期。

② 刘战雄：《负责任创新研究综述：背景、现状与趋势》，《科技进步与对策》2015年第11期。

③ European Union, "Responsible Research & innovation", May 1, 2017, https://ec. europa. eu/programmes/horizon2020/en/h2020-section/responsible-research-innovation.

④ European Union, "Responsible Research & innovation", May 1, 2017, https://ec. europa. eu/programmes/horizon2020/en/h2020-section/responsible-research-innovation.

⑤ European Union, "Responsible Research & innovation", May 1, 2017, https://ec. europa. eu/programmes/horizon2020/en/h2020-section/responsible-research-innovation.

⑥ European Union, "Responsible Research & innovation", May 1, 2017, https://ec. europa. eu/programmes/horizon2020/en/h2020-section/responsible-research-innovation.

## 二　负责任创新的国外研究现状

2009 年前后，负责任创新就被 3TU 技术－伦理研究中心确立为三大研究主题之一。与此同时，荷兰科研组织 NOW 设立专项重点课题——负责任创新 2009－2010（MVI 计划）。从项目设立的初衷看，负责任创新理念是为了实现"科技与社会并服务于社会"，也就是说，处理好科学技术（工程）的发展和社会之间的关系，使得它们与社会伦理问题之间有更好的契合。所以，NOW 将负责任创新视为科技、人文和社会科学的交互。

2017 年，荷兰学者乔布·缇曼莫斯（Job Timmermans）采用定性分析的方法对全球研究负责任创新的论文、项目（2003—2014）作了系统全面的分析。从缇曼莫斯的分析结果看，"全球 536 位负责任创新的研究者来自 89 个国家，他们的研究涉及 14 个应用领域"[1]。

缇曼莫斯围绕四个问题对负责任创新进行了深度分析。问题 1：哪些参与者（包括个人和组织）参与了负责任创新讨论？问题 2：这些参与者之间有什么联系？问题 3：在负责任创新的论述中，它适用于哪些领域？问题 4：负责任创新的参与者是从哪些方面框定和感知负责任创新的？[2]

表 8.1　　　　　负责任创新研究人员增长情况（2003—2014）[3]

| 年份 | 增长数 | 总计 |
|---|---|---|
| 2003 | 1 | 1 |
| 2004 | 0 | 1 |
| 2005 | 0 | 1 |
| 2006 | 1 | 2 |
| 2007 | 0 | 2 |

---

[1] Job Timmermans, "Mapping the Rri Landscape: An Overview of Organisations, Projects, Persons, Areas and Topics", in Asveld, L., van Dam-Mieras, R., Swierstra, T. eds., *Responsible Innovation 3: A European Agenda?*, Cham: Springer, 2017, p. 21.

[2] Job Timmermans, "Mapping the Rri Landscape: An Overview of Organisations, Projects, Persons, Areas and Topics", in Asveld, L., van Dam-Mieras, R., Swierstra, T. eds., *Responsible Innovation 3: A European Agenda?*, Cham: Springer, 2017, p. 22.

[3] Job Timmermans, "Mapping the Rri Landscape: An Overview of Organisations, Projects, Persons, Areas and Topics", in Asveld, L., van Dam-Mieras, R., Swierstra, T. eds., *Responsible Innovation 3: A European Agenda?*, Cham: Springer, 2017, p. 27.

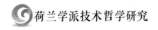

| 年份 | 增长数 | 总计 |
| --- | --- | --- |
| 2008 | 0 | 2 |
| 2009 | 26 | 28 |
| 2010 | 15 | 43 |
| 2011 | 62 | 105 |
| 2012 | 35 | 140 |
| 2013 | 171 | 311 |
| 2014 | 225 | 536 |

就第一个问题，主要参与者和研究组织而言。从表 8.1 中的数据来看，负责任创新相关研究引起大范围的关注始于 2009 年，究其原因在于荷兰 NOW 等国家组织的资助以及欧盟的地平线计划的实施。缇曼莫斯依据发文量和影响力首先筛选出 11 位主要参与者：理查德·欧文（Richard Owen）、伯恩德·斯塔尔（Bernd Stahl）、杰克·斯蒂尔戈（Jack Stilgoe）、阿明·格伦瓦尔德（Armin Grunwald）、杰罗恩·霍温、菲尔·麦克纳格登（Phil Macnaghten）、大卫·古斯顿（David Guston）、格雷斯·伊登（Grace Eden）、尼尔克·多恩、玛丽娜·吉罗特卡（Marina Jirotka）和勒内·冯·肖姆伯格（René von Schomberg，欧盟政策官员）。另外，从研究组织的角度看，负责任创新的相关研究主要聚集在代尔夫特理工大学、德蒙福特大学、埃克塞特大学、亚利桑那州立大学和塞格德大学，其中荷兰的代尔夫特理工大学排在首位。

就第二个问题，参与者之间的联系及主要研究中心而言。缇曼莫斯在参与者所属机构、项目组成员、共同发文等的基础上，通过交叉引用索引与谷歌学者索引进行比较分析。缇曼莫斯认为，负责任创新的参与者主要通过项目和研究机构联系在一起。例如，17 个负责任创新的研究项目中有 7 个项目联系密切，大都属于欧盟资助项目，且项目组成员众多。值得一提的是，荷兰代尔夫特理工大学资助的"新技术作为社会实验"项目，是唯一由大学资助的项目。从研究组织向度看，246 位积极参与者中有 220 位与一个或多个其他组织有联系。缇曼莫斯认为全球 199 个相关组织中包含 36 个负责任创新研究中心，这些中心大多位于欧洲。例如，英国有 9 个，荷兰有 7 个。

就第三个问题，负责任创新的适用领域来看。当前已有 14 个领域采用负责任创新理念，具体来说，应用最多的领域是信息通信技术、卫生医疗、纳米科学与技术、生物技术和商业；其次是气候环境、新兴技术和国家地区；应用较少的领域是能源、教育、金融、食品、工程学和遗传学。从缇曼莫斯分析的结果看，部分研究项目和论文涉及多个领域，最受负责任创新关注的交叉领域是：信息通信技术与健康、纳米技术与商业、纳米技术与生物技术以及纳米技术与健康等。在缇曼莫斯看来，这些交叉领域并没有扩大负责任创新的应用范围，反而进一步缩小了其应用场域。总的来说，从缇曼莫斯的研究来看，负责任创新主要被应用于存有争议的新兴技术领域，如纳米、生物、信息和通信技术和遗传学。

就第四个问题，参与者是从哪些方面框定和感知负责任创新来说。缇曼莫斯通过分析相关文献，基于各参与者的观点，从9个需求、4个问题、8种手段来理解和建构负责任创新，进而框定它。具体来说，9个需求指预期、责任、约定、参与、包含、审议、跨学科、能力和开放性；4个问题指可持续性、隐私、性别和风险；8种手段指伦理道德、方法途径、治理、政策/法规、框架/账户/模型、工具、教育、知识传输。所谓9个需求意指对研发过程的要求，使其"负责任"。例如，"预期"要求研发过程预测未来可能出现的社会后果，而"参与"要求利益相关者（如公众、政策制定者等）参与研发过程。4个问题实质上指在实施负责任创新时可以解决或应当解决的社会关注点和伦理规范，例如，"性别"或"隐私"问题。8种手段指的是实施或支持实施负责任创新的不同方式，例如，"教育""工具"和"治理"。

缇曼莫斯基于相关论文结合以上分析进一步把上述要素划分为核心要求和外围要求。就负责任创新的需求层面来说，责任、包含、参与和预期是负责任创新最核心的要素；跨学科、审议次之；能力和开放性处于最外围。就负责任创新解决的问题层面来说，可持续性和隐私居核心地位，而性别问题和风险处于外围。就实施或支持负责任创新的手段来说，伦理道德、方法途径和治理居于核心；政策/法规次之；框架/账户/模型、工具、教育、知识传输等处于外围。值得一提的是代尔夫特理工大学把负责任创新的这些要素结合得最好。

## 三 中国的负责任创新研究现状

近年来，负责任创新在中国已然成为显性课题。从国家规划、中国学界到企业园区都开始从政策、理论和实践层面完善并践行"负责任创新"。例如，2016 年国家科技创新计划把负责任创新纳入其"十三五"规划，2019 年国家科技评估中心设立"负责任创新的理论与应用研究"专项课题，从 2017 年起国家社科基金连续多年有负责任创新相关课题立项。

从以负责任创新为主题的论文发表情况看，国内学术界在发文量、来源刊、研究者、研究机构、资助基金等方面都有快速增长的态势。

笔者以"Responsible Innovation""Responsible Research and Innovation"或"负责任创新"为主题词在知网数据库中检索，截止当下共有 1473 篇文献。从研究的总体趋势看，以负责任创新为主题词刊发的论文，2010 年前较少，2010 年至 2021 年十余年间分别为：15 篇、23 篇、25 篇、44 篇、74 篇、104 篇、112 篇、143 篇、177 篇、312 篇、217 篇、186 篇（详见图 8.1）。这在一定程度上反映了负责任创新的相关研究受到持续关注。

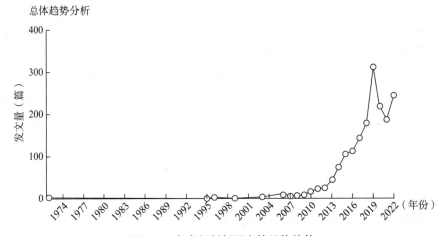

图 8.1　负责任创新研究的总体趋势

从来源刊的角度看，有关负责任创新的论文刊发在国内外 30 余种期刊上。其中负责任创新专刊 *JRI* 发文最多，高达 161 篇。紧随其后的杂志分别是：*Sustainability*（41 篇）、*Science and Engineering Ethics*（36 篇）、*NanoEthics*（33 篇）、*Journal of Engineering*（18 篇）、《自然辩证法研究》（17 篇）。

从研究者的角度看，国内相关研究者发文量位居前列的分别为：梅亮（11 篇）、刘战雄（11 篇）、陈劲（10 篇）、薛桂波（6 篇）、廖苗（6 篇）、赵延东（4 篇）。（如图 8.3 所示）与国外相关学者相比，国内相关研究者大

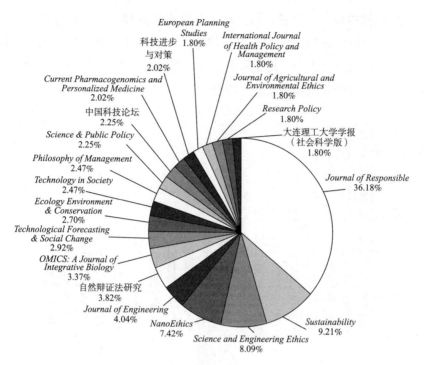

图 8.2　文献来源刊分布情况

都隶属于科技哲学专业，更多从伦理、政策、概念等层面探究负责任创新。

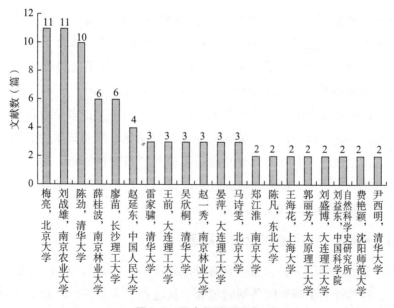

图 8.3　国内相关研究者

从国内机构分布情况看，相关研究主要聚集在理工类、农林类大学，例如，清华大学、大连理工大学、南京林业大学、浙江大学、东南大学、长沙理工大学、南京农业大学、南京农业大学、东北大学等。（如图8.4所示）这种分布与研究者所在机构分布基本吻合。

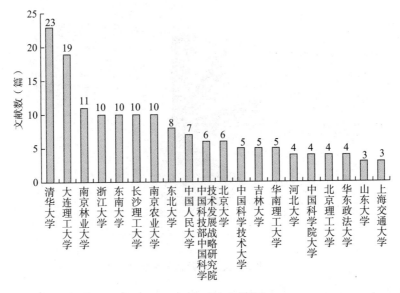

**图8.4　国内机构分布情况**

从国内基金资助上看，负责任创新受到国家社科基金、国家自然科学基金、教育部人文社会科学研究项目、中国博士后科学基金、国家留学基金、国家重点研发计划、国家科技支撑计划以及各省市社科基金、教育厅和软科学等各级项目的大力资助。（如图8.5所示）

负责任创新在中国学术界兴起的同时，近年来中国很多企业在重视社会责任、保护生态环境、加强决策的科学化和民主化、推动技术创新健康有序发展等方面也做了很多努力，有些成功经验与"负责任创新"的理念是一致的。不仅如此，中国在技术创新实践中取得的成功经验反过来也会促进"负责任创新"理念的丰富和发展。

## 四　中荷负责任创新的比较与融通

在过去的十余年里，欧盟一直有计划地推行RI政策，基本实现了科学、技术、工程与社会伦理等问题间的契合。从这种意义上讲，RI已成为欧盟科

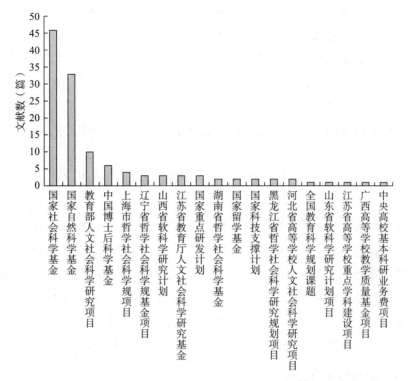

**图 8.5 国内基金分布情况**

技政策的重要维度。在 RI 政策的驱动下，相关利益群体充分参与，实现了更具社会包容性的创新。与此同时，中国的"十三五"国家科技创新计划（2016）倡导负责任的研究和创新，加强科研道德建设和科研教育，提高科技工作者的伦理意识，引导企业在技术创新活动中承担生态保护和运营安全的社会责任。

比较来看，在欧盟和中国，RI 的实施框架存在一定差异。欧盟采取了更具政治性的观点，这意味着欧盟的 RI 框架核心是包容性和开放性。相比之下，中国的 RI 研究更注重伦理道德，更注重科学家、企业家等群体的个人责任。

近年来，中国同荷兰就负责任创新进行了多次会谈，尤其是中荷在4TU-8TU（原3TU-5TU）交流框架下就共同关注的议题进行了商讨。荷兰作为后工业化国家在 RI 实施中的经验分享，对中国来说能更好地预测并将进一步规避负面影响。例如，南京"垂直森林"项目的实施，"国家森林城市"

计划的推行，均参考了荷兰的相关经验。相应地，荷兰也从有中国参与科技的负责任创新中获益。例如，中国数字移动支付业务、5G 等领域的快速发展，使荷兰重新思考如何在移动安全问题上应对新一代信息通信技术和移动支付机会。"在促进全球福祉的共同愿景上，中荷有共同的愿景定位。"[1] 此外，中国越来越多地参与各类创新项目，也可能会通过在中荷（或中国与欧盟）之间形成共同的社会经济价值，实现共同繁荣和可持续发展。

## 第二节　新兴民生技术体系及其哲学思考[2]

新兴民生技术体系意指当前高新技术与传统常规民生技术结合后呈现出的一类新技术体系，它具有传统常规民生技术的普遍使用性和高新技术的不可预料性等特质。"新兴民生技术体系"是高新技术与传统民生技术"嫁接"的产物，它在民众日常生活中扮演着重要角色。对这类技术体系的研究和哲学思考有助于从研究对象、研究方法与研究旨趣等方面完善技术哲学的学科建设；有助于贯彻技术哲学的经验转向进路，凸显技术哲学的实践向度。

### 一　国内外研究现状

当前，国内外技术哲学研究者更多地将研究视点聚焦于生物技术、信息技术、纳米科学与技术以及认知科学等高新技术体系，而往往忽视在民众生活中扮演着重要角色的新兴民生技术体系。技术哲学界已经有学者意识到这种研究现状。从国际上来看，近几年来欧美技术哲学开始将民生技术视为重要的研究视点之一。比如，荷兰技术哲学已经将其作为研究领域，以克洛斯、梅耶斯为代表的荷兰技术研究者倡导从哲学与设计的视角来探究医疗保健、现代农牧业等转型技术体系。美国纽约大学的文化与通信系、华盛顿大学的互联网研究中心、明尼苏达大学的新媒介研究中心等研究机构共同致力于从哲学与设计的视角研究新媒体技术。牛津大学 Uehiro 应用伦理学中心致力于生物医药伦理学方面的研究。澳大利亚的墨尔本大学、查尔斯大学等组建的

---

[1]　Mei L. , Hannot Rodríguez, Chen J. , "Responsible Innovation in the Contexts of the European Union and China: Differences, Challenges and Opportunities", *Global Transitions*, Vol. 2, 2020, pp. 1 – 3.

[2]　本部分内容曾以《新兴民生技术体系及其哲学思考》为题，发表于《科技管理研究》2015 年第 23 期。

CAPPE 致力于技术应用哲学与公共伦理。这些国际性的研究中心将医疗保健技术、食品技术、农牧业技术、媒介技术与生物医药技术等新兴民生技术体系作为其研究对象。

从国内的研究现状和趋势来看，近年来国内学者也开始涉足这类技术的研究。学者刘大椿编写的《范例研究之育种大师》（2012），陈凡等学者提出的文明进步中的技术使用问题（2012），夏保华等学者关注的青蒿素、杂交水稻（2014）① 等就属于新兴民生技术体系。另外，国内研究纳米科学与技术、信息技术、生物技术等高新科技的学者也已经开始涉足这些高新技术在日常生活中的应用。比如，沈阳药科大学的赵迎欢教授关注于纳米技术与药物学的结合，进行纳米药物学的伦理分析（2010）。质言之，从哲学与设计的视角来探究新兴民生技术体系在国外已经开始广泛涉足，而在国内还处在起始阶段。

## 二　新兴民生技术体系的研究旨趣

从哲学与设计的视角研究新兴民生技术体系具有重要的学科层面的理论意义和技术操作层面的实践意义。

从学科层面的理论意义来看。第一，探析新兴民生技术体系有助于重新考量技术、哲学、实践、设计与伦理等技术哲学的基础概念以及它们间的关系。技术哲学学科的原初范畴包括技术、哲学、实践、设计、伦理与创新等，从哲学与设计的视角分析新兴民生技术体系能够更深刻地分析与重构这一系列原初范畴，厘清它们间的内在关系。比如，之前笔者论析的"技术－伦理实践"，可以重构如下几个范畴，并明晰其内在关系：其一，理论形态的技术知识与伦理学、实践形态的技术活动与道德活动以及社会形态的技术建制与人伦关系；其二，技术地实践与伦理地实践。这样就从三向度两层面建构起立体的"技术－伦理实践"。② 第二，有助于拓展技术哲学的研究视域与问题，比较中西技术哲学研究内容的异同。技术哲学作为一门晚近出现的学科，

---

① 夏保华、张浩：《行动者网络理论视角下民生技术发明机制研究》，《科技进步与对策》2014年第15期。

② 刘宝杰、谈克华：《试论技术哲学的经验转向范式》，《自然辩证法研究》2012年第7期。陈首珠、刘宝杰、夏保华：《论"技术－伦理实践"在场的合法性：对荷兰学派技术哲学研究的一种思考》，《东北大学学报》（社会科学版）2013年第1期。

其研究视域和研究重心饱受争议。在国内，技术创新被视为技术哲学的东北学派的研究重心。[1] 在国外，德国学者弗里德里希·德绍尔认为"技术的核心是发明"，技术哲学研究者理应将技术发明问题作为核心议题；德国学者汉斯·尤纳斯认为技术哲学就是"走向技术伦理学"，卡尔·米切姆在其著作《技术哲学概论》中也将伦理问题视为核心议题之一；唐·伊德将"人－技术－世界"关系的现象学当作技术哲学研究的任务；安德鲁·芬伯格秉承马尔库塞等法兰克福学派的技术社会批判思想，建构新的技术批判理论；荷兰学者克洛斯等人倡导的"技术人工物哲学"，力图建构起设计－伦理并行的研究策略。[2] 从哲学与设计视角研究新兴民生技术体系，一方面将研究对象从相对脱离实际的高新技术回归至贴近大众生活的新兴民生技术体系，使得研究问题更具体、更有现实意义；另一方面将国外研究策略应用到国内技术哲学研究中来，使得类同"技术哲学经验转向""价值敏感性设计""技术－伦理并行研究"等研究策略得到有效贯彻。

从技术操作层面的实践意义来看，包括技术使用链和技术设计链两个层面。首先，技术使用链上，技术已经成为当前社会体系中的重要一维。技术哲学家伊德将"人、技术与世界"的关系厘定为"具身关系"（如，眼镜）、"解释学关系"（如，温度计）、"它异关系"（如，ATM 机）和"背景关系"（如，空调）。因此，技术在一定意义上已经嵌入到我们的生活中来，它已成为人体的一部分，为我们的感官提供更明了直接的反映，拟化为我们"交互"的对象，演变为我们生活环境中的背景。人们的生产生活已经与技术紧密结合在了一起，而作为嵌入社会生活中的技术大多属于"新兴民生技术体系"。其次，技术设计链上，技术设计流程中考量、负载大众价值观已经成为技术设计中的重要维度。基于"掌控设计等于掌控技术"的理念，技术研发者、技术政策制定者、技术评估小组等都已开始关注技术设计这个阶段，这些组织由工程师、伦理学家、社会学家以及政府职员等相关群体组成。在这种既有组织监督又有设计者的价值自觉考量的情景中，技术将会一步步地"为善去恶"，进而达到"止于至善"。通过对设计过程的关注与参与，使得新兴民

---

[1] 刘则渊：《试论中国技术哲学的东北学派》，刘则渊、王续琨编：《2001 年技术哲学研究年鉴》，大连理工大学出版社 2002 年版，第 134—141 页。

[2] Peter Kroes, *Technical Artefacts*：*Creations of Mind and Matter—A Philosophy of Engineering Design*, Dordrecht：Springer, 2012, p. 197.

生技术对民众的生活方式、生产方式和价值观等方面的转换处于民众承受度范围内。质言之，从哲学与设计的视角分析新兴民生技术体系有助于进一步发展技术哲学的现实实践向度，为现代技术社会中存在的问题的分析与解答指出一条可行的研究进路，趋近止于至善的技术研究旨趣，进而为中国梦的实现提供技术层面的支撑。

### 三　新兴民生技术体系的哲学研究向度

研究新兴民生技术体系，首先需要从概念上厘清新兴民生技术体系，这是研究新兴民生技术体系的前提；继之研究方法的确立，研究新兴民生技术体系需要借助于更偏重实践分析的研究方法；然后具体案例的选取，新兴民生技术哲学理论体系的建构诉求于形而下的"器"；最后研究欧美在此类技术体系上的研究成果，以此进一步完善新兴民生技术的哲学理论体系（见表8.2）。

表8.2　　　　　　　　　　新兴民生技术体系的研究向度

| 民生技术 | 研究问题 | 研究策略、方法及规避措施 | 案例选取 |
|---|---|---|---|
| 医疗保健 | 概念界定<br>群体博弈<br>发明创新<br>伦理分析<br>技术风险 | 价值敏感性设计<br>设计－伦理并行<br>行业监管、公共组织监管<br>相关技术法律法规的制定 | 慢性病的远程监护等 |
| 媒介传播 | | | 自媒体主体的明确等 |
| 交通运输 | | | 交通运输的信号系统等 |
| 食品安全 | | | 食物源头的化学污染等 |
| 农牧业技术 | | | 转基因农牧业的安全等 |

#### 1. 新兴民生技术体系概念及其技术体系界定

目前，国内外技术哲学研究者都没有对新兴民生技术体系做出明确的界定。在国内技术哲学界，尚没有学者明晰新兴民生技术体系这个概念。在国外，荷兰技术哲学研究规划中将负责任创新关注的技术对象划分为两个体系：其一，高新技术体系，如信息通信技术、纳米技术、生物技术和神经科学等；其二，转型技术体系（technological system in transition），如农业和医疗保健等。虽然荷兰技术哲学规划中提及的转型技术体系基本类同于新兴民生技术体系，但他们对何为转型技术体系没有做出明确的界定。因此，"如何从概念意义上界定新兴民生技术"，是该类技术体系研究的合法前提。具体来讲，该问题可重设为：如何在传统常规民生技术体系和当前高新技术体系中划分出一类新兴民生技术体系？何种技术属于新兴民生技术体系？从当前国内外技术研究者的研究对象来看，探究技术风险、技术伦理等问题往往将会聚技术（NBIC）等高新技术群作为研究重心；对"结构－功能""结构－意向性"等技术元问题的解答往往又从分析原初技术入手。新兴民生技术体系，即高新技术在常规民生技术上的应用，致使常规民生技术既具有高新技术的科技风险又具有常规技术的广泛使用两方面的特质。因此，笔者认为新兴民生技术体系包括医疗保健、媒介传播、农牧业、食品安全、交通运输等技术体系。

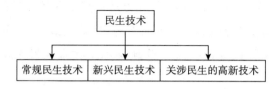

**图8.6　民生技术体系划分**

2. 价值敏感性设计的研究方法

价值敏感性设计是美国学者弗里德曼和卡恩在20世纪90年代初提出的一种技术系统设计方法。它是一种基于理论的技术设计方法，在整个设计过程中采用一种有原则的和全面的方式来阐明人的价值观。价值敏感性设计通过概念上、经验上和技术上三种研究方法的迭代，来不断完善技术的价值考量。简言之，价值敏感性设计方法力图将"人"的价值观内嵌于技术人工物之中，使技术人工物符合"人"的价值观和行为方式。因此，有必要重点介绍价值敏感性设计方法，并试图采用价值敏感性设计方法来分析新兴民生技术体系。

3. 新兴民生技术体系的范例研究

与其他哲学学科相比，技术哲学具有较强的现实性。技术哲学的荷兰学派在20世纪末提出技术哲学的经验转向，倡导范例研究。新兴民生技术体系研究理应着力于从医疗保健、媒介传播、交通运输、食品安全与农牧业等几个重要技术体系中选取几个典型技术案例。通过对这些技术案例的访谈、调研等跟随性研究，从理论上和实践上建构起研究新兴民生技术体系的方法和理论体系，进而为技术哲学提供一条可能的研究进路。

4. 欧美技术哲学在新兴民生技术体系上的研究

在探源荷兰技术哲学过程中发现新兴民生技术体系概念，在随后的资料收集中，笔者发现新兴民生技术体系在国外已经开始引起广泛的关注。以荷兰3TU技术－伦理研究中心为例。荷兰技术研究者斯威亚斯塔（Swierstra T.）探究食品技术中的负责任创新。基于信息通信技术在医疗保健领域的广泛应用，维贝克和奥德舒恩提出在家远距看护——预测在慢性乙型肝炎患者的远程监控技术的冲突规范的课题。霍温和德特威勒致力于通信技术及其在提高以病人为中心的医疗保健中的伦理研究。布瑞和斯彭斯等人负责评估新媒介的文化质量：迈向一门人－媒关系的综合哲学等。德克森重点关注生物医学工程层面的问题，提出改造身体和组织工程中凸显的组织工程伦理，"身体设计方案"工程师的职业与公共责任等问题。博格将关注点聚焦于嵌入式伦理研究，他从非侵入性的仪器分析血液与组织的规范性影响。另外，从研究方法上看，美国学者弗里德曼和卡恩提出的价值敏感性设计方法，后经基默尔（Iimmer E.）、卡明斯（Cummings M. L.）、霍温、布瑞等技术研究者的推广，目前已被应用到新兴民生技术体系研究中来。

因此，如下几个问题也将成为研究新兴民生技术体系的必要前提。①新兴民生技术体系研究在欧美技术哲学研究中处于一种怎样的研究现状？②尤其是新兴民生技术体系研究在荷兰技术哲学研究中处于一种怎样的境遇？③欧美技术哲学研究者对新兴民生技术体系的研究采用何种研究策略与方法？④在欧美新兴民生技术体系研究中存不存在一种比较完备的研究机制？等等。基于之前的研究成果，笔者将重点研究荷兰技术哲学在新兴民生技术体系研究上的理论基础和研究现状。

## 四　新兴民生技术体系的四因说分析

我们借助亚里士多德的"四因说"对新兴民生技术体系进行一个存在论意义上的分析（如表8.3所示）。在分析民生技术时，存在原本的因和异化的因两组"四因说"。目的因，民生技术的"民生"原本是为了更好地满足大众的日常生活，而在现实生活中民生技术的广泛应用往往附带变革大众生活方式的阵痛。动力因，原本是新技术体系的自然引入，实质上被异化为新旧技术体系的博弈。形式因，原本是使得设计形式更人道化和民主化，但实质上却异化为促逼着大众民生。质料因，原本是技术要素的自由组合，实质上却异化为旧技术体系要素的消亡。

表 8.3　　　　　　　　　　民生技术的四因说分析

| 四因 | 民生技术本身 | 现实应用中的民生技术 |
|---|---|---|
| 目的因 | 满足大众的日常生活 | 变革大众生活方式 |
| 动力因 | 新技术体系的引入 | 新旧技术体系的博弈 |
| 形式因 | 人道化和民主化 | 促逼着大众民生 |
| 质料因 | 新旧技术要素的自由组合 | 旧技术体系要素的消亡 |

这种存在论意义上的四因说分析，进一步厘清了研究新兴民生技术体系的向度。通过这种分析也能进一步建构起新兴民生技术的哲学理论体系。

## 五　新兴民生技术体系研究存在的问题

1. 技术体系的合理界定与研究问题的预置

如何合理地界定新兴民生技术概念？如何确立明晰的问题域？关于新兴民生技术体系的研究问题、研究形式等方面还处在一种不稳定、不成体系的状态。目前，国内外技术研究者尚没有从概念上明确厘清新兴民生技术体系，因此，新兴民生技术体系的合理性和合法性都有待进一步的商榷。前文中将民生技术体系划分为常规民生技术体系 - 新兴民生技术体系 - 关涉民生的高新技术体系，三者间的高耦合关系必然导致难以清晰厘定三个技术域，但从技术哲学研究的角度看，非常有必要厘定出这样一种技术体系。

2. 采用的研究策略与方法

国外研究新兴民生技术体系采用的策略与方法，主要表现为哲学 - 设计并行。具体来讲有设计 - 伦理并行、价值敏感性设计等策略与方法，然而这些策略与方法本身存在着许多问题。就设计 - 伦理并行来讲，研究者难以附着于同一主体，即作为技术哲学研究者，难以在具体技术层面深入地了解和把握技术，而技术设计、研发者又难以将伦理价值观考量进技术设计过程中来。就价值敏感性设计方法来说，它兴起于 20 世纪 90 年代初，在长达 20 多年的时间里，价值敏感性设计方法没有广泛应用于各领域，这从侧面说明了该方法存在诸多操作层面的问题。因此，如何有效地将这一系列的策略与方法引入到新兴民生技术体系研究中来是一个重要议题。

3. 在比较分析中建构契合国内社会发展的"'新兴民生技术'哲学"体系

从研究对象、研究方法和研究范式上来看，中西技术哲学研究存在较大差异。如何在比较分析中开启具有中国特色的新兴民生技术体系研究？如何有效地建构起与当前国内社会发展相契合的"'新兴民生技术'哲学"的理论体系？即如何从经验转向的下行实践进路抽象出上行理论形态？不同技术涉及的技术风险、技术伦理与技术政策等问题有较大差异，如何建构起一种可共用的新兴民生技术理论体系，是我们需要解决的一个重要问题。

质言之，在整个技术体系中可划分出一类新兴民生技术体系，对其进行系统研究，有助于从研究对象、研究方法与研究旨趣等方面完善技术哲学的学科建设；有助于贯彻技术哲学的经验转向进路，凸显技术哲学的实践向度。

## 第三节　"使用发明"的哲学思考[①]

技术人工物结构与功能的多样性，致使潜在的"使用发明"问题出场。"使用发明"是技术人工物的结构或功能在使用领域中的扩大、转换或他用，是技术发明进程中的重要组成部分，它包括"转用发明"和"用途发明"等发明形式。"使用发明"与技术人工物的结构、功能和人的意向性直接关联在一起，"转用发明"是技术人工物结构的他用，而"用途发明"是技术人工物功能的他用。从发明的逻辑看，"使用发明"既是技术发明本身的延续，又是一类技术发明演化的新图景。

马克思将火药、指南针和印刷术视为"预告资产阶级社会到来的三大发明。火药把骑士阶层炸得粉碎，指南针打开了世界市场并建立了殖民地，而印刷术则变成新教的工具，总的来说变成科学复兴的手段，变成对精神发展创造必要前提的最强大的杠杆"[②]。以往的理论家更多地将这段话理解为科学技术是生产力发展的重要推动力，而问题在于作为三大发明的始源国——中国——不但没有发展到资产阶级社会，反而步入最羸弱的历史境遇。本节将基于此问题，引入技术发明体系中的"使用发明"问题（指技术应用过程中

---

①　本部分内容曾同题发表于《科学技术哲学研究》2016 年第 5 期。
②　《马克思恩格斯文集》第 8 卷，人民出版社 2009 年版，第 338 页。

的再发明，主要包括"转用发明"和"用途发明"）。

从发明的定义来看，"发明是已有事物的累积"，"发明是微小细节的不断组合、积累、修正、完善的过程，不是一蹴而就的创造"。① "使用发明"作为技术发明的一类，它是一个技术发展过程，是一种社会现象，它的出场与多种因素有关。本节将"使用发明"厘定为"转用发明"和"用途发明"两类，"转用发明"是技术人工物结构的他用，而"用途发明"是技术人工物功能的他用。

## 一 技术发明"使用逻辑"的人类学根据

劳动实践在人类社会发展的漫长岁月里扮演着重要的角色，劳动实践体系中最具创造性的活动无疑是制作生产工具的活动。人类在改造自然界、建构人类社会的过程中，制作人工物制品是人类社会有别于自然界的重要体现。人工物制品中又以技术类人工物制品为核心，技术人工物起源于对人体器官的模仿。恩格斯在《劳动在从猿到人转变过程中的作用》中指出劳动过程中起主导作用的生产工具来源于对人手的模仿。手不仅是"劳动的器官""劳动的产物"，它还是人们进行技术发明的模板和制造工具的器官。技术哲学家卡普这样描述："大量的精神创造物突然从手、臂和牙齿中涌现出来。弯曲的手指变成了一只钩子，手的凹陷成为一只碗；人们从刀、矛、桨、铲、耙、犁和锹等，看到了臂、手和手指的各种各样的姿势，很显然，它们适合于打猎、捕鱼、从事园艺以及耕作。"② 卡普将人的手、手臂和手指视为技术发明最原初的模板，这些仿造手、手臂和手指的发明物是与人的生产活动紧密关联在一起的，它们是在使用过程中产生和发展的。与卡普同时期的马克思提出"人体器官延长论"的技术发明论断。18 世纪中叶以来，蒸汽机在社会生产各领域得到普遍使用，它将社会生产、生活的方方面面链接到一起，整个社会生产体系如同"生产的骨骼系统和肌肉系统"。由此看来，技术人工物的发明导源于它的使用过程，技术人工物是对手、手臂等人体器官的有意识模仿。在人类文明的发端处，技术发明依附于技术的"使用逻辑"，即在使用中不断产生和发展。

---

① 吴红：《发明社会学——技术社会学研究的早期阶段》，《自然辩证法研究》2012 年第 3 期。
② ［美］卡尔·米切姆：《技术哲学概论》，殷登祥等译，天津科学技术出版社 1999 年版，第 9 页。

## 二　"使用发明"中的"转用发明"与"用途发明"

技术人工物在使用过程中突显出一些问题。比如，某技术人工物使用领域的扩大或其主要功能的转换。事实上，技术人工物的结构或功能在使用领域中的扩大、转换和他用本身也是一类技术发明，可将该技术发明类别称为"使用发明"。依照"使用发明"所包含的发明途径，可厘定出"转用发明"和"用途发明"两种发明形式（如图 8.7 所示）。所谓"转用发明"（Invention by Diversion），是指"将某一技术领域的现有技术转用到其他技术领域中的发明"。而所谓的"用途发明"（For-ness Invention，或称为"新用途发明"）① 是指将已知产品用于新的目的。

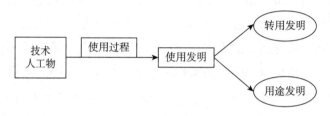

**图 8.7　使用发明图景**

从发明幅度的判断标准来审视"转用发明"和"用途发明"。"转用发明"本身涉及"转用"的幅度等问题，即"转用发明"的创造性评判依赖于转用技术领域的远近、转用的难易程度、转用所带来的实际效益等。一方面，"如果转用是在类似的或者相近的技术领域之间进行的，并且未产生预料不到的技术效果，则这种'转用发明'不具备创造性"②。比如，将圆珠笔的结构转用到中性笔的结构上，这种"转用发明"不具备创造性。另一方面，如果转用能够产生意想不到的技术效果或克服了不同于原技术领域中的困难，则该"转用发明"具备创造性。比如，"一项潜艇副翼的发明，借鉴了飞机中的技术手段，将飞机的主翼用于潜艇，使潜艇在起副翼作用的可动板作用下产生升浮力或沉降力，从而极大地改善了潜艇的升降性能。由于将空中技术运用到水中需克服许多技术上的困难，且该发明取得了极好的效果，所以该发明具备创造性"③。"用途发明"在专利审查指南中被称为"已知产品的新用

---

①　Kroes, P., *Technical Artefacts: Creations of Mind and Matter*, Dordrecht: Springer, 2012, p. 4.

②　中华人民共和国国家知识产权局：《专利审查指南 2010》，知识出版社 2009 年版，第 178 页。

③　中华人民共和国国家知识产权局：《专利审查指南 2010》，知识出版社 2009 年版，第 179 页。

途发明"，它是指"将已知产品用于新的目的的发明"，"用途发明"的创造性判断往往基于"新用途与现有用途技术领域的远近、新用途所带来的技术效果等"。例如，"将作为润滑油的已知组合物在同一技术领域中用作切削剂"，由于新用途基于已知材料的已知性质，所以这种"用途发明"不具备创造性。再比如，"将作为木材杀菌剂的五氯酚制剂用作除草剂而取得了预料不到的技术效果"①，该"用途发明"具有显著的进步，所以该"用途发明"具备创造性。不论是"转用发明"还是"用途发明"，都是在技术使用过程中呈现出的发明类型。

技术人工物的原始功能来源于对人自身器官功能的模仿，技术人工物的结构也来源于被模仿的器官。不论是从功能上还是从结构上，技术发明都与人紧密关联在一起。如果将技术类比为数学中的复数，那么技术就由技术人工物的实部和人的意向性的虚部构成。值得注意的是，不论是人体器官还是技术人工物，其结构与功能的关系都不是单一的对应关系，而是多结构对多功能的集合关系。只不过这种多结构对多功能的关系中有主要的对应关系，即核心功能对核心结构。技术人工物的结构与功能的（潜意识）模仿都直接与人的意向性关联在一起，从技术发明演化的逻辑看，技术发明的关键在于人类意向性这个"虚部"的赋予。这也是"使用发明"的人类学根据，技术人工物自诞生之日起，就隐藏了特定的结构与潜在的功能，这种结构或功能的他用就是"使用发明"的展开。技术人工物结构或功能的他用又是如何实现的，这与发明主体的意向性有直接的关联。

## 三 "使用发明"的意向性逻辑

从现代技术发明模式来看，主流观点认为技术发明是工匠技艺经验长期累积或社会长期发展形塑的必然结果。例如，"美国奥格本学派倡导的发明社会学，就反对技术发明的英雄理论，推崇技术发明的组合累积模式，强调发明的过程化，突出技术发明的社会性"②。无独有偶，荷兰学者比克和美国学者平齐在20世纪80年代提出技术人工物的社会建构论，指出技术人工物是由社会文化环境等要素建构的。"技术的社会建构（SCOT）由三个解释阶段

---

① 中华人民共和国国家知识产权局：《专利审查指南2010》，知识出版社2009年版，第179页。
② 吴红：《发明社会学——技术社会学研究的早期阶段》，《自然辩证法研究》2012年第3期。

组成：其一，显示技术人工物的解释灵活性，以表明人工物是由社会文化建构的；其二，描绘人工物的稳定性机制；其三，描述技术人工物的内涵与广泛社会文化环境之间的联系。"① 质言之，技术发明是技术要素累积或社会要素建构的结果，这种累积与建构和发明群体与使用群体的意向性密切相关。技术的社会建构论是从发明的外部动力来分析发明过程，社会经济、政治与文化等要素是社会群体意向性（需求）转化的表征。因此，社会诸要素是从发明的外部来影响技术发明，而发明者群体意向性是从主体内部认知过程的角度来影响技术发明。作为发明类型的一种，"使用发明"也受到这些要素的影响，在此处将不做过多阐述。本节从主体意向性这个角度分析"使用发明"问题，在于技术人工物"使用发明"的出现取决于主体在设计、研发和使用上的意向性。

依据技术人工物的发明和使用可划分出发明群体和使用群体。单就发明群体而言，可从发明主体的角度将发明划分为个体发明和群体发明两类。从技术使用的角度来讲，使用群体的意向性更大意义上是通过功能需求体现出来的，而发明者群体更多是通过改造或设计技术人工物结构来实现的。在"使用发明"的展开过程中，个体意向性和群体意向性在其中扮演了不同角色。群体意向性的合力，以社会需求的形式表现出来，表现为一种渐进的形式。而与之相对应的个体意向性，要么是以天才发明家的形式出场，要么湮没于历史的洪流中。从整个发明发展史的角度看，个体发明在技术发明过程中有引领时代的重要意义。

以造纸术的发明为例。在蔡侯纸出现之前，各式各样的纸已经存在于当时的中国。据考证，早在西汉初已有纸的制造。目前发现的最早的纸是西汉坝桥纸，它们不曾书写过文字，据推测，可能是一种防震（易碎品）或保暖的填料。② 由此可见，早期的纸虽然不是为了满足书写、绘画等功用而产生，但它必定有别的用途。姑且将纸的最初用途视为填充物，这种以保暖为目的的纸来源于底层贫穷民众的日常生产，他们将丝麻下脚料、破旧丝麻布、渔网等捣碎进而提取丝絮来生产填充物。捣碎丝麻的混合物上层是丝絮，底层

---

① 柯礼文：《发明过程中的心智模型》，《科学技术与辩证法》1994 年第 6 期。
② 刘青峰、金观涛：《从造纸术的发明看古代重大技术发明的一般模式》，《大自然探索》1985 年第 1 期。

是薄片，起初不论是薄片还是丝絮都被用来做填充物。后来偶然发现薄片还能用来书写、绘画，这种偶然的他用是纸用途的一个转换，当然这类功用转换的时间是漫长的。仔细来分析，纸作为技术人工物，它的功能转换是如何实现的？最初作为填充物用途的纸，物理形态呈现为"漂絮""练丝""麻絮"和"麻渣薄片"，其中麻渣薄片有足够的韧度，可以用于书写和绘画。"工匠从日常生活所需，将丝加工技术转移到麻加工过程中来，从而实现了丝麻工艺的结合，发明了造纸技术。"① 从造纸术发明的演变过程来看，它经过非书写、非绘画的用途，也就是说起初的纸是用来满足人的其他需求。类同造纸术的这类技术发明是一种技术体系的发明，它是工匠"潜意向性"的改进，蔡伦作为造纸技术的践行者和改造者，最终在前人的基础上制造出能广泛使用的纸。这种意向性一方面呈现为类意向性，即数代工匠人的意向性（Intentionality）集合（$Ic = I_1 + I_2 + \cdots\cdots + In$）；另一方面，呈现为个人的创造性闪念。从发明的演进逻辑来看，重大发明的出现往往是基于一定意向性集合 Ic 之上个体发明家创造性闪念的结果。人的社会需求和个体自身需求是技术意向性的直接来源。

## 四　基于"结构－功能"的方法审视"使用发明"

从前面技术哲学经典作家的表述来看，技术人工物起源于对人自身的模仿，它是人的镜像。不论是马克思的"器官延长"说，还是卡普的"器官投影"论，以对人手这个器官的模仿为例，依据结构－功能分析，手的伟大之处在于，它本身的构成部分固定，但手的灵活性使得手可实现不同的样式结构，进而能够实现诸多功能，这种人手意义上的结构－功能关系应该是技术人工物两重性问题最原初的来源。

克洛斯和梅耶斯在世纪之交提出技术人工物的两重性问题。在二十余年的理论探讨与实践应用中，技术人工物的结构－功能、结构－意向性问题成为时下技术哲学研究中的重要议题。结构与功能之间的非等价对称性，成为技术哲学研究者苦恼的问题，而恰恰是这种单一结构实现多功能，多结构实现单一功能的不对称关系，使得"使用发明"成为技术发明的重要问题之一。

---

① 刘青峰、金观涛：《从造纸术的发明看古代重大技术发明的一般模式》，《大自然探索》1985年第1期。

一般来讲，技术人工物拥有相对稳定的物理结构，而这种相对稳定的物理结构实现了技术人工物的多种功能。当然，特定技术人工物在一定时期内必然以实现单一功能为主。例如，从罗盘的发展史来看，它的主要功能就是指示方向，而指示方向的罗盘进一步可用于风水测算和航海。罗盘在中国很长一段历史时期内主要用于风水测算。罗盘固有的结构与罗盘测算风水的功能在很大程度上是对称的。从风水罗盘到航海罗盘的改进本身就是一种"用途发明"，这类发明的重要程度不亚于罗盘技术的初次发明。

从结构－功能的对称到非对称的转换是"使用发明"的始端，也是促使"使用发明"问题凸显的内因。从人手结构－功能的不对称到当下最前沿的科技产品结构－功能的不对称，都隐藏着"使用发明"问题。

不论是"转用发明"还是"用途发明"，它们都与技术人工物的结构－功能紧密关联在一起。"转用发明"在更大意义上是将已有结构引入其他发明中来，其逻辑演变为：从结构到功能；而"用途发明"则更多是实现现有技术人工物的次级功能的主导化，其逻辑演进为：从功能到结构。总的说来，以"转用发明""用途发明"为主体的"使用发明"展现出的存在样式是由技术人工物的结构和功能协同引导的结果。

### 五 "结构－功能－意向性"三维关系中的"使用发明"

技术人工物结构的设计和技术人工物功能的预置都与意向性密切关联在一起。不论是普遍意义上的发明还是本节提及的"使用发明"，都直接受发明者的意向性的影响。（如图8.8所示）

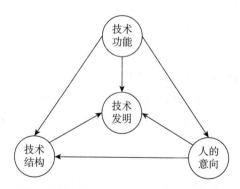

**图8.8 技术结构和功能、人的意向性与技术发明的关系**

传统发明语境中，技术发明导源于人的意向性的累积，技术发明者依据累积的意向性对技术人工物结构的改变来赋予原技术人工物新功能或实现新技术人工物的发明。在"使用发明"语境中，技术发明可以由主体意向性的转变直接引起，比如，一卡通被用作书签。技术发明还可通过技术功能的主次变换来直接达到，比如，罗盘由测算风水转向航海导向。技术发明也可通过人工物结构的偶然变化来实现，比如，珍妮纺纱机的发明，纺织工詹姆斯·哈格里夫斯（Hargreaves J.）偶然踢翻纺纱机，改变了纱锭的放置方向（由横置改为竖置）。从这种意义上来讲，"使用发明"直接与人工物的结构、功能以及主体的意向性关联在一起。"使用发明"的逻辑是由技术人工物的结构、功能和主体（发明者和使用者）的意向性共同构筑的。

## 六　技术"使用发明"模式

国内外诸多学者就发明模式和发明过程给予了不同的回答。国内学者刘青峰、金观涛将古代重大技术发明的模式描述为："①产品满足一定的需求结构：有缺陷的或特殊需求结构满足方式是新技术发明的潜在动力；②社会结构变化使需求结构变化，造成满足方式的不适应；③重大技术发明必须植根于传统技术中，依赖于中介产品的出现；④中介产品在传统产品示范作用下找到新用途；⑤旧技术遇到不可克服的危机时，为新技术提供了取而代之的时机。"[1] 本节论及的"使用发明问题"内置于这五个阶段，它是产品结构或功能在使用过程中实现用途他用。学者柯礼文将技术发明过程划分为：心智模型、发明者的研究战略和机械表述三个阶段。[2] 心智模型对发明者来讲是动力源泉，它是在发明者心中运转的；研究战略则是发明者通向目标的研究路线；机械表述则是发明者依据心智模型和研究路线来建构物质模型。美国发明社会学之父奥格本（Ogburn W. F.）将发明过程归结为：设想→平面图或模型→设计→改进→销售→市场化→大规模生产。[3] 从这种发明过程的表述来看，奥格本将发明视为技术人工物社会化的过程。英国工程师、发明家、技术史学家德克斯（Dircks H.）将发明发生模式描述为：科学因素、经济竞争因素和发明家的精神与天赋相互作用，它主要经历理论提出、实验和

---

① 刘青峰、金观涛：《从造纸术的发明看古代重大技术发明的一般模式》，《大自然探索》1985年第1期。

② 柯礼文：《发明过程中的心智模型》，《科学技术与辩证法》1994年第6期。

③ 吴红：《发明社会学——技术社会学研究的早期阶段》，《自然辩证法研究》2012年第3期。

发明实现三个阶段。① 也就是说，德克斯将发明划分为：理论上、实验上和实践上三个发明阶段。理论阶段是先导，实验阶段是测试与反馈，实践阶段是制造、使用与反馈。另外，技术史学家休斯运用技术系统的方法来分析发明过程。

依据前人对发明模式和发明逻辑的阐述，"使用发明"的出场方式可界定为：社会需求变化，次级功能主导化；偶然他用，发现技术人工物的新功能；将技术人工物作为重要部件，嵌入更大技术系统中实现技术变革。这些出场方式在一定意义上属于技术革新、技术转移与技术变革。由此"使用发明"的逻辑，可概述为（如图8.9所示）：主体（发明家和使用者）在实践中操作（发明或使用）技术人工物→技术人工物功能的他用与发现或技术人工物结构的他用与嵌入。通过结构转移的嵌入或功能他用的方式，使"新"技术人工物得以出现，它往往与人们的社会需求相契合，按照新功能或新结构有目的地改造原技术人工物或重新设计，进而实现以新功能或新结构为主导的新技术人工物，最后进行商业化使用。

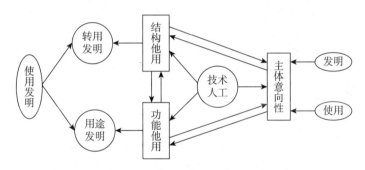

**图8.9 使用发明问题框架图**

另外，在国外有"再发明"（Re-invention）的提法。例如，罗格斯（Rogers E.）将再发明定义为："用户在采用或实施（技术人工物）过程中对一项发明的改变或修改。"② 从再发明的定义来看，它是在使用过程中对技术人工物作出的修改或改变。因此，此种意义上的再发明问题也是属于本节所谈及的"使用发明"。

---

① 夏保华：《论德克斯的发明哲学思想》，《自然辩证法研究》2011年第3期。

② Papa, W. H., Papa, M. J., "Communication Network Patterns and the Re-Invention of New Technology", *Journal of Business Communication*, Vol. 29, No. 1, 1992, p. 41.

# 小　结

在中国专利审查指南中"转用发明""用途发明"等"使用发明"的概念日渐明晰化，其重要性得到进一步的肯定。在一定意义上讲，"使用发明"本身是一类更为重要的发明。马克思指出的预示资产阶级到来的三大发明，虽然从发明的始源国角度讲是中国劳动人民智慧的结晶，但从"使用发明"意义上讲，不论是三大发明（现代意义上的三大发明）的结构还是三大发明的用途都发生了很大的变化。因此，从上述语境上讲，现代意义上的三大发明又不属于中国，这也是直接导致中国没有率先迈入现代社会的原因之一。

# 结　语

本书是在博士论文《技术哲学的荷兰学派研究》的基础之上，进一步拓展深入研究的成果。与博士论文相比，本书的逻辑思路、研究方式和研究范围（时间、空间）有较大拓展。总体来说，本书试图通过生成论的视角还原荷兰学派技术哲学的生成历程、发展现状和未来走向。"生成论"能较好地还原事物本来样态，这种认识源自我对一种食物的认知。我出生于沂蒙山区，老家有一种很特别的食物——大饼。它是用鏊子烙出来的，刚烙出的大饼酥软可口，然而由于农村条件所限，烙一次饼通常要吃几天，而久放的大饼噎人难以下咽。最早的时候，我们喜欢将饼蒸馏一下，虽没有原来美味但也能下咽。一个偶然的机会，我母亲将隔夜的大饼放电饼铛里回烙，结果出乎意料，味道和新烙的差不多。后来我在想，或许做学问也是如此，要想探究荷兰学派的技术哲学，也应当从它是如何生成、如何演进的这个向度来考据，或许只有通过这种方式，我们才能找到本来意义上的荷兰学派，才能真正把握荷兰学派技术哲学的过去、现在和将来。所以，本书的研究进路是从荷兰技术研究者的学术旨趣视角探究他们的思想，进而探究荷兰学派的形成和发展。另外，本书的附录部分，笔者也附加了部分荷兰学者就技术哲学六个问题的回答，试图通过这种方式，把握"本真"意义上的荷兰学派。

荷兰学派的技术哲学发端于20世纪四五十年代，形成于20世纪90年代，体系化于21世纪初。纵观荷兰学派的发展历程，技术哲学共同体的构建直接使其成为一个有世界影响力的学术流派。4TU技术－伦理研究中心既凝聚了一批拥有共同价值旨趣的荷兰学者，又吸引了一批国际知名技术哲学家的参与。

早在2011年，笔者曾从发展历程、学术机构、理论基点、研究范式、研究视域、研究价值等维度系统论述存在一个技术哲学的荷兰学派。[①] 从那时起

---

① 刘宝杰：《试论技术哲学的荷兰学派》，《科学技术哲学研究》2012年第4期。

到现在，国内外学者对荷兰学派给予了极大关注，它的国际影响力与日俱增，荷兰学派的合法性也得到了世界公认。它倡导（或拓展）的"技术人工物两重性""经验转向""价值论转向""设计转向""价值敏感性设计""负责任创新""道德物化""技术社会学""技术人工物哲学"等问题、方法和策略受到了国内外学者的热切关注。

本书从研究视域、关注的技术群、理论逻辑和时间跨度等方面对之前的研究进行了拓展和深化。具体来说：其一，将研究视域从荷兰的三所大学扩展至以四所理工（农业）类大学的技术哲学研究为内核，以马斯特里赫特大学、乌特勒支大学等荷兰其他大学的技术哲学研究为外围；其二，将研究的技术群从"会聚技术"转向"新兴民生科技"和"颠覆性技术"；其三，将研究的逻辑从"技术－伦理实践"深化到技术研究的二元化策略；其四，将研究的时间跨度前推至 20 世纪 40 年代末，后随至最新成果。2016 年，笔者以博士论文为基础，申请了国家社科基金，并成功立项。从课题立项至今四年半的时间，笔者在这期间以课题为依托，以博士学位论文为前提，以荷兰学派的新进展为基础，力图呈现更为详尽的荷兰技术哲学图景。总的来说，大致可以从研究范式（视角）、研究问题（主题）和研究方法三个方面来廓清荷兰学派的技术哲学。

就荷兰学派提出（或系统阐发）的研究范式（视角）而言，涵盖技术哲学经验转向，以及经验转向之上的伦理转向、价值论转向、社会转向、风险转向和政策转向。20 世纪末，克洛斯和梅耶斯对主流技术哲学进行重新定位，系统提出技术哲学经验转向范式（视角）。他们认为技术哲学应从聚焦技术使用及其社会效应转向技术研发设计，从规范性方法转向描述性方法，从关注道德问题转向关注非道德问题。及至 2015 年前后，克洛斯、梅耶斯、布瑞、汉森、皮特、波尔、霍克斯、沃玛斯、芬伯格、舒福特、布里格、布莱克、弗里斯、罗瑟、马丁·弗兰森（Maarten Franssen）、斯蒂芬·科勒（Stefan Koller）、伊尔卡·尼洛托（Ilkka Niiniluoto）、阿尔弗雷德·诺德曼（Alfred Nordmann）、拉斐拉·希勒布兰德（Rafaela Hillerbrand）、拜伦·纽伯里（Byron Newberry）等二十位技术哲学家就经验转向实施的意义和经验转向之后的进路作出详细说明。例如，克洛斯和梅耶斯探讨了技术哲学"经验转向"后的"价值论转向"，他们区分了描述性价值论转向规范性价值论转向（详见第三章第一节）。布瑞主张建设性技术哲学的社会转向，他认为技术哲学应从反

思的技术哲学转向建设性的技术哲学，即建构起直接参与解决社会实际问题
的哲学。拉斐拉·希勒布兰德和罗瑟提出迈向以"技术风险"为核心的第三
次实践转向，旨在通过与工程师的密切合作来改变技术哲学的实践路径。布
里格则提出技术哲学的政策转向，主张技术哲学家和参与技术实际塑造的利
益相关者交谈。纵观近二十年的发展历程，荷兰学派的技术哲学实质上一直
是在经验转向范式（视角）指导下展开的。

　　就荷兰学派提出（或系统阐发）的研究问题（主题）而言，涵盖技术人
工物的两重性问题、负责任创新问题、道德物化问题、研发中的多手问题等。
21 世纪的第一个十年，荷兰学派最受学界关注的议题是"技术人工物的两重
性问题"（"结构－功能""结构－意向性"），该问题引发学界重新思考技术
哲学的前提性概念——技术人工物，从这个意义上说人工物的两重性问题构
成了技术哲学的元问题。2009 年前后，霍温等先后提出了负责任创新理念，
这是一种更规范、更开放的创新模式，它要求我们在创新过程中考虑伦理和
社会因素，力图平衡新兴技术与社会关系。负责任创新是 21 世纪第二个十年
学界关注的荷兰学派的重要议题之一。值得一提的是负责任创新已由哲学理
论层面上升到国家政策层面，包括欧盟、中国在内的主要经济体都将负责任
创新纳入政府远景规划。经由阿特胡思提出，后由维贝克体系化的道德物化
理论，开启了荷兰学派对技术人工物的道德维度研究。维贝克的道德物化理
论立足"人－技"关系多维向度，以技术人工物的结构、功能为依据，赋予
技术人工物以主体的意向性。维贝克的道德物化既涵盖道德的技术人工物化，
也包括技术人工物的道德化，是从两个向度阐释道德与技术人工物的关系。
道德物化理论引起了国内外主要学者的普遍关注，并开始由哲学伦理学拓展
至设计、教育等领域。随着技术研究与发展的系统化和社会化，"多手问题"
日益显现并得到重视。波尔在实际的研发项目中从三个维度（实践的维度、
道德的维度以及控制的维度）上理解"多手问题"，并将"多手问题"设想
为"在复杂的集体情境中进行责任分配的问题"。责任分配的不同取决于人们
对责任归属功能的看法，而这一功能在很大程度上又取决于关于责任的道德
（伦理）理论。当下研发网络中的多手问题已成为学界关注的热点，而荷兰学
派的波尔、霍温等学者在这一领域走在了学界前列。

　　就荷兰学派提出（或系统阐发）的研究方法而言，涵盖价值敏感性设计、
为价值而设计、预期技术伦理方法、宽反思平衡法、情感商议法等。价值敏

感性设计由美国学者弗里德曼等提出，后经荷兰学派阐发推广而受到学界认可，事实上霍温早在 20 世纪 90 年代就提出了为价值而设计的方法，当下霍温的"为了 X 而设计"的方法已成为技术设计领域的通用模式。鉴于新兴技术的不确定性，布瑞提出预期技术伦理方法，力图将伦理分析与各种具有前瞻性的预测和技术研究相结合。为深入研究如何协调研发网络责任分配中的完整性和公平性要求，波尔将"多手问题"概念化，开发了一种适用于研发网络的道德评估方法——宽反思平衡方法，并从伦理、道德和实际的角度，说明了该方法的适用性。在风险决策问题上，罗瑟摒弃忽略情感的传统风险决策方法，主张运用"情感商议法"进行风险讨论，以使决策者做出负责任的决策。"情感商议法"使专家、公众和决策者明确关注情感和道德问题，共同进行风险讨论。

质言之，对荷兰学派技术哲学的系统研究既有助于重新考量技术、伦理、设计、责任、功能、意向性、创新和实践等基本概念及其之间的关系，又有助于在比较研究中厘清中荷技术哲学研究策略、内容的异同，从而在借鉴、比较与建构中完善国内技术哲学的学科体系。荷兰学派的技术哲学在其实质上属于技术（工程）设计哲学，是技术（工程）设计和设计伦理的并行展开。荷兰学派的技术哲学有明显的"美国印痕"，不论是菲利普·布瑞、杰罗恩·霍温还是彼得·克洛斯和安东尼·梅耶斯等人，都是美国技术哲学的追随者和拓展者。比如"经验转向"就是起始于美国技术哲学，荷兰学派技术哲学的研究者彼得·克洛斯、安东尼·梅耶斯和汉斯·阿特胡思等人将其综合提出与阐述；再比如"价值敏感性设计"由美国学者弗里德曼在研究信息技术中提出，由霍温等人引入并扩大其应用域。除此之外，荷兰学派的技术哲学还兼有显著的欧陆哲学的特点，例如克洛斯提出的技术人工物的两重性理论，这无疑深受"笛卡尔的身心二元论"的影响，及至当前技术人工物的两重性问题已经发展为当前技术哲学中的一个基本问题。比如，彼得 - 保罗·维贝克采用后现象学的视角来探究、分析技术；再比如，技术 - 伦理并行研究的理路受亚里士多德、康德等人对实践内涵二分的影响。荷兰学派的技术哲学之所以能成为当前国际技术哲学界中的一个重要研究流派，那是因为它没有一味地追随某一流派，而是基于古典哲学的历史传统，立足于当前国际技术哲学的研究现状，以荷兰自身的专长技术学科为支撑，在实践中践行出来的一个技术哲学流派。可以肯定的是以克洛斯、梅耶斯、布瑞、霍温、维贝克、沃玛斯等学者为代表的荷兰学派的技术哲学在国际技术哲学界的影响将日趋扩大。

　　荷兰学派的技术哲学研究的问题往往以二元化的形式呈现出来。比如，技术人工物的两重性问题，它是结构－功能和结构－意向性的"二元组合"；设计伦理和使用伦理是技术伦理问题的"二元分割"，使得技术伦理研究包括动态嵌入和事后规范两个向度；技术－社会"二元依存"模型的建构，使得技术研究从脱域回归至返域的境遇中来。从技术人工物的"二元组成"到技术伦理的"二元分割"再到技术－社会"二元依存"模型的建构，表现出一种互相关联的二元划分。技术二元划分（组成、分割或依存）或许是一种技术哲学发展的必然走向，荷兰学派在一定程度上开启了一种研究技术的二元化方法。

　　荷兰学派是一个研究视阈宽泛、研究学者众多、研究问题新颖的学术流派，即便笔者关注荷兰学派已经十余年，但有些方面的研究受专业背景限制，没能深入展开。例如，瓦赫宁根大学关注的农牧业技术，在本书中相对较弱。在以后的日子里，笔者将更多以问题切入，就某一个问题深入思考，在借鉴中深化问题研究。2015 年国际知名技术哲学家卡尔·米切姆在 19 届国际技术哲学年会上这样讲道："技术哲学在 21 世纪的另一条进路可以被合理地归结为尊重和融合中国的文化观，以及来自亚洲、非洲、拉美的其他各种文化观，同时要努力摆脱来自某种特定文化的看法。"① 有鉴于此，未来笔者将从比较的视域入手，通过比较分析中荷技术哲学的研究现状，对中荷技术哲学的研究于做出系统对比性梳理，以期对国内技术哲学的发展有所推进。

---

　　① ［美］卡尔·米切姆：《藏龙卧虎的预言，潜在的希望：技术哲学的过去与未来》，王楠译，《工程研究－跨学科视野中的工程》2014 年第 6 期。

# 附　录

## 附录1　荷兰技术哲学：六个问题　荷兰学者的答复

### Philosophy of Technology in Netherlands：6 Questions

1. Why were you initially drawn to philosophical issues concerning technology?

最初是什么原因促使你对与技术有关的哲学问题发生兴趣？

2. What does your work reveal about technology that other academics，citizens，engineers，or policy makers typically fail to appreciate?

你的研究成果揭示了哪些在其他人（其他学者、工程师或市民）那里通常意识不到的事情？

3. What，if any，practical and/or social-political obligations follow from studying technology from a philosophical perspective?

从哲学视角研究技术，会导致哪些实践上的或社会、政治上的责任？

4. If the history of ideas were to be narrated in such a way as to emphasize technological issues，how would that narrative differ from traditional accounts?

如果以强调技术问题的方式讲述观念史，这种讲述与传统的说明有哪些差别？

5. With respect to present and future inquiry，how can the most important philosophical problems concerning technology be identified and explored?

如何根据当前和未来的需要，使哪些涉及技术的最重要的哲学问题得以识别和探索？

6. Inquiry about Philosophy of Technology in Netherlands，whether you can conduct an overall evaluation for the current Philosophy of Technology in Nether-

lands? (For more reply about this issue, including but not limited to characters, advantages, disadvantages etc.) whether you can predict the future direction of the Philosophy of Technology in Netherlands?

关于荷兰技术哲学，能否对当前的荷兰技术哲学做一个总体的评价？能否预测荷兰技术哲学的未来走向？

Peter Kroes Reply

## 1. Why were you initially drawn to philosophical issues concerning technology?

First of all, I was trained as an engineer (physical engineering); furthermore, after finishing my PhD in the foundations/philosophy of physics, I got a job at a technical university to teach philosophy (of science) to future engineers. Since I had to teach and set up my research in a technical environment I thought it wise to focus on topics that would also be of interest to my colleagues and students so I could get in dialogue with them. That is one of the principal reasons why in the course of time I slowly changed from working in the field of the philosophy of science to the philosophy of technology and engineering. All in all, the primary stimuli came from being trained as an engineer and working in an engineering environment.

## 2. What does your work reveal about technology that other academics, citizens, engineers, or policy makers typically fail to appreciate?

That is a difficult question. Let me say what one of the most important things is that my work has revealed about technology for myself. That concerns the distinction between the natural world and the artificial world of technology. It is quite common in various contexts to make a distinction between nature and technology or the natural and the artificial world. The distinction is taken to be self-evident, unproblematic and taken for granted. Yet it is a very problematic distinction that on closer inspection hides very deep and difficult philosophical issues, not in the least how we conceive about what it means to be a human being. Engineering technology is one of the ways of creating an artificial world that is taken to be different from the natural world (for instance this distinction plays a crucial role in patent law) and therefore philosophy of technology also will have to deal with the distinction between nature and technolo-

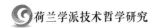

gy. We have inherited the distinction mainly from Aristotle but I think it is high time to fundamentally rethink the distinction; by doing so also our conception of what technology is will have to be reconsidered.

**3. What, if any, practical and/or social-political obligations follow from studying technology from a philosophical perspective?**

I don't know whether any such obligations follow from studying technology from a philosophical perspective. I do think that the philosophy of technology should worry about its wider impact outside the sphere of the discipline. Does the philosophy of technology matter? Is it socially, practically or politically relevant? For me, the prime impact of the philosophy of technology lies in its teaching to future engineers, one of the prime changers of modern technology. If there is any obligation on the part of the philosophy of technology than it is to engage in a critical dialogue with present-day and future engineers about philosophical issues raised by modern technology.

**4. If the history of ideas were to be narrated in such a way as to emphasize technological issues, how would that narrative differ from traditional accounts?**

Also a difficult question. Any history of ideas will be a history focusing on what goes on in the human mind, that is, on thoughts. That may be philosophical thoughts, scientific thoughts, literary thoughts etc. In a way it does not make much of a difference if such a history will include also thoughts about technology: it will still be a history of ideas, but now including ideas about technology. But technology is not be equated with ideas about technology. The history of technology is not only to be written in terms of ideas about technology but also, if not primarily, in terms of physical actions ( and the outcome of such actions, including technical artefacts); the history of technology is the history of ( actions of) the human hand and of the human mind. So, for me the crucial point is not to include ideas about technology in our histories of ideas, but to replace the histories of ideas by histories about human mental and physical action.

**5. With respect to present and future inquiry, how can the most important philosophical problems concerning technology be identified and explored?**

In my opinion the only way to identify and explore the most important philosophical problems about technology is to get into dialogue as philosophers of technology with all who are involved in the shaping and implementation of modern technology. So, these problems should not be determined by the philosophers themselves, starting from their own philosophical expertise, in isolation from what is going on in technology. I have always advocated an empirical turn in the philosophy of technology, that is, philosophical inquiry into technology should be empirically informed. I still think this is to way to go.

**6. Inquiry about Philosophy of Technology in Netherlands, whether you can conduct an overall evaluation for the current Philosophy of Technology in Netherlands? (For more reply about this issue, including but not limited to characters, advantages, disadvantages etc.) whether you can predict the future direction of the Philosophy of Technology in Netherlands?**

I have a lot of confidence in the future of the philosophy of technology in the Netherlands. There is a new generation of philosophers of technology in Delft, Eindhoven and Twente that is giving new impulses and new directions to the philosophy of technology. Especially the field of ethics of technology is strongly evolving (think about Value Sensitive Design and the 3TU centre of ethics). There is one worry that I would like to mention here. There is a strong tendency to stress the practical relevance of the philosophy of technology. This is partly due to funding issues. The idea is that somehow the results of philosophical inquiries may be applied to solving actual problems about technology. My worry is whether the field of the philosophy of technology has reached a level of maturity in which it may claim such practical relevance [especially in the field of the ethics of technology this raises fundamental issues; see Kroes and Meijers contribution to the book *The philosophy of technology after the empirical turn* (2016)]. As I said above, for me the practical relevance of the philosophy of technology lies not in applying its insights to current issues but in its teaching to future engineers.

Jeroen Hoven Reply

**1. Why were you initially drawn to philosophical issues concerning technology?**

Because I believed that Technology would be one of the most important shapers and influence in the 21ˢᵗ century of our world, and I believed that it would change our world, society, lives, thinking in dramatic ways. Philosophy is needed to help make sense of what impacts human beings and society at breakneck speed.

**2. What does your work reveal about technology that other academics, citizens, engineers, or policy makers typically fail to appreciate?**

They failed to appreciate- standard traditional ethics and philosophy insufficiently appreciated the importance of technology in the human world.

**3. What, if any, practical and/or social-political obligations follow from studying technology from a philosophical perspective?**

I think my analysis shows that innovation and applied science and engineering are most often stemming from the idea that we can are making the world a better place by applying science, technology and engineering. Needless to say people are often misguided, confused or plainly wrong when they think that. There are also remarkable cases where we are right and do succeed in make the world a better place as a result of innovation.

**4. If the history of ideas were to be narrated in such a way as to emphasize technological issues, how would that narrative differ from traditional accounts?**

It would show in detail how influential material culture and technology are in shaping our lives and societies. And that technology has been used and is continued being used to implement political and moral ideas.

**5. With respect to present and future inquiry, how can the most important philosophical problems concerning technology be identified and explored?**

I think a distinction should be made between ethical questions and metaphysical questions. There are no new ways of determining what is a metaphysical or a moral problem. There are new ways to deal with ethical ones: experiment, big data analysis, modeling, and interdisciplinarity.

**6. Inquiry about Philosophy of Technology in Netherlands, whether you can conduct an overall evaluation for the current Philosophy of Technology in Netherlands? (For more reply about this issue, including but not limited to characters, advantages, disadvantages etc. ) whether you can predict the fu-**

**ture direction of the Philosophy of Technology in Netherlands**?

The Netherlands has been very prominent in this field. And it is recognized internationally to be the case. The work is also appreciated internationally. I have no good explanation for its prominence. A detailed history of ideas is needed here.

# 附录2　人名地名中英文对照

### 1. 人名

A. G. M van Melsen　范·梅尔森

Ad Vlot　维劳特

Adam Briggle　亚当·布里格

Aimee van Wynsberghe　艾米·范·温斯伯格

Alasdair MacIntyre　阿拉斯戴尔·麦金太尔

Albert Borgmann　艾尔伯特·伯格曼

Albert Jonsen　阿尔伯特·琼森

Alfred Schutz　阿尔弗雷德·舒茨

Alfred Nordmann　阿尔弗雷德·诺德曼

Amartya Sen　阿马蒂亚·森

Andrew Light　安德鲁·莱特

Andy Clark　安迪·克拉克

Angus Dawson　安格斯·道森

Anke van Gorp　安科·戈普

Anthonie Meijers　安东尼·梅耶斯

Arie Rip　阿里·瑞普

Armin Grunwald　阿明·格伦瓦尔德

Auguste Comte　奥古斯特·孔德

Bart Gremmen　巴特·格雷门

Baruch de Spinoza　巴鲁赫·斯宾诺莎

Batya Friedman　巴蒂亚·弗里德曼

Bernard Williams　伯纳德·威廉姆斯

Bernd Stahl　伯恩德·斯塔尔

Bronislaw Szerszynski　罗尼斯洛·斯泽西齐因斯基

Bruno Latour　布鲁诺·拉图尔

Byron Newberry　拜伦·纽伯里

Carl Mitcham　卡尔·米切姆

Cass R. Sunstein　凯斯·桑斯坦

Catholijn Jonker　凯瑟琳·琼克

Clayton M. Christensen　克莱顿·克里斯坦森

Ciano Aydin　西亚诺·艾丁

Cor Weele　韦尔·韦勒

Coeckelbergh，M. J. K.　库克伯格

Colleen Murphy　科琳·墨菲

Dan M. Kahan　丹·卡汉

Daniel Dennett　丹尼尔·丹尼特

Daniel Rothbart　丹尼尔·罗斯巴特

David Bloor　大卫·布鲁尔

David Chalmers　大卫·查尔默斯

David Chapman　戴维·查普曼

David E. Goldberg　大卫·戈德堡

David Guston　大卫·古斯顿

Davis Baird　戴维斯·贝尔德

de Groot　德·格罗特

Dennis Thompson　丹尼斯·汤姆森

Desiderius Erasmus　德西德柳斯·伊拉斯谟

Desmet　戴斯梅特

Don Ihde　唐·伊德

Donald Norman　唐纳德·诺曼

Donna Haraway　唐娜·哈拉维

Drik Vollenhoven　德里克·沃伦霍温

Eberhard Zschmmer　艾伯哈特·基默尔

Egbert Schuurman　艾格伯特·舒尔曼

Ellen van Oost　埃伦·范·奥斯特

Elselijn Kingma　艾瑟琳·金玛

Ernst Kapp　恩斯特·卡普

Ernst Mach　恩斯特·马赫

Evan Selinger　塞林格

Fernando Flores　费尔南多·弗洛
　雷斯

Franz Brentano　弗朗兹·布伦塔诺

Frederick Ferre　费雷德里克·费雷

Friedrich Dessauer　弗里德里希·德
　绍尔

Friedrich Georgi Jung　弗里德里希·
　格奥尔吉·荣格

Friedrich Nietzsche　弗里德里希·
　尼采

Friedrich Rapp　弗里德里希·拉普

G. Valkenburg　瓦肯鲍

Georges Sorel　乔治·索雷尔

Georgi Krauss　格奥尔吉·克劳斯

Grace Eden　格雷斯·伊登

Hadfield Menell　哈德菲尔德·梅
　内尔

Hans Achterhuis　汉斯·阿特胡思

Hans Haaksma　汉斯·哈库斯玛

Hans Harbers　汉斯·哈伯斯

Hans Jonas　汉斯·尤纳斯

Harry Collins　哈瑞·柯林斯

Heather Douglas　希瑟·道格拉斯

Helen Nissenbaum　海伦·尼森鲍姆

Helena Grunfeld　海伦娜·格伦菲尔德

Hendrik van Riessen　亨德里克·范·
　里森

Henry Dircks　亨利·德克斯

Henry Sidgwick　亨利·西季威克

Herbert Spencer　赫尔伯特·斯宾塞

Herman Dooyeweerd　赫尔曼·杜伊
　威尔

Herman Meyer　赫尔曼·迈耶尔

Hubert Dreyfus　休伯特·德雷福斯

Ibo van de Poel　伊博·波尔

Ilkka Niiniluoto　伊尔卡·尼洛托

Ingrid Robeyns　英格丽·罗宾斯

J. Britt Holdbrook　霍布鲁克

J. H. Walgrave　沃尔格夫

Jack Stilgoe　杰克·斯蒂尔戈

Jacques Ellul　雅克·埃吕尔

Jan-Kyrre Berg Olsen　奥尔森

Jeroen van den Hoven　杰罗恩·范·
　登·霍温

Jim Moor　吉姆·摩尔

Job Timmermans　乔布·缇曼莫斯

Joel Mokyr　乔尔·莫基尔

Joel Reidenberg　乔尔·瑞登博格

John Dewey　约翰·杜威

John Haugeland　约翰·豪格兰德

John Martin Fischer　约翰·费舍尔

John McCarthy　约翰·麦卡锡

John Perry　约翰·派瑞

John Rawls　约翰·罗尔斯

John Searle　约翰·希尔勒

José Ortegay Gasset　奥特加

Joseph Agassi　约瑟夫·阿伽西

Joseph C. Pitt　约瑟夫·皮特

Julian Kinderlerer　朱利安·金德勒

Julian Savulescu　朱利安·萨乌莱斯

K. E. Drexler　德莱克斯勒

Karl Marx　卡尔·马克思

Karl Steinbuch　卡尔·斯泰因布赫

Karl Theodor Jaspers　卡尔·雅斯贝尔斯

Kevin Warwick　凯文·沃里克

Klasien Horstman　克拉西恩·霍斯特曼

Koepsell, D. R.　库普塞尔

Kristin Shrader-Frechette　西拉德 – 弗莱切特

Lambèr Royakkers　鲁亚科斯

Langdon Winner　兰登·温纳

Larry Hickman　劳瑞·希克曼

Larry Lessig　拉里·莱斯格

Leonardo da Vinci　列奥纳多·达芬奇

Lewis Mumford　刘易斯·芒福德

Lucivero, F.　鲁西沃奥

Ludwig Andreas Feuerbach　路德维希·安德列斯·费尔巴哈

Ludwig Wittgenstein　路德维希·维特根斯坦

M. Heidegger　海德格尔

Maarten Franssen　马丁·弗兰森

Maarten Verkerk　马丁·维克

Malik Aleem Ahmed　马利克 – 艾里姆·艾哈迈德

Marc Steen　马克·斯蒂恩

Marc Vries　马克·弗里斯

Marcel Verweij　马塞尔·韦尔维

Marcus Düwell　马库斯·杜威尔

Margaret Boden　玛格丽特·博登

Margaret Boden　玛格丽特·博登

Marina Jirotka　玛丽娜·吉罗特卡

Mario Bunge　邦格

Mario Toboso　马里奥·托博索

Mark Coeckelbergh　马克·科克伯格

Mark Ravizza　马克·拉维佐

Martha Nussbaum　玛莎·努斯鲍姆

Martijntje Smits　斯密茨

Martin Peterson　马丁·彼得森

Martin Heidegger　马丁·海德格尔

Martin Kusch　马丁·库什

Marvin Minsky　马文·明斯基

Mary L. Cummings　玛丽·卡明斯

Mechteld-Hanna Derksen　德克森

Michael D. Mehta　迈克尔·梅塔

Michael Zimmer　迈克·基默尔

Mieke Boon　迈克·布恩

N. Campbell　坎贝尔

Neelke Doorn　内尔克·多恩

Nelly Oudshoorn　内莉·奥德修恩

Nicholas Garnham　尼古拉斯·加纳姆

Nicole A Vincent　妮可尔·文特森

Noemi Manders-Huits　诺埃米·曼德斯－胡特思

Norbert Wiener　诺伯特·维纳

Norman Daniels　诺曼·丹尼斯

Nynke Tromp　尼克·川姆

Oudshoorn，N. E. J.　奥德舒恩

Pablo Schyfter　巴勃罗·舒福特

Paul Cliteur　保罗·克里提乌

Paul T. Durbin　保罗·杜尔宾

Pefer K. Engelmeier　彼·恩格梅尔

Peggy Des Autels 佩吉·德斯奥特

Peter H. Kahn　彼得·卡恩

Peter Hacker　彼得·哈克

Peter Kroes　彼得·克洛斯

Peter L. Berger　彼得·伯杰

Peter-Paul Verbeek　彼得－保罗·维贝克

Phil Macnaghten　菲尔·麦克纳格登

Philip Agre　菲利普·阿格雷

Philip Brey　菲利普·布瑞

Pieter E. Vermaas　彼得·沃玛斯

Pieter Tijmes　彼得·缇姆斯

Rafaela Hillerbrand　拉斐拉·希勒布兰德

Randall Dipert　兰德尔·迪波特

René Descartes　勒内·笛卡尔

Rene Munnik　勒内·蒙尼克

René von Schomberg　勒内·冯·肖姆伯格

Richard Owen　理查德·欧文

Richard Smalley　斯默莱

Rickert Heinrich　李凯尔特

Rob Sparrow　斯派洛

Robert Frodeman　罗伯特·弗洛德曼

Robert Goodin　罗伯特·古丁

Robert Mackey　罗伯特·麦基

Ruitenberg　鲁滕贝格

Russell Hardin　拉塞尔·哈丁

S. Burg　博格

Steven Moore　莫里

Sabine Roeser　萨宾·罗瑟

Sandra·Postel　桑德拉·波斯泰尔

Seumas Miller　塞马斯·米勒

Simon kirchin　西蒙·柯钦

Simon Stevin　西蒙·斯蒂文

Sjoerd D. Zwart　舍尔德·布莱克

Spence，E. H.　斯彭斯

Stefan Koller　斯蒂芬·科勒

Steven Dorrestijn　史蒂文·多雷斯蒂金

Steve Torrance　史蒂夫·托伦斯

Sven Ove Hansson　斯文·汉森

Terry Winograd　特里·威诺格拉德

Thomas Kuhn　托马斯·库恩

Thomas Luckmann　托马斯·卢克曼

Thomas P. Hughes　托马斯·休斯

Thomas Pogge　涛慕思·博格

Tony A. Moore　托尼·摩尔

Trevor Pinch　特雷弗·平齐

Tsjalling Swierstra　提斯札灵·斯威尔斯特拉

Victor Papanek　维克多·帕帕奈克

Vincent C. Müller　文森特·穆勒

Wiebe E. Bijker　韦伯·比克

Wilhelm Dilthey　威廉·狄尔泰

Wilhelm Schmid　威廉·施密德

Willard van Orman Quine　奎因

William Birdsall　威廉·伯德索尔

William James

Wybo Houkes　韦伯·霍克斯

Yoni van den Eede　尤尼·范登·艾德

　2. 地名

Amsterdam　阿姆斯特丹

Bloemendaal　布卢门达尔

Bordeux　波尔多

Bruges　布鲁日

de Razende Bol　德拉森德波尔

Delft　代尔夫特

Eindhoven　埃因霍温

Flanders　佛兰德斯

Leiden　莱顿

Maastricht　马斯特里赫特

Peniscola　佩妮斯科拉

Puerto Rico　波多黎各

Twente　特文特

Wageningen　瓦赫宁根

## 附录3　4TU 技术－伦理研究中心核心成员及分布

| 姓名 | 译名 | 国别 | 工作单位及职位 | 主要研究方向 |
|---|---|---|---|---|
| Jeroen Hoven | 杰罗恩·霍温 | 荷兰 | 代尔夫特理工大学哲学系教授 | 计算机伦理学/信息通信技术/信息与媒体伦理学/道德哲学/特定领域伦理学 |
| Peter Kroes | 彼得·克洛斯 | 荷兰 | 代尔夫特理工大学哲学系教授 | 技术人工物哲学/工程设计哲学 |
| Ibo van de Poel | 伊博·波尔 | 荷兰 | 代尔夫特理工大学哲学系教授瑞普（A. Rip）的博士 | 技术发展的动态、工程伦理、技术风险的道德可接受性、价值和工程设计，研究网络中的道德责任、纳米技术等新兴技术的伦理，作为社会实验形式的技术（道德）价值在工程设计中的作用以及"价值设计"的概念，研发网络中的道德责任，新兴技术引发的道德问题 |
| Seumas Miller | 塞马斯·米勒 | 澳大利亚 | 代尔夫特理工大学哲学系教授，澳大利亚应用伦理学与公共伦理学中心（CAPPE）的主任 | 战争、恐怖主义和公共安全领域中由新技术引发的复杂伦理问题的伦理学（例如神经增强技术）；社会行为与制度伦理学；生物安全和双重用途研究 |
| Sabine Roeser | 萨宾·罗塞 | 荷兰 | 代尔夫特理工大学哲学系教授《风险理论手册》的主编 | 道德知识的本质/情感与风险/伦理直觉主义/情感与（技术）风险的评估/道德认知论/心灵哲学/道德情感与风险政治 |

| 姓名 | 译名 | 国别 | 工作单位及职位 | 主要研究方向 |
|---|---|---|---|---|
| Catholijn Jonker | 凯瑟琳·琼克 | 荷兰 | 代尔夫特理工大学电气工程、数学和计算机科学学院的互动智能教授 | 认知过程和概念（信任、谈判、团队合作以及个体主体之间组织的动态）；创造人与技术之间协同作用；开发了用于谈判的智能决策支持系统 |
| Philip Brey | 菲利普·布雷 | 荷兰 | 荷兰特文特大学哲学系技术哲学教授 | 新兴技术伦理，特别关注信息技术、机器人技术、生物医学技术和环境技术，设计的伦理学，伦理学的创新方法；技术、文化与全球化技术与健康；预期技术伦理学（ATE）方法；揭示性计算机伦理方法 |
| Peter-Paul Verbeek | 彼得-保罗·维贝克 | 荷兰 | 特文特大学哲学系技术哲学教授 | 人与技术之间关系；技术调节理论；道德化技术；对技术、主体和设计的哲学思考；技术后现象学 |
| Ciano Aydin | 西亚诺·艾丁 | 荷兰 | 特文特大学技术哲学专业教授哲学系系主任 | 存在的技术/道德哲学；技术如何日益塑造我们的身份，影响我们的自由和责任以及影响我们生活的各个方面 |
| Nelly Oudshoorn | 内莉·奥德修恩 | 荷兰 | 特文特大学管理与治理学院科技、卫生与政策研究系技术动力与卫生保健教授 | 技术和用户的共同构建；医疗技术以及信息和通信技术；信任在心脏病学领域数字患者监护与技术的设计和使用中的作用 |
| Mieke Boon | 迈克·布恩 | 荷兰 | 特文特大学哲学系哲学教授化学工程硕士、生物技术博士 | 在技术中使用科学：走向工程科学哲学；工程科学哲学 |

续表

| 姓名 | 译名 | 国别 | 工作单位及职位 | 主要研究方向 |
|---|---|---|---|---|
| Neelke Doorn | 内尔克·多恩 | 荷兰 | 特文特大学哲学系水工程伦理学教授 | 从韧性/弹性的角度（the lens of resilience）研究水治理中的伦理道德问题以及与环境风险与气候变化管理相关的问题；洪水风险管理的道德规范；负责任创新 |
| Arie Rip | 阿里·瑞普 | 荷兰 | 特文特大学管理与治理学院的科学技术哲学教授 | 建设性技术评估，科学动力学，技术动力学 |
| Anthonie W. M. Meijers | 安东尼·梅耶斯 | 荷兰 | 埃因霍温理工大学哲学系技术哲学和伦理学教授 | 人工物理论/主体和人工物/技术科学的认识论/道德与行为改变技术/集体行动理论/集体意向性理论 |
| Vincent C. Müller | 文森特·缪勒 | 荷兰 | 埃因霍温大学技术伦理学教授 | 颠覆性（破坏性）技术理论及其伦理学的研究；包容性机器人技术促进更美好的社会；人工智能哲学 |
| Maarten Verkerk | 马丁·维克 | 荷兰 | 埃因霍温理工大学哲学与伦理学系宗教改革哲学的杰出教授 | 女权主义、工业组织的责任流程、变更管理、技术伦理、管理与组织伦理以及医疗保健创新 |
| Elselijn Kingma | 艾瑟琳·金玛 | 荷兰 | 埃因霍温理工大学哲学与伦理学系生物技术伦理哲学教授（苏格拉底讲席教授） | 科学哲学和心灵哲学，生物医学伦理学 |
| Klasien Horstman | 克拉西恩·霍斯特曼 | 荷兰 | 埃因霍温理工大学哲学历史、哲学与技术研究系生物哲学与伦理学教授（苏格拉底讲席教授） | 预测和预防风险技术与实践的社会学哲学及其规范性分析（医疗科学与技术、遗传学、基因技术等） |

荷兰学派技术哲学研究

续表

| 姓名 | 译名 | 国别 | 工作单位及职位 | 主要研究方向 |
|---|---|---|---|---|
| Bart Gremmen | 巴特·格雷门 | 荷兰 | 瓦赫宁根大学哲学系生命科学伦理学教授 | 生物伦理学、基因组学、技术评估、食品安全，参与方法、大型草食动物、可持续性 |
| Marcel Verweij | 马塞尔·韦尔维 | 荷兰 | 瓦赫宁根大学哲学系主任、伦理学教授 | 公共卫生伦理；商业道德；道德哲学 |
| Cor Weele | 韦尔·韦勒 | 荷兰 | 瓦赫宁根大学哲学系生命科学伦理学教授 | 医学与生命科学；农业生物学；社会科学 |
| Marcus Düwell | 马库斯·杜威尔 | 荷兰 | 乌特勒支大学哲学与宗教研究系教授，伦理学研究所所长；伦理理论与道德实践主编（施普林格） | 道德与政治哲学；人格尊严与人权伦理学；哲学人类学、气候伦理学和生物伦理学 |
| Ingrid Robeyns | 英格丽·罗宾斯 | 荷兰籍（比利时） | 乌特勒支大学伦理学研究所教授 | 当代政治哲学和应用伦理学的研究；公平极限；能力方法/社会公正（正义）/理想的制度变革 |
| Tsjalling Swierstra | 提斯扎灵·斯威尔斯特拉 | 荷兰 | 马斯特里赫特大学哲学系系主任、艺术和社会科学院研究生院院长 新兴技术伦理与政治中心的主任 荷兰哲学学会主席。 | 会聚技术的伦理后果/会聚技术新生物医学技术的道德争议 食品伦理创新；软影响，（不负责任）负责任和相互敏感三信任的错综复杂网络 |
| Batya Friedman | 巴蒂亚·弗里德曼 | 美国 | 华盛顿大学信息学院教授 代尔夫特理工大学哲学系客座教授（2012年9月） | 人机交互/价值敏感性设计 多寿命信息系统设计 |

续表

| 姓名 | 译名 | 国别 | 工作单位及职位 | 主要研究方向 |
|------|------|------|----------------|--------------|
| Martin Peterson | 马丁·彼得森 | 美国 | 美国德克萨斯大学（Textas A&M University）历史与专业工程伦理学教授 2014 年前曾任埃因霍温理工大学哲学与伦理学系教授<br>曾在剑桥大学任研究员，在英国圣埃德蒙学院哲学系系主任 | 技术伦理学中的五种道德原则的几何学<br>分析成本效益原则、预防原则、可持续性原则、自治原则和公平原则——创新的混合方法，可从道德上理解技术<br>工程师伦理学/工程伦理学/决策理论和规范伦理学（结果论）<br>技术、风险和不确定性有关的伦理问题<br>道德理论、决策理论和应用伦理学 |
| Peggy Des Autels | 佩吉·戴斯 | 美国 | 代顿大学哲学系教授<br>访问学者 2017 年 | 伦理理论和道德心理学 |
| Colleen Murphy | 科琳·墨菲 | 美国 | 伊利诺伊大学法学院教授<br>访问学者 2016 年 5 月至 6 月 | 法哲学/政治哲学<br>风险/工程伦理学 |
| Kristin Shrader-Frechette | 克里斯汀·西拉德-弗莱切特 | 美国 | 诺特丹大学（圣母大学）哲学与生物科学系教授 | 定量风险评估/科学哲学/伦理学 |
| Dan M. Kahan | 丹·卡汉 | 美国 | 耶鲁法学系法学教授/心理学教授<br>代尔夫特理工大学哲学系客座教授（2012 年 7 月） | 风险感知/刑法/证据 |
| Bernd Stahl | 伯恩德·斯诺尔 | 英国 | 德蒙福特大学计算与社会责任中心主任<br>技术批判性研究方向教授<br>特文特大学哲学系客座教授（2012 年 8 月－2013 年秋） | 技术批判研究<br>计算机与社会责任 |

| 姓名 | 译名 | 国别 | 工作单位及职位 | 主要研究方向 |
|---|---|---|---|---|
| Steve Torrance | 史蒂夫·托伦斯 | 英国 | 萨塞克斯大学信息学院认知科学研究中心教授 | 自然主体与人工主体的意识、意识与伦理学的关系，机器伦理学、机器意识、"以信息为中心"的伦理方法与以生物、生态为中心的方法之间的关系；技术未来发展对伦理、社会和自然的影响 |
| Mark Coeckelbergh | 马克·科克伯格 | 奥地利 | 维也纳大学哲学系媒体与技术哲学教授，曾任 SPT 主席 | 人工智能伦理/技术哲学概论 |
| Armin Grunwald | 阿明·格伦瓦尔德 | 德国 | 卡尔斯鲁厄工学院哲学研究所技术哲学教授，特文特大学哲学系客座教授 | 技术评估理论/技术伦理学－可持续性概念/纳米技术与社会 |
| Julian Kinderlerer | 朱利安·金德勒 | 南非 | 开普敦大学法学院知识产权法系教授，曾任代尔夫特大学生物技术与社会学教授；欧洲科学技术和新技术伦理学小组（EGE）的主席 2000 年起担任联合国环境规划署生物安全负责人 | 生物技术 现代生物技术的监管 |

# 参考文献

## 中文著作

陈昌曙:《技术哲学引论》,东北大学出版社 2012 年版。

陈凡、朱春艳:《技术哲学思想史》,中国社会科学出版社 2020 年版。

陈玉林、陈凡:《西方技术史的文化研究路径及其整合》,中国社会科学出版社 2019 年版。

成素梅、张帆:《人工智能的哲学问题》,上海人民出版社 2020 年版。

杜严勇:《人工智能伦理引论》,上海交通大学出版社 2020 年版。

段伟文:《信息文明的伦理基础》,上海人民出版社 2020 年版。

高亮华:《人文主义视野中的技术》,中国社会科学出版社 1996 年版。

桂起权、高策等:《规范场论的哲学探究》,科学出版社 2008 年版。

黎昔柒、易显飞:《技术创新的价值哲学审视》,湖南大学出版社 2021 年版。

刘则渊主编:《2001 年技术哲学研究年鉴》,大连理工大学出版社 2002 年版。

吕乃基:《科技知识论》,东南大学出版社 2009 年版。

马克思、恩格斯:《马克思恩格斯文集》(第 8 卷),人民出版社 2009 年版。

潘恩荣:《工程设计哲学》,中国社会科学出版社 2011 年版。

潘恩荣:《创新驱动发展与资本逻辑》,浙江大学出版社 2016 年版。

王国豫、刘则渊:《高科技的哲学与伦理学问题》,科学出版社 2020 年版。

王善波:《扭曲的世界:现代西方哲学非理性主义浅介》,明天出版社 1993 年版。

吴国盛主编:《技术哲学经典读本》,上海交通大学出版社 2008 年版。

吴红:《发明社会学:奥格本学派思想研究》,上海交通大学出版社 2014 年版。

夏保华:《社会技术转型与中国自主创新》,人民出版社 2018 年版。

肖峰:《信息文明的哲学研究》,人民出版社 2019 年版。

邢怀滨:《社会建构论的技术观》,东北大学出版社 2005 年版。

闫宏秀：《技术过程的价值选择研究》，上海人民出版社 2015 年版。

杨庆峰：《技术现象学初探》，上海三联书店 2005 年版。

易显飞、章雁超：《西学东渐语境下西方科学哲学在中国的传播研究（1840—1949 年）》，科学出版社 2020 年版。

于春玲：《文化哲学视阈下的马克思技术观》，东北大学出版社 2013 年版。

张明国：《技术文化论》，同心出版社 2004 年版。

赵建军：《我国生态文明建设的理论创新与实践探索》，宁波出版社 2017 年版。

周丽昀：《当代西方科学观比较研究：实在、建构和实践》，上海社会科学院出版社 2007 年版。

朱葆伟、赵建军、高亮华：《技术的哲学追问》，中国社会科学出版社 2012 年版。

朱春艳：《费恩伯格技术批判理论研究》，东北大学出版社 2006 年版。

中华人民共和国国家知识产权局：《专利审查指南 2010》，知识出版社 2009 年版。

### 中译著作

［荷］艾格伯特·舒尔曼：《科技文明与人类未来：在哲学深层的挑战》，李小兵等译，东方出版社 1995 年版。

［荷］彼得·保罗·维贝克：《将技术道德化：理解与设计物的道德》，闫宏秀、杨庆峰译，上海交通大学出版社 2016 年版。

［荷］汉·迈耶：《荷兰三角洲：城市发展、水利工程和国家建设》，上海社会科学院出版社 2021 年版。

［德］德卡尔·奥托·阿佩尔：《哲学的改造》，孙周兴、陆兴华译，上海译文出版社 1997 年版。

［美］卡尔·米切姆：《技术哲学概论》，殷登祥等译，天津科学技术出版社 1999 年版。

［美］卡尔·米切姆：《通过技术思考：工程与哲学之间的道路》，陈凡、朱春燕等译，辽宁人民出版社 2008 年版。

［美］唐·伊德：《技术哲学导论》，骆月明、欧阳光明译，上海大学出版社 2017 年版。

## 中文期刊论文

陈昌曙：《技术对哲学发展的影响》，《自然辩证法研究》1986 年第 6 期。

陈凡、朱春艳、胡振亚：《技术与自然：国外技术哲学研究的新思考》，《自然辩证法研究》2002 年第 10 期。

陈凡、朱春艳、李权时：《试论欧美技术哲学的特点及经验转向》，《自然辩证法通讯》2004 年第 5 期。

陈凡、朱春艳、邢怀滨：《技术与全球社会》，《哲学动态》2004 年第 10 期。

陈凡等：《技术与设计："经验转向"背景下的技术哲学研究》，《哲学动态》2006 年第 6 期。

陈凡、成素梅：《技术哲学的建制化及其走向》，《哲学分析》2014 年第 8 期。

陈首珠、刘宝杰、夏保华：《论"技术－伦理实践"在场的合法性：对荷兰学派技术哲学研究的一种思考》，《东北大学学报》（社会科学版）2013 年第 1 期。

何江波、张海燕：《哲学、工程与技术国际论坛（fPET－2012）综述》，《自然辩证法通讯》2013 年第 4 期。

贾浩然、刘战雄、夏保华：《中国无线谷负责任创新研究》，《自然辩证法研究》2017 年第 9 期。

［美］卡尔·米切姆：《藏龙卧虎的预言，潜在的希望：技术哲学的过去与未来》，王楠译，《工程研究－跨学科视野中的工程》2014 年第 6 期。

柯礼文：《发明过程中的心智模型》，《科学技术与辩证法》1994 年第 6 期。

廖苗：《负责任（研究与）创新的概念辨析和学理脉络》，《自然辩证法通讯》2019 年第 11 期。

刘宝杰：《关于技术人工物两重性问题的述评》，《自然辩证法研究》2011 年第 5 期。

刘宝杰、谈克华：《试论技术哲学的经验转向范式》，《自然辩证法研究》2012 年第 7 期。

刘宝杰：《试论技术哲学的荷兰学派》，《科学技术哲学研究》2012 年第 4 期。

刘宝杰：《技术－伦理并行研究的合法性》，《自然辩证法研究》2013 年第 10 期。

刘宝杰：《技术哲学研究中的二元化问题探析》，《长沙理工大学学报》（社会科学版）2015 年第 1 期。

刘宝杰：《新兴民生技术体系及其哲学思考》，《科技管理研究》2015 年第 23 期。

刘宝杰：《"使用发明"的哲学思考》，《科学技术哲学研究》2016 年第 5 期。

刘宝杰：《"荷兰时代"的科技引领者：西蒙·斯蒂文》，《中国社会科学报》 2017 年 6 月 20 日第 5 版。

刘宝杰：《简论里森技术哲学思想》，《长沙理工大学学报》（社会科学版） 2018 年第 4 期。

刘宝杰：《技术哲学中的价值论转向：规范性价值论转向》，《洛阳师范学院学报》2020 年第 1 期。

刘宝杰：《论文森特·穆勒的人工智能哲学思想》，《佛山科学技术学院学报》（社会科学版）2021 年第 3 期。

刘宝杰：《简论杰罗恩·范·登·霍温信息通信技术伦理思想》，《大连理工大学学报》（社会科学版）2022 年第 2 期。

刘青峰、金观涛：《从造纸术的发明看古代重大技术发明的一般模式》，《大自然探索》1985 年第 1 期。

刘瑞琳、陈凡：《技术设计的创新方法与伦理考量——弗里德曼的价值敏感设计方法论述评》，《东北大学学报》（社会科学版）2014 年第 3 期。

刘战雄：《负责任创新研究综述：背景、现状与趋势》，《科技进步与对策》 2015 年第 11 期。

刘战雄：《责任有限及其对负责任创新的启示》，《自然辩证法研究》2015 年第 10 期。

马会端、陈凡：《国际技术哲学研究的动向与进展》，《自然辩证法研究》2008 年第 6 期。

梅亮、陈劲、盛伟忠：《责任式创新——研究与创新的新兴范式》，《自然辩证法研究》2014 年第 10 期。

梅亮、陈劲：《责任式创新：源起、归因解析与理论框架》，《管理世界》 2015 年第 8 期。

潘恩荣：《技术哲学的两种经验转向及其问题》，《哲学研究》2012 年第 1 期。

孙伟平：《智能系统的"劳动"及其社会后果》，《哲学研究》2021 年第 8 期。

王珏：《组织伦理与当代道德哲学范式的转换》，《哲学研究》2007 年第 4 期。

吴红：《发明社会学——技术社会学研究的早期阶段》，《自然辩证法研究》2012 年第 3 期。

夏保华：《论德克斯的发明哲学思想》，《自然辩证法研究》2011 年第 3 期。

夏保华、张浩：《行动者网络理论视角下民生技术发明机制研究》，《科技进步与对策》2014 年第 15 期。

闫坤如：《人工智能"合乎伦理设计"的理论探源》，《自然辩证法通讯》2020 年第 4 期。

晏萍、张卫、王前：《"负责任创新"的理论与实践述评》，《科学技术哲学研究》2014 年第 2 期。

于晶、刘盛博、王前：《大连高新区企业负责任创新评价指标体系研究》，《科技管理研究》2016 年第 20 期。

赵延东、廖苗：《负责任研究与创新在中国》，《中国软科学》2017 年第 3 期。

赵迎欢：《荷兰技术伦理学理论及负责任的科技创新研究》，《武汉科技大学学报》（社会科学版）2011 年第 5 期。

朱勤：《技术与安全：第 17 届国际技术哲学学会（SPT）会议综述》，《自然辩证法研究》2011 年第 8 期。

**外文著作**

A. G. M. van Melsen, *Wetenschap En Verantwoordelijkheid*, Het Spectrum, 1969.

Achterhuis, Hans, ed., Robert P. Crease trans., *American Philosophy of Technology: The Empirical Turn*, Indianapolis: Indiana University Press, 2001.

Angus Dawson, "Resetting the Parameters: Public Health As the Foundation for Public Health Ethics", in Angus Dawson ed., *Public Health Ethics: Key Concepts and Issues in Policy and Practice*, New York: Cambridge University Press, 2011.

Anique Hommels, Jessica Mesman and Wiebe E. Bijker, *Vulnerability in Technological Cultures: New Directions in Research and Governance*, Cambridge, MA: MIT Press, 2014.

Arie Rip, "Science and Technology As Dancing Partners", in Kroes P. and Bakker M., eds., *Technological Development and Science in the Industrial Age*, Dordrecht: Springer, 1992.

Arie Rip and Johan Schot and Thomas Misa, "Constructive Technology Assessment: A New Paradigm for Managing Technology in Society", in Arie Rip and Johan Schot, eds. , *Managing Technology in Society: The Approach of Constructive Technology Assessment*, New York: Pinter Publishers, 1995.

Arie Rip, "There's No Turn Like the Empirical Turn", in Kroes P. and Meijers A. , eds. , *The Empirical Turn in the Philosophy of Technology*, Amsterdam: JAI an Imprint of Elsevier Science, 2001.

Arie Rip, "Contributions From Social Studies of Science and Constructive Technology Assessment", in Andrew Sterling ed. , *Science and Precaution in the Management of Technological Risk. An ESTO Project Report. Volume II. Case Studies*, Brussels: European Commission Joint Research Centre, 2002.

Arie Rip and Haico Te Kulve, "Constructive Technology Assessment and Socio-Technical Scenarios", in Fisher E. and Selin C. and Wetmore J. , eds. , *The Yearbook of Nanotechnology in Society*, Volume 1: *Presenting Futures*, Dordrecht: Springer, 2008.

Asveld L. and Hoven J. , *Responsible Innovation 3: A European Agenda?*, Cham: Springer, 2017.

Bart Gremmen and Vincent Blok, *"Digital" Plants and the Rise of Responsible Precision Agriculture*, New York: London: Routledge, 2018.

Carl Mitcham, *Thinking Through Technology: The Path Between Engineering and Philosophy*, Chicago: The University of Chicago Press, 1994.

Carolyn Raffensperger and Joel A. Tickner, eds. , *Protecting Public Health and the Environment: Implementing the Precautionary Principle*, Washington, D. C. : Island Press, 1999.

Coady C. A. J. "Terrorism, Just War and Supreme Emergency", in Michael O'Keefe and C. A. J. Coady, eds. , *Terrorism and Justice: Moral Argument in a Treatened World*, Melbourne: Melbourne University Press, 2002.

Cocking D. and van Den Hoven J. , *Evil Online*, Britain: Blackwell, 2018.

Egbert Schuurman, *Technology and the Future: A Philosophical Challenge*, Toronto: Wedge Publishing Foundation, 1980.

Egbert Schuurman and John Vriend, *Faith and Hope in Technology*, Toronto:

Clements Publishing, 2003.

Egbert Schuurman, *The Technological World Picture and an Ethics of Responsibility*, Sioux Center, Iowa: Dordt College Press, 2005.

Gebrezgi Gidey, Sadik Taju and Ato Seifu Hagos, *Introduction to Public Health*, Sudbury: Jones and Bartlett Publishers, 2006.

Hendrik van Riessen, *The Society of the Future*, trans. , David Hugh Freeman, Philadelphia: The Presbyterianand Reformed Publishing Co. , 1957.

Ibo van de Poel and Lambèr Royakkers, *Ethics, Technology and Engineering: An Introduction*, New Jersey: Wiley-Blackwell, 2011.

Ibo van de Poel, "Conflicting Values in Design for Values", *Handbook of Ethics, Values, and Technological Design*, Dordrecht: Springer, 2015.

Ibo van de Poel, "Design for Values in Engineering", *Handbook of Ethics, Values, and Technological Design*, Dordrecht: Springer, 2015.

Igor Primoratz, "What 0Is Terrorism?", in Igor Primoratz ed. , *Terrorism: The Philosophical Issues*, New York: Palgrave Macmillan, 2004.

Jeroen Terstegge, "Privacy in the Law", in Milan Petković and Willem Jonker eds. , *Security Privacy and Trust in Modern Data Management*, Berlin Heidelberg: Springer, 2007, p. 19.

Jessica Nihlén Fahlquist and Neelke Doorn and Ibo van de Poel, "Design for the Value of Responsibility", *Handbook of Ethics, Values, and Technological Design*, Dordrecht: Springer, 2015.

Job Timmermans, "Mapping the Rri Landscape: An Overview of Organisations, Projects, Persons, Areas and Topics", in Asveld, L. , van Dam-Mieras, R. , Swierstra, T. eds. , *Responsible Innovation 3: A European Agenda?*, Cham: Springer, 2017.

Koops B. J. and van Den Hoven J. , *Responsible Innovation 2: Concepts, Approaches, and Applications*, Cham: Springer, 2015.

Kroes, P. , Meijers, A. , "Introduction: A Discipline in Search of Its Identity", in P. Kroes & A. Meijers (eds. ), *The Empirical Turn in the Philosophy of Technology*, Amsterdam: Elsevier Science Ltd, 2000.

Kroes P. , Meijers A. , "Toward an Axiological Turn in the Philosophy of Technology", M. Franssen et al. (eds.), *Philosophy of Technology After the Empirical Turn*, Switzerland: Springer, 2016.

Maarten Franssen and Vermaas P. E., *Philosophy of Technology After the Empirical Turn*, Switzerland: Springer, 2016.

Marcel Verweij, "Infectious Disease Control", in Angus Dawson ed., *Public Health Ethics: Key Concepts and Issues in Policy and Practice*, New York: Cambridge University Press, 2011.

Marcel Verweij, *Curiosity and Responsibility: Philosophy in Relation to Healthy Food and Living Conditions*, Wageningen: Wageningen University, 2014.

Marcel Verweij, "How (Not) to Argue for the Rule of Rescue: Claims of Individuals Versus Group Solidarity", in I. Glenn Gohen and Norman Danielsand and Nir Eyal, eds., *Identified Versus Statistical Victims: An Interdisciplinary Perspective*, New York: Oxford University Press, 2015.

Milan PetkoviĆ and Willem Jonker, "Privacy and Security Issues in a Digital World", in Milan PetkoviĆ and Willem Jonker eds., *Security Privacy and Trust in Modern Data Management*, Berlin Heidelberg: Springer, 2007, p. 7.

Nagler J. and van Den Hoven J., "An Extension of Asimov's Robotics Laws", in Helbing D ed., *Towards Digital Enlightenment Essays on the Dark and Light Sides of the Digital Revolution*, Cham: Springer, 2018.

Ogburn W. F., *National Policy and Technology*, in us National Resources Committee, *Technological Trends and National Policy, Including the Social Implications of New Inventions*, Washington: Usgpo, 1937.

P. E. Vermaas and Wybo Houkes, *Philosophy and Design From Engineering to Architecture*, Dordrecht: Springer, 2008.

Peter Kroes and Anthonie Meijers, "Introduction: A Discipline in Search of Its Identity", in Peter Kroes and Anthonie Meijers, eds., *The Empirical Turn in the Philosophy of Technology*, Amsterdam: JAI, 2000.

Peter Kroes and Anthonie Meijers, eds., *Philosophy of Technical Artefacts: Joint Delft- Eindhoven Research Programme 2005 – 2010*, Eindhoven: Technische Universiteit Eindhoven, 2005.

Peter Kroes, *Technical Artefacts: Creations of Mind and Matter—A Philosophy of*

*Engineering Design*, Dordrecht: Springer, 2012.

Peter Kroes and Ibo van de Poel, "Design for Values and the Definition, Specification, and Operation of Values", *Handbook of Ethics, Values, and Technological Design*, Dordrecht: Springer, 2015.

Peter M. A. Desmet and Sabine Roeser, "Emotions in Design for Values", *Handbook of Ethics, Values, and Technological Design*, Dordrecht: Springer, 2015.

Philip Brey, "Ethical Aspects of Information Security and Privacy", in Milan Petković and Willem Jonker eds. , *Security Privacy and Trust in Modern Data Management*, Berlin Heidelberg: Springer, 2007, p. 33.

Philip Brey, "Values in Technology and Disclosive Computer Ethics", in Floridi L. ed. , *The Cambridge Handbook of Information and Computer Ethics*, Cambridge: Cambridge University Press, 2009.

Pierre-Benoit Joly and Arie Rip and Michael Callon, "Re-inventing Innovation", in Maarten J. Arentsen and Wouter van Rossum and Albert E. Steenge, eds. , *Governance of Innovation: Firms, Clusters and Institutions in a Changing Setting*, Cheltenham: Edward Elgar Publishing, 2010.

Pitt J. C. "Guns Don't Kill, People Kill: Values in and/or Around Technologies", Peter Kroes et al. , *The Moral Status of Technical Artefacts*, Dordrecht: Springer, 2014.

Sabine Roeser and Lotte Asveld, *The Ethics of Technological Risk*, London: EarthScan, 2009.

Sabine Roeser, "Moral Emotions As Guide to Acceptable Risk", in Sabine Roeser, eds. , *Handbook of Risk Theory*, Dordrecht: Springer, 2012.

Sabine Roeser and Rafaela Hillerbrand, eds. , "Introduction to Risk Theory", *Essential of Risk Theory*, Dordrecht: Springer, 2013.

Sabine Roeser, *Risk, Technology, and Moral Emotions*, New York: Routledge, 2017.

Seumas Miller, "Collective Responsibility, Epistemic Action and Climate Change", in Nicole Vincent and Ibo van de Poel and Jeroen van den Hoven, eds. , *Moral Responsibility: Beyond Free-Will and Determinism*, Dordrecht: Springer, 2011.

Seumas Miller, "Global Financial Institutions, Ethics and Market Fundamentalism", in Ned Dobos and Christian Barry and Thomas Pogge, eds., *The Global Financial Crisis: Ethical Issues*, New York: Palgrave Macmillan, 2011.

Stefan Kuhlmann and Arie Rip, "Next Generation Science Policy and Grand Challenges", in Dagmar Simon and Stefan Kuhlmann, eds., *Handbook on Science and Public Policy*, Cheltenham: Edward Elgar Publishing Ltd., 2019.

Stefano Borgo and Maarten Franssen, "Technical Artifact: an Integrated Perspective", in Vermaas P. E. and V. Dignum eds., *Frontiers in Artificial Intelligence and Applications*, Amsterdam: IOS Press, 2011.

van Den Hoven J. and John W., *Information Technology and Moral Philosophy*, New York: Cambridge University Press, 2008.

van Den Hoven J., "Value Sensitive Design and Responsible Innovation", in Richard O. and John B. eds., *Responsible Innovation*, New York: John Wiley & Sons, Ltd, 2013.

van Den Hoven J. and Doorn N., *Responsible Innovation 1: Innovative Solutions for Global Issues*, Cham: Springer, 2014.

van Den Hoven J. and Vermaas P. E., *Handbook of Ethics, Values, and Technological Design Sources, Theory, Values and Application Domains*, Cham: Springer, 2015.

van Den Hoven J. and Miller S., *Designing in Ethics*, Cambridge: Cambridge University Press, 2017.

van Den Hoven J., "Ethics for The Digital Age: Where Are The Moral Specs?", in Werthner H. and van Har Melen F. eds., *Informatics in The Future*, Cham: Springer, 2017.

Verbeek P P. "Acting Artifacts", in Verbeek, PP. and Slob, A., eds., *User Behavior and Technology Development*, Dordrecht: Springer, 2006.

Vermaas P. E. and Dorst Kees, *Proceedings of the 20th International Conference on Engineering Design (Iced15)*, Italy: Design Society, 2015.

Vermaas P. E., *Proceedings of the 22nd International Conference on Engineering Design (Iced19)*, The Netherlands: Design Society, 2019.

Vincent C. Müller, "Interaction and Resistance: The Recognition of Intentions in New Human-Computer Interaction", in Anna Esposito, et al. (eds.), *Toward*

*Autonomous, Adaptive, and Context-Aware Multimodal Interfaces. Theoretical and Practical Issues*, Berlin Heidelberg: Springer, 2011.

Vincent C. Müller, "20 Years After the Embodied Mind- Why Is Cognitivism Alive and Kicking?", in Blay Whitby and Joel Parthmore, eds., *Re-Conceptualizing Mental "Illness": The View From Enactivist Philosophy and Cognitive Science- Aisb Convention* 2013, Hove: Aisb, 2013.

Vincent C. Müller, "New Developments in the Philosophy of AI", in Vincent C. Müller ed., *Fundamental Issues of Artificial Intelligence*, Switzerland: Springer, 2016.

Vincent C. Muüller and Nick Bostrom, "Future Progress in Artificial Intelligence: A Survey of Expert Opinion", in Vincent C. Müller ed., *Fundamental Issues of Artificial Intelligence*, Switzerland: Springer, 2016.

Vincent C. Müller, "Ethics of Artificial Intelligence and Robotics", in Edward N. Zalta ed., *Stanford Encyclopedia of Philosophy*, Summer 2020; Palo Alto: Csli, Stanford University, 2020.

Walter Sinnott-Armstrong, "It's Not My Fault: Global Warming and Individual Moral Obligations", in Walter Sinnott-Armstrong and Richard B. Howarth, eds., *Perspectives on Climate Change: Science, Economics, Politics, Ethics*, Oxford: Elsevier, 2005.

Wiebe E. Bijker, "The Social Construction of Bakelite: Toward a Theory of Invention", in Wiebe E. Bijker and Thomas P. Hughes and Trevor Pinch, eds., *The Social Construction of Technological Systems*, Cambridge: MIT Press, 1987.

Wiebe E. Bijker, Roland Bal and Ruud Hendriks, *The Paradox of Scientific Authority: The Role of Scientific Advice in Democracies*, Cambridge, MA: MIT Press, 2009.

Wybo Houkes and Vermaas P. E., *Technical Functions*, Cham: Springer, 2010.

Wybo Houkes and Pieter E., "On What is Made Instruments, Products and Natural Kinds of Artefacts", in Maarten Franssen and Peter Kroes eds., *Artefact Kinds Ontology and the Human-Made World*, Cham: Springer, 2014.

## 外文期刊

Ad Vlot and Sander Griffioen, "Hendrik van Riessen in Memoriam", *Philosophia*

Reformata, Vol. 65, No. 2, February 2000.

Ahmed M. A. and van Den Hoven J. , "Agents of Responsibility—Freelance Web Developers in Web Applications Development", *Information Systems Frontiers*, Vol. 12, No. 4, July 2010.

Ahmed M. A. and Janssen M. and van Den Hoven J. , "Value Sensitive Transfer Vst of Systems Among Countries: Towards A Framework", *International Journal of Electronic Government Research*, Vol. 8, No. 1, March 2012.

Albert R. Jonsen, "Bentham in a Box: Technology Assessment and Health Care Allocation", *Law, Medicine and Healthcare*, Vol. 14, No. 3 – 4, September 1986.

André Hayen. H. van Riessen, "Filosofie En Techniek", *Revue Philosophique de Louvain*, Vol. 54, No. 43, April 1956.

Arie Rip and Bjr van Der Meulen, "The Netherlands: The Patchwork of the Dutch Evaluation System", *Research Evaluation*, Vol. 5, No. 1, January 1995.

Arie Rip, "Technology As Prospective Ontology", *Synthese*, Vol. 168, No. 3, June 2009.

Arie Rip, "The Past and Future of RRI", *Life Sciences, Society and Policy*, Vol. 10, No. 17, November 2014.

Bart Gremmen and Josette Jacobs, "Understanding Sustainability", *Man and World*, No. 30, July 1997.

Bart Gremmen, "Genomics and the Intrinsic Value of Plants", *Genomics, Society and Policy*, Vol. 1, No. 3, December 2005.

Bart Gremmen, "A Moral Operating System of Livestock Farming", *Pragmatism*, Vol. 8, No. 2, 2017.

Bart Gremmen and M. R. N. Bruijnis and V. Blok and E. N. Stassen, "A Public Survey on Handling Male Chicks in the Dutch Egg Sector", *Journal of Agricultural and Environmental Ethics*, Vol. 31, No. 1 January 2018.

Bart Gremmen, "Ethics Views on Animal Science and Animal Production", *Animal Frontiers*, Vol. 10, No. 1, January 2020.

Batya F. and van Den Hoven J. , "Charting the Next Decade for Value Sensitive Design", *Aarhus Series on Human Centered Computing*, October 2015.

Borgmann, A. , "Does Philosophy Matter?", *Technology in Society*, Vol. 7, No. 3,

March 1995.

Brey, P. , "Philosophy of Technology After the Empirical Turn", *Techné*: *Research in Philosophy and Technology*, Vol. 14, No. 1, January 2010.

Bronislaw Szerszynski, "Technology and Monotheism: A Dialogue With Neo-Calvinist Philosophy", *Philosophia Reformata*, Vol. 75, No. 1, November 2010.

C. E. M. Struyker Boudier, "Review: Perspectives on Technology and Culture by Egbert Schuurman", *Tijdschrift Voor Filosofie*, Vol. 58, No. 3, September 1996.

C. E. M. Struyker Boudier, "Review: Geloven in wetenschap en techniek. Hoop voor de toekomst by Egbert Schuurman", *Tijdschrift Voor Filosofie*, Vol. 61, No. 3, 1999.

de F. S. and van Den Hoven J. , "Meaningful Human Control Over Autonomous Systems: A Philosophical Account", *Frontiers in Robotics and Ai*, Vol. 5, No. 15, February 2018.

Dennis Thompson D. F. , "Moral Responsibility of Public Officials: The Problem of Many Hands", *American Political Science Review*, Vol. 74, No. 4, December 1980.

Dorrestijn, S. , et al. "Future User-Product Arrangements: Combining Product Impact and Scenarios in Design for Multi-Age Success", *Technology Forecasting and Social Change*, Vol. 89, November 2014.

Durbin P. , "Philosophy of Technology: In Search of Discourse Synthesis", *Techné*, Vol. 10, Winter 2006.

Eede Y. V. D. , "In Between Us: On the Transparency and Opacity of Technological Mediation", *Foundations of Science*, Vol. 16, No. 2 – 3, May 2011.

Egbert Schuurman and Herbert Donald Morton, "Agricultural Crisis in Context: A Reformational Philosophical Perspective", *Pro Rege*, Vol. 18, No. 1, September 1989.

Egbert Schuurman, "Technicism and the Dynamics of Creation", *Philosophia Reformata*, Vol. 58, No. 2, December 1993.

Egbert Schuurman, "Philosophical and Ethical Problems of Technicism and Genetic Engineering", *Techné*, Vol. 3, No. 1, Fall 1997.

Egbert Schuurman, "Struggle in the Ethics of Technology", *Koers*: *Bulletin for*

*Christian Scholarship*, Vol. 71, No. 1, July 2006.

Egbert Schuurman, "Responsible Ethics for Global Technology", *Axiomathes*, Vol. 20, No. 1, January 2010.

Ellen Moors and Arie Rip and Han Wiskerke, "The Dynamics of Innovation: A Multilevel Co-Evolutionary Perspective", *Seeds of Transition. Essays on Novelty Production, Niches and Regimes in Agriculture*, 2004.

Goda Perlaviciute and Sabine Roeser, eds. et al., "Emotional Responses to Energy Projects: Insights for Responsible Decision Making in a Sustainable Energy Transition", *Sustainability*, Vol. 10, No. 7, July 2018.

Hendrik van Riessen, "de Structuur Der Techniek", *Philosophia Reformata*, Vol. 26, No. 1, January 1961.

Ibo van de Poel, "Nuclear Energy as a Social Experiment", *Ethics, Policy and Environment*, Vol. 14, No. 3, October 2011.

Ibo van de Poel and Lotte Asveld, eds., "Company Strategies for Responsible Research and Innovation (RRI): A Conceptual Model", *Sustainability*, Vol. 9, No. 11, November 2017.

Ihde D., "Philosophy of Technology (And/Or Technoscience?): 1996 – 2010", *Techné*, Vol. 14, Winter 2010.

J. H. Walgrave, "Roeping En Probleem Der Techniek", *Tijdschrift Voor Filosofie*, Vol. 15, No. 2, February 1953.

Johan Schot and Arie Rip, "The Past and the Future of Constructive Technology Assessment", *Technological Forecasting and Social Change*, Vol. 54, No. 2 – 3, February-March 1997.

Jonathan Pickering, Steve vanderheiden and Seumas Miller, " 'If Equity's In, We're Out': Scope for Fairness in the Next Global Climate Agreement", *Ethics and International Affairs*, Vol. 26, No. 4, December 2012.

Langdon Winner, "Upon Opening the Black Box and Finding It Empty: Social Constructivism and the Philosophy of Technology", *Science, Technology and Human Values*, Vol. 18, No. 3, Summer 1993.

M. R. N. Bruijnis and V. Blok and E. N. Stassen and H. G. J. Gremmen, "Moral 'Lock-In' in Responsible Innovation: The Ethical and Social Aspects of Killing Day-Old

Chicks and Its Alternatives", *Journal of Agricultural and Environmental Ethics*, August 2015.

Maedche A. , "Interview With Prof. Jeroen van Den Hoven on 'Why do Ethics and Values Matter in Business and Information Systems Engineering?'", *Business & Information Systems Engineering*, Vol. 59, No. 4, May 2017.

Mahieu R. and Putten D. V. and van Den Hoven J. , "From Dignity to Security Protocols: A Scientometric Analysis of Digital Ethics", *Ethics and Information Technology*, Vol. 20, No. 3, June 2018.

Marc J. de Vries, "Introducing van Riessen's Work in the Philosophy of Technology", *Philosophia Reformata*, Vol. 75, No. 1, January 2010.

Marc Steen and Ibo van de Poel, "Making Values Explicit During the Design Process", *Ieee Technology & Society Magazine*, Vol. 31, No. 4, December 2012.

Marcel Verweij and Angus Dawson, "Ethical Principles for Collective Immunisation Programmes", *Vaccine*, Vol. 22, No. 23 – 24, August 2004.

Marcel Verweij, "Obligatory Precautions Against Infection", *Bioethics*, Vol. 19, No. 4, August 2005.

Marcel Verweij and Hans Houweling, "What Is the Responsibility of National Government with Respect to Vaccination?", *Vaccine*, Vol. 32, No. 52, December 2014.

Marcel Verweij and Angus Dawson, "Sharing Responsibility: Responsibility for Health Is Not a Zero-Sum Game", *Public Health Ethics*, Vol. 12, No. 2, 2019.

Marijn J. and van Den Hoven J. , "Big and Open Linked Data (Bold) in Government: A Challenge to Transparency and Privacy?", *Government Information Quarterly*, No. 32, October 2015.

Massimiliano Carrara and Vermaas P. E. , "The Fine-Grained Metaphysics of Artifactual and Biological Functional Kinds", *Synthese*, July 2009.

Mei L. , Hannot Rodríguez, Chen J. , "Responsible Innovation in the Contexts of the European Union and China: Differences, Challenges and Opportunities", *Global Transitions*, Vol. 2, 2020.

Mitcham, C. , "The True Grand Challenge for Engineering: Self-Knowledge", *Issues in Science and Technology*, Vol. 31, No. 1, January 2014.

Vincent C. Müller, "Simpson Thomas W. Killer Robots: Regulate, Don't Ban",

*Blavatnik School of Government Policy Memo*, November 2014.

N. J. Cox and K. Subbarao, "Global Epidemiology of Influenza: Past and Present", *Annual Review of Medicine*, Vol. 51, No. 1, February 2000.

Neelke Doorn and Ibo van de Poel, "Editors' Overview: Moral Responsibility in Technology and Engineering", *Science and Engineering Ethics*, Vol. 18, No. 1, March 2012.

Oosterlaken I. and van Den Hoven J. , "Editorial: ICT and the Capability Approach", *Ethics Inf Technol*, Vol. 13, No. 2, March 2011.

P. F. van Haperen and B. Gremmen, and J. Jacobs, "Reconstruction of the Ethical Debate on Naturalness in Discussions About Plant-Biotechnology", *Journal of Agricultural and Environmental Ethics*, Vol. 25, No. 6, November 2012.

Papa, W. H. , Papa, M. J. , "Communication Network Patterns and the Re-Invention of New Technology", *Journal of Business Communication*, Vol. 29, No. 1, 1992.

Peter Kroes, "Technological Explanations: The Relation between Structure and Function of Technological Objects", *Techné*, Vol. 3, No. 3, Spring 1998.

Philip Brey, "Method in Computer Ethics: Towards a Multi-Level Interdisciplinary Approach", *Ethics and Information Technology*, Vol. 2, No. 2, June 2000.

Philip Brey, "Disclosive Computer Ethics", *Computers and Society*, Vol. 30, No. 4, December 2000.

Philip Brey, "The Importance of Privacy in the Workplace", in S. O. Hansson and E. Palm eds. , *Privacy in the Workplace*, Fritz Lang, 2005.

Philip Brey, "Social and Ethical Dimensions of Computer-Mediated Education", *Journal of Information Communication & Ethics in Society*, Vol. 4, No. 2, 2006.

Philip Brey and Johnny Søraker, "Philosophy of Computing and Information Technology", *Philosophy of Technology and Engineering Sciences*, Vol. 14, 2009.

Philip Brey, "Philosophy of Technology after the Empirical Turn", *Techné*, Vol. 14, No. 1, 2010.

Philip Brey, "Anticipatory Ethics for Emerging Technologies", *Nanoethics*, Vol. 6, No. 1, April 2012.

Philip Brey, "From Reflective to Constructive Philosophy of Technology", *Journal of Engineering Studies*, Vol. 6, No. 2, April 2014.

Philip Brey, "Ethics of Emerging Technology", in S. O. Hansson and Philip Brey, eds. , *Methods for the Ethics of Technology*, Rowman and Littlefield International, 2017.

Philip Brey, "The Strategic Role of Technology in a Good Society", *Technology in Society*, Vol. 2, No. 2, February 2017.

Rapp F. , "Philosophy of Technology After Twenty Years, A German Perspective", *Techné*, Vol. 1, Fall 1995.

Reginald Boersma and Bart Gremmen, "Genomics? That is Probably GM! The Impact a Name Can Have on the Interpretation of a Technology", *Life Sciences, Society and Policy*, No. 8, April 2018.

Reginald Boersma and P. Marijn Poortvliet and Bart Gremmen, "The Elephant in the Room: How a Technology's Name Affects its Interpretation", *Public Understanding of Science*, Vol. 28, No. 2, February 2019.

Roland Bal, Wiebe E. Bijker and Ruud Hendriks, "Democratisation of Scientific Advice", *BMJ*, Vol. 329, No. 7478, December 2004.

Romp, N. , et al. , "Design for Socially Responsible Behavior: A Classification of Influence Based on Intended User Experience", *Design Issues*, Vol. 27, No. 3, July 2011.

Sabine Roeser, "The Role of Emotions in Judging the Moral Acceptability of Risks", *Safety Science*, Vol. 44, No. 8, February 2006.

Sabine Roeser, "Emotional Reflection About Risks", in Sabine Roeser, eds. , *The International Library of Ethics, Laws and Technology*, Dordrecht: Springer, 2010.

Sabine Roeser, "Emotional Engineers: Toward Morally Responsible Design", *Science and Engineering Ethics*, Vol. 18, No. 1, March 2012.

Sabine Roeser and Udo Pesch, "An Emotion Deliberation Approach to Risk", *Science, Technology, and Human Values*, Vol. 41, No. 2, March 2016.

Sabine Roeser and Cain Todd, "Emotion and Value", *Analysis Reviews*, Vol. 77, No. 3, July 2017.

Sabine Roeser and Veronica Alfano and Caroline Nevejan, "The Role of Art in Emotional- Moral Reflection on Risky and Controversial Technologies: The Case of BNCI", *Ethical Theory and Moral Practice*, Vol. 28, No. 2, March 2018.

Sabine Roeser, "Risk, Technology, and Moral Emotions: Reply to Critics", *Science and Engineering Ethics*, Vol. 26, No. 2, February 2020.

Sander Griffioen, "Response to Carl Mitcham", *Philosophia Reformata*, Vol. 75, No. 1, January 2010.

Sara Eloy and Vermaas P. E. , "Over-the-Counter Housing Design: The City When the Gap Between Architects and Laypersons Narrows", *Proceedings of the Technology and the City Track*, June 2017.

Schmidt, H. , "Die Entwicklung Der Technik Als Phase Der Wandlung Des Menschen", *Zeitschrift Des Vdi*, Vol. 96, No. 5, 1954.

Seumas Miller and Michael J. Selgelid, "Ethical and Philosophical Consideration of the Dual-Use Dilemma in the Biological Sciences", *Science and Engineering Ethics*, Vol. 13, No. 4, 2007.

Seumas Miller, "The Corruption of Financial Benchmarks: Financial Markets, Collective Goods and Institutional Purposes", *Law and Financial Markets Review*, Vol. 8, No. 2, June 2014.

Seumas Miller, "The Moral Justification for the Preventive Detention of Terrorists", *Criminal Justice Ethics*, Vol. 37, No. 2, 2018.

Simpson Thomas W. and Müller Vincent C. , "Just War and Robots' Killings", *Philosophical Quarterly*, Vol. 66, No. 263, April 2016.

Stefan Kuhlmann and Arie Rip, "New Constellations of Actors Addressing Grand Challenges: Evolving Concertation", *Kistep Inside and Insight*, September 2015.

Stefano Borgo and Vermaas P. E. , "Behavior of a Technical Artifact: an Ontological Perspective in Engineering", *Frontiers in Artificial Intelligence and Applications*, January 2006.

Taebi B. and van Den Hoven J. and Bied S. J. , "The Importance of Ethicsin Modern Universities of Technology", *Science and Engineering Ethics*, No. 25, December 2019.

Tamara J. and Bergstra and Bart Gremmen and Elsbeth N. , "Stassen. Moral Values and Attitudes Toward Dutch Sown Husbandry", *Journal of Agricultural and Environmental Ethics*, No. 28, March 2015.

Tijmes P. , "Preface to the Anniversary Special Issue", *Techné*, Vol. 14, No. 1, Winter 2010.

Tjidde Tempels, Vincent Blok and Marcel Verweij, "Food Vendor Beware! On Ordinary Morality and Unhealthy Marketing", *Food Ethics*, Vol. 5, No. 3, 2020.

Trevor J. Pinch and Wiebe E. Bijker, "The Social Construction of Facts and Artefacts: or How the Sociology of Science and the Sociology of Technology Might Benefit Each Other", *Social Studies of Science*, Vol. 14, No. 3, August 1984.

van Den Hoven J. , "Computer Ethics and Moral Methodology", *Blackwell*, Vol. 28, No. 3, July 1997.

van Den Hoven J. , "ICT and Value Sensitive Design", *Ifip International Federation for Information Processing*, Vol. 233, 2007.

Verbeek, P. P. , "Accompanying Technology: Philosophy of Technology After the Empirical Turn", *Techné: Research in Philosophy and Technology*, Vol. 14, No. 1, January 2010.

Verbeek, Peter-Paul, "Expanding Mediation Theory", *Foundations of Science*, Vol. 17, No. 4, Apirl 2012.

Verbeek P. P. , "Beyond Interaction: A Short Introduction to Mediation Theory", *Interactions*, May-June 2015.

Vermaas P. E. and van Den Hoven J. , "Designing for Trust: A Case of Value-Sensitive Design", *Knowledge, Technology and Policy*, Vol. 23, No. 3 – 4, September 2010.

Vermaas, P. E. and Carrara, M. and Borgo, S. et al. "The Design Stance and its Artefacts", *Synthese*, Vol. 190, April 2013.

Vermaas P. E. and Sara Eloy, "Design for Values in the City: Exploring Shape Grammar Systems", *Faculdade de Letras Da Universidade Do Porto*, October 2017.

Vermaas P. E. and Udo Pesch, "Revisiting Rittel and Webber's Dilemmas: Designerly Thinking Against the Background of New Societal Distrust", *She Ji: The Journal of Design, Economics, and Innovation*, No. 4, November 2020, p. 542.

Vincent Blok and Bart Gremmen, "Ecological Innovation: Biomimicry as a New Way of Thinking and Acting Ecologically", *Journal of Agricultural and Environmental Ethics*, Vol. 29, No. 1, January 2016.

Vincent Blok and Bart Gremmen, "Agricultural Technologies as Living Machines: Toward a Biomimetic Conceptualization of Smart Farming Technologies", *Ethics, Policy and Environment*, Vol. 21, No. 2, September 2018.

Vincent C. Müller, "Is There a Future for AI Without Representation?", *Minds and Machines*, Vol. 17, No. 1, July 2007.

Vincent C. Müller, "Margaret a Boden, Minds As Machine: A History of Cognitive Science", *Minds and Machines*, Vol. 18, No. 1, January 2008.

Vincent C. Müller, "Introduction: Philosophy and Theory of Artificial Intelligence", *Minds and Machines*, Vol. 22, No. 2, June 2012.

Vincent C. MuüLler, "Risks of General Artificial Intelligence", *Journal of Experimental & Theoretical Artificial Intelligence*, Vol. 26, No. 3, June 2014.

Vincent C. Müller, "Legal Vs. Ethical Obligations- A Comment on the EPSRC'S Principles for Robotics", *Connection Science*, Vol. 29, No. 2, June 2017.

Weber, E. and Reydon, T. A. C. and Boon, M. et al. "The ICE-Theory of Technical Functions", *Metascience*, Vol. 22, No. 1, March 2013.

Wiebe E. Bijker, "Globalization and Vulnerability: Challenges and Opportunities for SHOT around Its Fiftieth Anniversary", *Technology and Culture*, Vol. 50, No. 2, July 2009.

Wiebe E. Bijker, "How Is Technology Made? —That Is the Question!", *Cambridge Journal of Economics*, Vol. 34, No. 1, January 2010.

Wiebe E. Bijker, Paolo Volonté and Cristina Grasseni, "Technoscientific Dialogues: Expertise, Democracy and Technological Cultures", *Tecnoscienza: Italian Journal of Science and Technology Studies*, Vol. 1, No. 2, January 2010.

Wiebe E. Bijker, "Good Fortune, Mirrors, and Kisses", *Technology and Culture*, Vol. 54, No. 3, July 2013.

Wybo Houkes and Vermaas P. E., "Ascribing Functions to Technical Artefacts: A Challenge to Etiological Accounts of Functions", *The British Journal for the Philosophy of Science*, Vol. 54, No. 12, May 2003.

Wybo Houkes and Vermaas P. E., "Contemporay Engineering and the Metaphysics of Artefacts: Beyond the Artisan Model", *The Monist*, Vol. 92, No. 3, July 2009.

Wybo Houkes and Vermaas P. E.，"Pluralism on Artefact Categories：A Philosophical Defence"，*Review of Philosophy and Psychology*，No. 2，March 2013.

## 网络参考文献

Egbert Schuurman，"Beyond the Empirical Turn：Responsible Technology"，February 13，2004，http：//www. home. planet. nl/ ~ srw/sch.

European Union，"Responsible Research & innovation"，May 1，2017，https：//ec. europa. eu/programmes/horizon2020/en/h2020-section/responsible-research-innovation.

European Union，"Rome Declaration on Responsible Research and Innovation in Europe"，April 16，2016，https：//ec. europa. eu/digital-single-market/en/news/rome-declaration-responsible-research-and-innovation-europe.

SPT，"The Society for Philosophy and Technology"，July 1，2016，http：//www. spt. org/about-spt/.

Universidade de Lisboa，"18th International Conference of the Society for Philosophy and Technology"，June 8，2013，http：//www. labcom. ubi. pt/sub/evento/487.

University of Twente，"SPT2009：Converging Technologies，Changing Societies" October 19，2009，http：//www. utwente. nl/bms/wijsb/archive/archive%20activities/spt2009/.

《第 19 届国际技术哲学会议在东北大学召开》，http：//neunews. neu. edu. cn/campus/news/2015 – 07 – 06/37266. html，2015 年 6 月。

# 后　记

行文至此，关于荷兰学派的技术哲学的研究暂时告一段落。

夜深人静，掩卷沉思。庚寅年底初识荷兰学派，壬寅年初回望荷兰学派，一纪悄然而过。回望这一小轮回，学业、家庭和事业交织，感慨良多。有阳明格竹穷理的彷徨困惑，亦有哥伦布发现新大陆的狂喜；有初为人父的生命感动，亦有养不教父之过的自责；有服务师生的职业获得感，亦有渐行渐远的学术惶恐。

本书在撰写过程中得到了众多师长、同仁的帮扶与支持。首先，感谢我的博士导师夏保华教授和博士后合作导师王善波教授。两位老师既是我的授业恩师，亦是我终生学习的楷模。在博士论文、出站报告的撰写过程中给予了无私帮扶，每当人生困顿彷徨时，导师们的话如灯塔为我拨开迷雾。其次，感谢曲阜师范大学马克思主义学院的各位领导、同仁的帮扶与提携，感谢山东省重点马克思主义学院建设项目对本书的资助。

本书文稿是笔者 2016 年立项的国家社科青年项目"荷兰学派的技术哲学研究"（项目编号：16CZX019）的结题成果。感谢课题组成员，特别是同门师弟刘战雄博士的文献传递和文稿校对。感谢我的硕士研究生田文君、姜惠、聂时梦、刘昭良和冯怡博，感谢你们在文献翻译整理、书稿校对等方面的付出！

感谢荷兰代尔夫特理工大学的 Peter Kroes、Jeroen Hoven 和 Sabine Roeser 等学者在问卷访谈时给予的回复。

最后还是要感谢我的家人，感谢你们的理解、包容与支持！

刘宝杰

壬寅年春　于曲园